W0256131

Die Vögel
des Freistaates und Fürstentums Lübeck.

Herausgegeben mit Unterstützung der
Deutschen Ornithologischen Gesellschaft

Von

Werner Hagen
Mitglied der Deutschen Ornithologischen Gesellschaft.

Springer-Science+Business Media, B.V.
1913.

ISBN 978-94-017-6502-2 ISBN 978-94-017-6669-2 (eBook)
DOI 10.1007/978-94-017-6669-2

Vorbemerkung.

Die Vogelwissenschaft hat im letzten Jahrzehnt erfreulicherweise reges Leben gezeigt. Eine ganze Reihe neu erschienener Sonderfaunen zeugen von der Arbeit heutiger Ornithologen.

Da die Tierwelt eines Landes einem langsamen, aber stetigen Wechsel unterworfen ist, sind derartige Arbeiten sehr notwendig. Besonders in unserer Zeit geht das Bestreben dahin, Grund und Boden möglichst auszunutzen. Brüche werden beseitigt, Feldhecken abgeholzt, Heidestrecken und Moore in Äcker und Wiesen verwandelt, Flußläufe reguliert, ihre sumpfigen Niederungen aufgebaggert. Die moderne Forstwirtschaft duldet keine hohlen Bäume, kein Unterholz. Hinzu kommt die intensivere Ausnutzung der Jagd, der Aufschwung der Industrie, die Ausdehnung der Städte. Alles das ist für die Vogelwelt sehr verhängnisvoll und bedingt ihren Rückgang. Deswegen sah ich mich veranlaßt, über die lübeckischen Vögel einen Überblick zu geben, besonders weil unsere Heimat zu den wenigen Staaten unseres Vaterlandes zählt, über deren Ornis noch keine Sonderfauna vorliegt; ja, es sind nur einige wenige Notizen im Schrifttume, die über die Vogelwelt unserer Gegend niedergelegt sind. Das ist recht schade; denn sicherlich wird unser Gebiet, das einen anmutigen Wechsel von Wald, Feld, Heide, Moor, Bruch, Röhricht, Seestrand zeigt, von Seen bedeckt, von idyllischen Flußläufen durchzogen ist, in früheren Jahren manche ornithologische Seltenheit beherbergt haben. Doch die Zeiten sind endgültig vorbei. Keine Wildgans brütet heute im Freistaat mehr, weder Kranich, Schwarzstorch, Turteltaube, noch Rohrweih, Kornweih, Schreiadler, Gabelweih, Schwarzmilan, Seeadler, Fischadler, Uhu oder Kolkrabe. Waldschnepfe, Hohltaube, Wachtel, Habicht, Wiedehopf und Trauerseeschwalbe sind selten geworden. Auch im Fürstentum sind diese Arten ausgestorben oder ganz zurückgegangen. Noch aber leben Zeugen dieser dem Untergang anheimgefallenen oder anheimfallenden Geschöpfe. Deswegen möge kommenden Geschlechtern nachstehende Abhandlung zum Vergleiche dienen mit dem, was sich dann vorfindet, bis die öde, einförmige Fauna der Kultursteppe sich auch über unsere Gegend ausgebreitet hat.

Lübeck, den 28. September 1912.

Der Verfasser.

Inhaltsübersicht.

I. Geschichte der lübeckischen Ornithologie.

Lübecks altehrwürdiger Name ist mit ehernem Griffel in die Tafeln der Geschichte geschrieben. In der Naturwissenschaft tritt er jedoch kaum hervor. Daraus darf aber nicht geschlossen werden, daß diese in unsern Mauern nicht gepflegt wurde. In einem Ort von der Bedeutung unserer Vaterstadt, deren Schiffe und Wagen Meere und Länder durchzogen, der Königreiche zu Füßen gelegen hatten, konzentrierte sich das öffentliche Interesse um Handel und Politik. Und nur daheim diente die Wissenschaft als Erholung. Von ihren Disziplinen aber war es die Ornithologie, die die hervorragendste Beachtung erfuhr. Sie stand vor 100 Jahren in vielleicht höherem Ansehen als jetzt. Nicht nur Gelehrte dienten der Alma mater ornithologica, sondern selbst der „königliche Kaufmann". Der älteste Ornithologe, den ich „ausgraben" konnte, war ein solcher. Er gehörte der noch jetzt in Lübeck ansässigen Familie Tesdorpf an. Von ihm stammt ein kleines Werk, 32 Seiten stark, 1753 in Lübeck erschienen, betitelt: „Versuch einer Beschreibung vom allerschönsten und bey nahe allerkleinsten Vogel: der unter dem Nahmen Colibrit bekannt ist." Das Vorwort ist unterzeichnet: Lübeck, den 8. Dez. 1753. P. H. Tesdorpf. Das Buch enthält ein der damaligen Zeit entsprechend hochreligiöses und schwungvolles Gedicht von der Pracht und dem Leben des Kolibris. Es ist mit wissenschaftlichen Fußnoten versehen, die von einer ausgezeichneten Kenntnis der damaligen ornithologischen Literatur zeugen. Tesdorpf wird von Buffon in seiner: „Histoire naturelle des Oiseaux, Paris, 1770—1785" erwähnt. Es heißt von ihm in: „Herrn von Buffons Naturgeschichte der Vögel. Aus dem Französischen übersetzt, mit Anmerkungen, Zusätzen und vielen Kupfern vermehrt, durch Martini & Otto, Berlin 1795", 22. Band, p. 83: „Herr Tesdorpf aus Lübeck, ein Mann, der mit sehr ausgebreiteten und mannigfaltigen Kenntnissen viel Philosophie verbindet, hat dem Grafen v. Buffon berichtet, daß er ohngeachtet aller Mühe, die er sich gegeben, es in 40 Jahren doch nicht so weit habe bringen können, eine einzige Schwalbe aus dem Wasser zu bekommen." In ähnlicher Übersetzung findet sich diese Stelle auch in: Buffons sämmtliche Werke. Vögel. Von H. J. Schaltenbrand, Köln 1839. 3. Bd. p. 42."

Zu jener Zeit erschien in Lübeck ein ornithologisches Werk, das wohl eines der bedeutendsten älteren ist: J. Th. Klein, Historiae avium pro dromus de Ordine animalium in Genere. Lubecae MDCCL. Es ist herausgegeben bei Jonam Schmidt. Außerdem die Übersetzung: J. Th. Klein, Vorbereitung zu einer vollständigen Vögelhistorie. Übersetzt von H. D. B. Leipzig und Lübeck 1760." Verleger derselbe.

Dr. Johann Julius Walbaum, Arzt in Lübeck, meist nur als Schildkrötenforscher und Ichthyologe gekannt und gewürdigt, der Stifter unseres Museums, hat den Vögeln viel Interesse geschenkt. In den von Prof. Lenz in: Die Sammlungen der Ges.

z. Bef. gemeinnütziger Tätigkeit 1800—1900, als Aufzählung Lübecker Fische genannten handschriftlichen Aufzeichnungen, von Walbaum „Adversaria historiae naturalis impolita" bezeichnet, sind die meisten Studien ornithologischen Inhaltes. Leider fehlen die beiden ersten Bände. Die letzten sind in den Jahren 1778—84 geschrieben, Notizen sind bis 1796 hinzugefügt. Außerdem hat er 1778 in Lübeck ein Buch erscheinen lassen: Beschreibung von vier bunten Taubentäuchern und der Eidergans. In einem Opus über Schildkröten fügt er die Namen der von ihm untersuchten Tiere auf, darunter 57 Vogelarten. Später schrieb er auch für die Schriften der „Naturforschenden Freunde Berlin". Waldbaums Untersuchungen sind hauptsächliich morphologischer und anatomischer Art. Doch gibt er bei vielen Vögeln Zeit und Ort der Erbeutung an. Soweit diese Angaben, mit heutigen Verhältnissen verglichen, Wert haben, sind sie von mir berücksichtigt.

Der Anfang des 19. Jahrhunderts zählte den 1824 verstorbenen lübeckischen Bürgermeister Dr. Lindenberg zu den Ornithologen. Die Reste seiner Sammlungen kamen 1831 in das 1800 gegründete „Naturalienkabinet" der „Gesellschaft zur Beförderung gemeinnütziger Tätigkeit". „Die Sammlung von Vögeln enthält nicht nur die meisten einheimischen, sondern auch schöne Exemplare ausländischer Vögel" (Lüb. Bl. 1835, p. 119).

Im Jahre 1803 bot der hiesige Chirurg Lehmar dem Kabinett seine Sammlungen für 50 Taler p. A. an. In denselben befanden sich 413 ausgestopfte, meist einheimische Vögel. Wegen Geldmangel scheint sich die Sache zerschlagen zu haben. 1833 wurden von ihm jedoch 120 Vögel vermacht.

Am Ende des Jahres 1829 übergab dem Kabinett der Präsident des Oberappellationsgerichtes Dr. G. A. Heise die von seinem Bruder Marcus Heise auf Margaretenhof gesammelten Vögel, ca. 120 Arten. „Viele dieser Heiseschen Vögel befinden sich noch jetzt im Museum (Dr. Lenz, Die Sammlungen der Ges. z. Bef. gem. T. 1800—1900, p. 8). Bei mündlicher Anfrage wurde mir die Nachricht, daß man auf Heise keine Vögel mehr zurückführen könne. 1836 erhielt das Kabinett die Mengesche Sammlung von 193 Vögeln. „Einen nicht minder bedeutenden Gewinn brachte unser Institut das von Herrn Syndikus Dr. Buchholz demselben (1837) verehrte Geschenk einer sehr bedeutenden Sammlung von Vögeln, Schmetterlingen und Käfern. Da durch diesen Zuwachs namentlich unsere Sammlung von inländischen Vögeln erst eine vollständige, folglich wertvolle, geworden ist, . . ." (Lüb. Bl. 1838, p. 158).

Im November 1841 „wurde von Eutin aus der Antrag gestellt, eine dort befindliche Sammlung von 120 deutschen Vögeln teilweise oder ganz anzukaufen" (Lüb. Bl. 1842, p. 228). Im Bericht der Vorsteher des Naturalienkabinetts sind 1842 und 1845 von Eutin gekaufte Vögel erwähnt. Der Name jenes Sammlers ist leider nicht genannt.

In den Jahresberichten der Vorsteher des Naturalienkabinetts sind folgende Namen aufgeführt: Senator Dr. Brehmer, Apotheker Kindt, Dr. Plitt, v. Borries, Musikdirektor Schreiner, Kaufmann Schön, Fehling, Hasse, Havemann, Lehrer Sandemoy, Schmidt-Strecknitz, Kelling - Mönkhof, Dühring - Crummesse. Durch ihre Dedikationen wurde die ornithologische Sammlung bereichert. 1845 wurden vom stud. Fr. Claudius ca. 5—600 Eier geschenkt.

Um diese Zeit scheint unter den Gärtnern reges ornithologisches Interesse geherrscht zu haben, auch unter den Forstbeamten. Auf dem Einsegel bei Lübeck wohnte ein alter Gärtner (oder Fischer?) Gertz, der nebenbei ausstopfte. Sein Schüler war der Gärtner

Böker. Er wohnte in der Luisenstraße im Fehlingschen Park. Eine dort geschossene kleine Anzahl von Vögeln ist im Besitz des Sohnes. Im Museum steht noch eine (ohne Gift!) 1852 gestopfte, tadellose Schneeeule von Böker. Sein letztes Präparat, ein Bussard, ist im Besitz meines Mitarbeiters Heuer.

Zum ersten Male findet nun eine Aufzeichnung der lübeckischen Vogelwelt statt. Leider wurde dieselbe, die den 1852 verstorbenen Kunstgärtner Pohlmann zum Verfasser hat, nicht gedruckt. Sie hat dem Freiherrn v. Maltzan bei Abfassung von seinem „Verzeichnis der bis jetzt in Mecklenburg beobachteten Vögel“ vorgelegen (Archiv d. Ver. d. Fr. d. Nat. i. M. 1848, p. 30), ist aber trotz aller aufgewendeten Mühe nicht wieder aufzufinden. In der Stadtbibliothek zu Lübeck befindet sich von Pohlmann ein Ms.: Botanische Notizen, gesammelt 1830—31, eine ungemein fleißige Arbeit. Zwischen den Büchern des verstorbenen Kunstgärtners Rose-Wilhelmshof fand ich die mit seinem Stempel versehenen „Bilder zur Naturgeschichte von Oken“.

Unter dem Forstpersonal ist es besonders der Jägermeister Hebich, der dem Naturalienkabinett Vögel zukommen ließ. Am häufigsten aber ist der Oberförster Haug in Waldhusen genannt, der selbst sammelte. Sodann hat auch Förster Brandt manches geschenkt. Vielfach wird der spätere Oberförster Stockmann genannt, dessen Interesse sehr rege gewesen sein soll. Erwähnung findet ferner Förster Bilderbeck. Der letzte mir bekannt gewordene Ornithologe dieser Periode war der Apotheker Jochumsen, der in der Beckergrube im Anfang der 50er Jahre einen Krämerladen besaß und über eine reiche Sammlung verfügte. Seine Sachen wurden größtenteils von Böker gestopft. Wohin diese Sammlung gekommen ist, konnte ich nicht mehr feststellen. Im „Mecklenburger Archiv“ 1875 p. 157 wird vom Wundarzt Schmid in Wismar erwähnt, daß der Kaufmann G. Martens daselbst eine Sammlung aus Lübeck erhalten hat. Da die Jochumsche Sammlung nicht ins Museum gelangt ist, so ist es nicht ausgeschlossen, daß es sich um diese gehandelt hat. Es soll jedoch zu jener Zeit eine ganze Anzahl von Privatsammlungen in Lübeck gestanden haben. Die Namen der Besitzer waren aber nicht mehr festzustellen.

1847 mußte zum großen Bedauern der Vorsteher eine ganze Reihe von Vögeln aus dem Naturalienkabinett wegen des Auftretens von Federmotten ausgeschieden werden. Die Klage kehrt bis zu den 60er Jahren wieder. Es scheinen allmählich fast alle Dedikationen der Zerstörung anheimgefallen zu sein. Es mußten daher oft Neuaufstellungen von Katalogen vorgenommen werden. Leider sind diese nach Aussage von Herrn Museumskonservator Prof. Dr. Lenz nicht mehr vorhanden. So liegt aus jener Zeit lebhaften Interesses für die Ornithologie, schriftlich niedergelegt oder als Belege aufbewahrt, fast kein Material mehr vor: für die Wissenschaft unendlich bedauerlich. Wie rege das Interesse damals war, geht aus den Dedikationslisten und aus den Berichten der Vorsteher hervor, die jeden Zuwachs der Vogelsammlung mit besonderer Freude vermerken, die außerdem zur Anschaffung des teuren „Alten Naumann“ schritten.

In der zweiten Hälfte des 19. Jahrhunderts laufen Geschenke beim Museum nur spärlich ein; Sammler gibt es, so weit zu ermitteln war, nur wenig. Vom Schulvorsteher Dr. Meier sind jedoch im Mecklenburger Archiv einige Notizen niedergelegt. Die Entfremdung hat ihren Grund in der Änderung des Jagdrechts. Bisher hatten die Mitglieder des Rats und der bürgerlichen Kollegien sowie das Heiligen-Geist-Hospital und das St. Johannis-

Jungfrauenkloster die Jagdnutzung. Den ersten stand das Jagen im ganzen Gebiete zu, den zweiten in der Landwehr, dem Hospital auf seinen Gütern: Falkenhusen, Mönkhof, Curau, Dissau und Krumbeck, dem Kloster in Waldhusen, Siems, Herrenwyk, Kücknitz, Pöppendorf, Dummersdorf, Rönnau und halb Teutendorf (1. Jagdbezirk), in Wulfsdorf, Beidendorf, Blankensee (2. Jagdbezirk), in Schattin und Utecht (3. Jagdbezirk) und in Schwinkenrade. In den 50er Jahren aber finden die Verhandlungen zwecks Ablösung des Jagdrechts durch den Staat statt. Senatoren und Bürger zogen sich deswegen zurück, und nur unter den Gärtnern, die auf ihrem Besitze wohl ungestört waren, hielt das Interesse an, desgleichen unter den Forstleuten. Diesen wird aber nach und nach das Jagdrecht eingeschränkt, hauptsächlich als der Staat dasselbe ganz in Händen hatte, und die „Jagdpächter", die während der Franzosenzeit zuerst erwähnt werden, überall auftraten. Daher finden sich die Namen dieser berufenen Ornithologen nur selten mehr. Hebich wird 1861 zuletzt erwähnt, Stockmann 1869 und noch einmal 1886, Brandt 1854, Haug 1855. Bei Haug ist das Zurücktreten unverständlich; denn das damals abgelegene Waldhusen wurde von der Verpachtung nicht getroffen. Seine Eiersammlung kaufte das Museum 1875 an.

Der Pächter des Israelsdorfer Reviers, der Rentier M. Warncke, schenkte von 1866 an manches Stück dem Museum. Seine Sammlungen, sechs Schränke voll, wurden demselben nach seinem Tode 1884 überwiesen. Leider wurden im Bericht der Vorsteher die Vögel nicht einzeln aufgeführt, während es bei den einlaufenden Geschenken auswärts wohnender Lübecker stets der Fall war. Im Auslande weilende Söhne unserer Vaterstadt, hauptsächlich junge Kaufleute und Schiffer, entfalten nämlich allmählich eine reiche Sammeltätigkeit. Deswegen schwindet anscheinend das Interesse für die lübeckische Fauna bei der Vorsteherschaft; und nur der Konservator Dr. Lenz richtet sein Augenmerk auf diese. Er bemerkt (Lüb. Bl. 1884, p. 332), daß er von den Fischern gute Unterstützung bekommen hätte, „während unsere Aufforderung an die hiesigen Forstbeamten in Betreff unserer Säugetiere und Vogelfauna zu unserem Bedauern bisher nur von geringem Erfolge war". Auch als der Kaufmann Schön, der von 1850 an dedizierte, 1894 eine größere Zahl von Vögeln schenkte, werden diese nicht namhaft gemacht. Nur Steinadler, Seeadler, Schneeeule, Zwergrohrdommel werden erwähnt, die aber in eine lübeckische „Avifauna" nicht aufgenommen werden können, weil — Schneeeule ausgenommen — der Erlegungsort nicht genannt ist. Es heißt im Bericht: Eine Anzahl „meist hiesiger" Vögel. Vom Nachfolger Warnckes, dem Kaufmann Goßmann, stehen einige Exemplare im Museum. Dem Sohne desselben, dem schwedischen Generalkonsul Goßmann, verdankt es manche Zuwendungen aus Lübecks näherer und weiterer Umgebung. Unter den Jägern ist außerdem Dillner in Schlutup oft genannt.

Von den Förstern tritt nur der Sohn des Oberförsters Haug, der spätere Revierförster Ernst Haug, hervor.

In den Zugtabellen, die Prof. Karsten für Schleswig-Holstein in seinen „Periodischen Erscheinungen . . ." 1869—1884 herausgab, sind für Eutin Pansch und Roese als Beobachter aufgeführt.

1870 bekam das Museum von Weltner die Sammlung seiner Eier, 1871 von Müllermann 25 Stück, 1890 von Rudolph Diederichs 120 einheimische Eier.

Es hat damals noch einige Privatsammler gegeben; denn E. F. v. Homeyer erwähnt in seiner „Reise nach den Nordseeinseln . . ."

Frankfurt 1880": „Die Lübecker Sammlung enthält manches Interessante sowie die kleinen Sammlungen einzelner Naturfreunde."

Von einem Ausschusse der Geographischen Gesellschaft zu Lübeck wurde 1890 ein „Beitrag zur deutschen Landeskunde" herausgegeben, wozu der oben genannte Dr. Lenz einen Artikel über die Fauna lieferte. Auch für die „Festschrift der 67. Versammlung Deutscher Naturforscher und Ärzte" schrieb er [1895] über dasselbe Thema einen ähnlichen.

Durch Vorträge suchte Prof. Dr. Lenz ornithologisches Interesse zu erwecken.

In den 90er Jahren streifte im Fürstentum und Freistaat Dr. Biedermann-Eutin. 1899 erhielt das Museum von ihm Zuwendungen, besonders Raubvögel. Über einzelne seiner Studien hat er in ornithologischen Schriften berichtet (siehe Literaturverzeichnis).

1903 erschienen einige Notizen und ein größerer Artikel in der „Nerthus" vom Lehrer Blohm. In den Beiträgen zum Mecklenburger Jahresbericht von Clodius befinden sich von Blohm Mitteilungen. Bei der Erforschung der Heimat durch die Naturw. Abt. des Lüb. Lehrervereins hat er die Vögel übernommen. In ca. 20jähriger Tätigkeit hat er 125 Arten festgestellt (Bericht des Lehrervereins 1910/11, p. 31).

Prof. Dr. Friedrich regte 1906 zuerst den Vogelschutzgedanken an.

Im gleichen Jahre trat Verfasser zum ersten Male an die Öffentlichkeit (siehe Literaturverzeichnis).

1908 griff Peckelhoff den Vogelschutzgedanken auf (siehe Literaturverzeichnis). Ihm sind die hauptsächlichsten Erfolge auf diesem Gebiete zu danken.

Daß ornithologisches Interesse auch heute noch in unserem Gebiete vorhanden ist, beweist die große Zahl meiner Mitarbeiter.

Es ist mir eine angenehme Pflicht, allen diesen Herren, die mich bei meiner Arbeit durch freundliche Überlassung ihrer Beobachtungen oder durch liebenswürdiges Entgegenkommen bei der Durchsicht ihrer Sammlungen und Trophäen unterstützt haben, auch an dieser Stelle meinen herzlichsten Dank abzustatten. Es sind das die Herren: Förster Aripp-Dodau, brit. Vizekonsul Behncke †-Lübeck, Dr. Biedermann-Imhoof-Eutin, Obergärtner Böker-Wilhelmshof, Chausseewärter Bollow-Herrenfähre, Kaufmann Bruns-Vorwerk, Revierförster Buchholz-Israelsdorf, Förster Burmeister-Wüstenfelde, Förster Dahl-Schretstaken, Revierförster Dürwald-Scharbeutz, Zollsekretär Genrich-Lübeck, schwed. Generalkonsul Goßmann-Lübeck, Forstaufseher Hafemann-Wesloe, Forstgehilfe Hafemann-Waldhusen, Kunstgärtner Hartwig-Vorwerk (Bremen), Kaufmann Hasselbring-Lübeck, Lehrer Hering-Mölln, Gastwirt Heuer-Lübeck, Förster Hoffmann-Albsfelde, Hauptlehrer Johannsen-Lübeck, Oberlotse Klatt-Travemünde, Oberförster Kluth-Waldhusen, Lehrer Lampe-Rensefeld, Regierungsbauführer Lange-Lübeck (Braunschweig), Kaufmann Lüders-Lübeck, Fischermeister Lüthgens-Spieringshorst, Revierförster Meves-Cronsforde, Rentier Muus-Pandsdorf, Revierförster Nöhring-Ritzerau, Kaufmann Peckelhoff-Lübeck, Forstgehilfe Radbruch-Hohemeile, stud. jur. Rodenberg-Lübeck (Marburg), Schlünz-Woltersteich, Gärtner Schöß-Torney, Förster Schröder-Altlauerhof, G. Schröder-Niendorf a. O. (Hannover), Oberlehrer Dr. Steyer-Lübeck, Fischermeister Stoffer-Lübeck, Lehrer Strunck-Lübeck, Rentier Tiedge-Röbel, Fischermeister Vollert-Spierdingshorst, Fischermeister Vollert-Lübeck.

Besonderen Dank schulde ich Herrn Präparator Röhr-Lübeck, bei dem das meiste im Freistaat und Fürstentum Erlegte zum Stopfen eingeliefert wird. Die neueren Stücke lagen mir vor. Aus älterer Zeit durfte ich mir die Seltenheiten aus den Geschäftsbüchern heraussuchen.

Von Herrn Blohm-Lübeck bekam ich einige Notizen in den Jahren 1905—1908. Von Herrn Lehrer Strunck besitze ich ein paar Angaben von dem 1905 verstorbenen Präparator Borckmann-Lübeck.

Dem Lübecker Polizeiamt und Herrn Oberförster Kluth statte ich meinen gehorsamsten Dank ab für die Gewährung der bei dieser Wissenschaft so unentbehrlichen Freiheiten.

Der Deutschen Ornithologischen Gesellschaft und der Gesellschaft zur Beförderung gemeinnütziger Tätigkeit (Lübeck) spreche ich meinen ergebensten Dank für die für die Drucklegung dieses Werkes gewährte Unterstützung aus.

Für Literaturunterstützungen habe ich zu danken den Herren: Stadtbibliothekar Prof. Dr. Curtius-Lübeck, Universitäts-Prof. Dr. Geinitz-Rostock, Archivrat Dr. Kretschmar-Lübeck, Museumskonservator Prof. Dr. Lenz †-Lübeck, Museumsdirektor Geh. Regierungsrat Prof. Dr. Reichenow-Berlin, Dr. le Roi-Bonn, Assistent am wissenschaftl. Institut. Letzterem Herrn gebührt verbindlichster Dank wegen der in liebenswürdiger Weise unternommenen Durchsicht des faunistischen Teiles vor der Drucklegung. Eine wichtige Notiz erhielt ich von Herrn Dr. Dettmers, zurzeit Zoologe der Deutschen Arktischen Expedition Schröder-Stranz.

Ein Verzeichnis der benutzten Literatur folgt weiter unten. Es bildet den Grundstein einer ornithologischen Bibliographie des lübeckischen Gebietes. Als Quelle konnte es jedoch wegen seiner Dürftigkeit nicht in erster Linie dienen.

Ich stützte mich hauptsächlich auf meine seit zwölf Jahren in Tagebüchern niedergelegten Beobachtungen, sodann auf die unveröffentlichten Angaben meiner Mitarbeiter. Bei ihnen ist der Name des Gewährsmannes stets beigefügt, bei den Publikationen auch die Jahreszahl. Daß ich die Schätze des Lübecker naturhistorischen Museums und des Lübecker Staatsarchives berücksichtigte, bedarf wohl keiner besonderen Erwähnung. Da die des Museums auf Dedikationen beruhen, sind sie lückenhaft. Schwierigkeiten bot das Fehlen der Provenienz bei den alten Exemplaren der lübeckischen Abteilung. Versagten Museumskatalog und Vorsteherschaftsberichte, so habe ich lieber auf eine Art verzichtet, da in früherer Zeit aus Mecklenburg und Hamburg Ankäufe stattgefunden haben. Die Berichte sind leider auch oft ungenau, doch bieten sie manch wertvolle Nachricht über im Museum nicht mehr vorhandene Stücke. Die in der lübeckischen Abteilung stehenden Vögel sind mit einem M versehen; MH bedeutet: Museum-Hauptabteilung, MK = Museumskatalog.

Das Gebiet ist in allen seinen Teilen durchforscht, jedoch ungleichmäßig. Manche Gegenden des Fürstentums sowie der südlichen Enklaven bergen vielleicht noch Wertvolles. Ich gebe mich der Hoffnung hin, daß vorliegende Arbeit recht viele zur weiteren Forschung anregt und zur Veröffentlichung ihrer Beobachtungen veranlaßt. Für die Kenntnis unserer heimischen Avifauna wäre das von großem Nutzen. So manche Seltenheit, die für tiergeographische Fragen großen Wert besitzt, verkommt unbekannt. Ich selbst würde sachliche Berichtigungen und Ergänzungen mit lebhaftem Danke annehmen.

Unser Gebiet mit seinem abwechselungsreichen Gelände birgt eine reiche Vogelwelt. Was Art- und Individuumzahl betrifft, wird es wohl nur von wenigen gleich großen Stücken unseres Vaterlandes übertroffen. Die Physiognomie unserer Gegend ist durch die Eiszeit geprägt. Der Nordteil wird von der See bespült. Vom Strandgürtel erhebt sich das Ufer schroff zu malerischer Hügellandschaft — Endmoränen —, mit alten Eichen- und Buchenwäldern und fruchtbaren Feldern. In den Tälern schimmern schilfumkränzte Seen. Nach Süden senkt sich das Land, bildet Heidestriche und Moore; nach Süden rissen die Schmelzwässer Furchen — heutige Flußtäler. Zur Elbe steigt das Gebiet, das ca. 1000 qkm groß ist, wieder an.

Da mir aus den Grenzgebieten einige wichtige Beobachtungen vorlagen, habe ich das Gebiet abgerundet und etwa das Dreieck Kiel-Fehmarn-Lauenburg behandelt. Ich betone jedoch, daß es mir nur auf einen Abriß der lübeckischen Ornis ankam. Ich habe deshalb in den holsteinisch-lauenburgischen Gebieten nur die mir ohne Schwierigkeit verfügbare Literatur berücksichtigt. Es lag mir nur daran, für eine eventuelle schleswig-holsteinische Avifauna einige Beiträge zu liefern und ein etwas abgeglichneres Bild zu bieten. Ich habe daher bei den seltneren Arten auch die Nachbarländer hineingezogen. Wenn keine näheren Angaben gemacht sind, beziehen sich mecklenburgische Angaben auf: Wüstnei und Clodius, Die Vögel der Großherzogtümer Mecklenburg, Güstrow 1900, schleswig-holsteinische auf: Rohweder, Die Vögel Schleswig-Holsteins und ihre Verbreitung in der Provinz, Husum 1875. Die für Lübeck nachgewiesenen Arten sind mit laufenden Nummern versehen, diejenigen in der Nähe vorgekommenen, nicht im Gebiete selbst beobachteten, tragen keine Nummer. Wenn es aus dem Text nicht hervorgeht, sind mecklenburgische Orte mit einem (M.) bezeichnet, lauenburgische mit (L.), holsteinische mit (H.); die im Fürstentum Lübeck liegenden haben ein (F.), während die des Freistaates ohne Bezeichnung sind. — Den Mitteilungen über die Verbreitung sind durchweg solche über Brutzeit und Zug hinzugefügt, während weitere biologische Notizen nur selten eingestreut sind. Wer sich näher orientieren will, dem empfehle ich den im Lübecker Museum befindlichen „Alten Naumann“, sowie den in der Stadtbibliothek stehenden „Neuen Naumann“. Hinsichtlich der Systematik hielt ich mich, wie fast alle neueren Ornithologen, an die von Prof. Dr. Reichenow in seinem Werke: „Die Kennzeichen der Vögel Deutschlands, Neudamm 1902“, angewendete, folgte jedoch in der Nomenklatur öfters modernen Strömungen. Zu den allerneusten kann ich mich jedoch nicht bekehren und werde alle diesbezüglichen Kritiken mit musterhafter Geduld über mich ergehen lassen.

Die Zahl der im Gebiete mit Sicherheit festgestellten Formen beträgt 267, darunter an Brutvögeln, die den eigentlichen Charakter der Fauna erst bedingen, 163. Zum Vergleiche mögen die Zahlen aus andern deutschen Landesteilen folgen: Schleswig-Holstein hat 296 Arten mit 186 Brutvögeln, Mecklenburg 295 Arten, Vorpommern 318 Arten, Schlesien 317 mit 202, die Lüneburger Heide 215 mit 152, Westfalen 268 mit 147, das Rheinland 284 mit 156. Ganz Deutschland hat nach Reichenow (1902) 389 Arten mit 220 Brutvögeln.

Von den 163 bei uns brütenden Spezies sind 62 Stand- und Strichvögel, 101 Zugvögel. Die nicht zur Fortpflanzung schreitenden Arten verteilen sich auf folgende Gruppen: Regelmäßige Durchzügler und Wintergäste 43, unregelmäßige Durchzügler 16, regelmäßiger Sommervogel 1, Ausnahmeerscheinungen 44, darunter

23 einmalige Gäste. Weder in Mecklenburg noch Schleswig-Holstein wurden erlegt: 1. *Larus leucopterus* Faber, 2. *Somateria spectabilis* (L.), 3. *Herodias garzetta* (L.), 4. *Pisorhina scops* (L.). Noch nicht von Schleswig-Holstein bekannt ist außerdem: *Cerchneis naumanni* (Fleisch.), von der Ostseeküste des Landes: *Procellaria glacialis* L. In Mecklenburg wurden außer den Genannten noch nicht nachgewiesen: 1. *Procellaria glacialis* L., 2. *Anthus richardi* Vieill.

In vorliegender Arbeit ist das erste sichere Brüten von *Otis tarda* L. in Lauenburg festgestellt, das erste Auftreten von *Otis tetrax* L. und *Anser erythropus* (L.) in Schleswig-Holstein.

Zum Schluß möchte ich anführen, daß Lübeck von namhaften Ornithologen nur vom früheren Vorsitzenden der Deutschen Ornithologischen Gesellschaft, E. F. v. Homeyer, aufgesucht worden ist (E. F. v. Homeyer, Reise nach Helgoland, den Nordseeinseln Sylt, Lyst usw., Frankfurt a. M. 1880). „Ein Besuch des Herrn v. Homeyer in Stolpe, welcher unsere ornithologische Sammlung in Augenschein nahm, führte zu einem Tauschgeschäft mit demselben" (Lüb. Blätter 1880, p. 300). 1882 hielt Alfred Brehm in der „Ges. z. Bef. gemeinn. T." vier Vorträge. Außerdem stand Herr Graf v. Berlepsch, der bekannte Kenner südamerikanischer Vögel, mit dem Museum wegen der von der Familie Avé-Lallement gesammelten brasilianischen Vögel in Verbindung. Im Herbst 1909 tagte die Deutsche Ornithologische Gesellschaft anläßlich ihrer 59. Jahresversammlung in unsern Mauern. Seitdem erst sind einzelne namhafte Forscher zu uns gekommen. Man sieht, daß unser Heimatländchen für die Ornithologen bisher eine wahre terra incognita war. Das könnte ganz anders werden, wenn Lübeck etwas für die Erforschung des rätselhaften Vogelzuges täte, wozu es durch seine Lage prädestiniert ist.

II. Systematisches Verzeichnis der lübeckischen Avifauna.

Die früheren und jetzigen Brutvögel sind durch einen * gekennzeichnet.

I. Ordnung: **Urinatores.**

1. Familie: **Alcidae.**

1. *Alca torda* L.
2. *Fratercula arctica* (L.).
3. *Uria troille* (L.).
4. *U. grylle* (L.).
5. *Alle alle* (L.).

2. Familie: **Colymbidae.**

6. *Urinater imber* (Gunn.).
7. *U. arcticus* (L.).
8. *U. lumme* (Gunn.).

*9. *Colymbus cristatus* L.

*10. *C. grisegena* Bodd.

11. *C. auritus* L.

*12. *C. nigricollis* (Brehm).

*13. *C. nigricans* Scop.

II. Ordnung: **Longipennes.**

3. Familie: **Procellariidae.**

14. *Procellaria glacialis* L.
15. *Hydrobates pelagicus* (L.).

4. Familie: **Laridae.**

16. *Stercorarius skua* (Brünn.).
17. *St. pomarinus* (Tem.).
18. *S. cepphus* (Brünn.).
19. *Larus leucopterus* Faber.
20. *L. argentatus* Brünn.
21. *L. marinus* L.
22. *L. fuscus* L.

*23. *L. canus* L.

*24. *L. ridibundus* L.

25. *L. minutus* Pall.
26. *Rissa tridactyla* (L.).
27. *Sterna cantiaca* Gm.

*28. *S. hirundo* L.

29. *S. macrura* Naum.

*30. *S. minuta* L.

*31. *Hydrochelidon nigra* (L.).

III. Ordnung: **Steganopodes.**

5. Familie: **Phalacrocoracidae.**

32. *Phalacrocorax carbo* (L.).

6. Familie: **Sulidae.**

33. *Sula bassana* (L.).

IV. Ordnung: **Lamellirostres.**

7. Familie: **Anatidae.**

*34. *Mergus merganser* L.
*35. *M. serrator* L.
36. *M. albellus* L.
37. *Somateria mollissima* (L.).
38. *S. spectabilis* (L.).
39. *Oidemia fusca* (L.).
40. *O. nigra* (L.).
41. *Cosmonetta histrionica* (L.).
42. *Nyroca marila* (L.).
*43. *N. fuligula* (L.).
*44. *N. ferina* (L.).
45. *N. nyroca* (Güld.).
*46. *N. clangula* (L.).
47. *N. hyemalis* (L.).
48. *Spatula clypeata* (L.).
*49. *Anas boschas* L.
50. *A. strepera* L.
51. *A. penelope* L.
52. *A. acuta* L.
*53. *A. querquedula* L.
*54. *A. crecca* L.
*55. *Tadorna tadorna* (L.).
*56. *Anser anser* (L.).
57. *A. fabalis* (Lath.).
58. *A. albifrons* (Scop.).
59. *A. erythropus* (L.).
60. *Branta bernicla* (L.).
61. *B. leucopsis* (Bchst.).
*62. *Cygnus olor* (Gm.).
63. *C. cygnus* (L.).

V. Ordnung: **Cursores.**

8. Familie: **Charadriidae.**

*64. *Haematopus ostralegus* L.
*65. *Arenaria interpres* (L.).
66. *Squatarola squatarola* (L.).
67. *Charadrius apricarius* L.
68. *C. morinellus* L.
*69. *C. hiaticula* L.
*70. *C. dubius* Scop.
*71. *C. alexandrinus* L.
*72. *Vanellus vanellus* (L.).

9. Familie: **Scolopacidae.**

*73. *Recurvirostra avosetta* L.
74. *Himantopus himantopus* (L.).
75. *Phalaropus fulicarius* (L.).
76. *P. lobatus* (L.).
77. *Tringa canutus* L.
78. *T. maritima* Brünn.
79. *T. alpina alpina* L.
*80. *T. a. schinzi* Brehm.
81. *T. ferruginea* Brünn.
82. *T. minuta* Leisler.
83. *T. temmincki* Leisler.
*84. *Tringoides hypoleucos* (L.).
*85. *Totanus pugnax* (L.).
*86. *T. totanus* (L.).
87. *T. fuscus* (L.).
88. *T. littoreus* (L.).
89. *T. ochropus* (L.).
*90. *T. glareola* (L.).
91. *Limosa limosa* (L.).
92. *L. lapponica* (L.).
93. *Numenius arquatus* (L.).
94. *N. phaeopus* (L.).
95. *Gallinago media* (Frisch).
*96. *G. gallinago* (L.).
97. *G. gallinula* (L.).
*98. *Scolopax rusticola* L.

10. Familie: **Gruidae.**

*99. *Grus grus* (L.).

11. Familie: **Rallidae.**

*100. *Rallus aquaticus* L.
*101. *Crex crex* (L.).
*102. *Ortygometra porzana* (L.).
103. *O. parva* (Scop.).
*104. *Gallinula chloropus* (L.).
*105. *Fulica atra* L.

12. Familie: **Pteroclidae.**

106. *Syrrhaptes paradoxus* (Pall.).

VI. Ordnung: **Gressores.**

13. Familie: **Ibidae.**

107. *Plegadis autumnalis* (Hasselq.).

14. Familie: **Ciconiidae.**

*108. *Ciconia ciconia* (L.).
*109. *C. nigra* (L.).

15. Familie: **Ardeidae.**

110. *Nycticorax nycticorax* (L.).
*111. *Botaurus stellaris* (L.).
*112. *Ardetta minuta* (L.).
*113. *Ardea cinerea* L.
114. *Herodias garzetta* (L.).

VII. Ordnung: **Gyrantes.**

16. Familie: **Columbidae.**

*115. *Columba palumbus* L.
*116. *C. oenans* L.
*117. *Turtur turtur* (L.).

VIII. Ordnung: **Rasores.**

17. Familie: **Phasianidae.**

*118. *Phasianus colchicus* L.
*119. *Perdix perdix* (L.).
*120. *Coturnix coturnix* (L.).

18. Familie: **Tetraonidae.**

*121. *Tetrao tetrix* L.
*122. *Tetrao bonasia* L.

IX. Ordnung: **Raptatores.**

19. Familie: **Falconidae.**

*123. *Circus aeruginosus* (L.).
*124. *C. cyaneus* (L.).
125. *C. macrourus* (Gm.).
*126. *C. pygargus* (L.).
*127. *Astur palumbarius* (L.).
*128. *Accipiter nisus* (L.).
*129. *Buteo buteo* (L.).
130. *Archibuteo lagopus* (Brünn.).
131. *Aquila chrysaëtos* (L.).
*132. *A. pomarina* Brehm.
*133. *Pernis apivorus* (L.).
*134. *Milvus milvus* (L.).
*135. *M. korschun* (Gm.).
*136. *Haliaëtus albicilla* (L.).
*137. *Pandion haliaëtus* (L.).
*138. *Falco peregrinus* Tunst.
*139. *F. subbuteo* L.
140. *Cerchneis merilla* (Gerini).
141. *C. vespertinus* (L.).
142. *C. naumanni* (Fleisch.).
*143. *C. tinnuncula* (L.).

20. Familie: **Strigidae.**

*144. *Bubo bubo* (L.).
*145. *Asio otus* (L.).
*146. *A. accipitrinus* (Pall.).
147. *Pisorhina scops* (L.).
*148. *Syrnium aluco* (L.).
149. *Nyctea nivea* (Thnbg.).
150. *Surnia ulula* (L.).
*151. *Athene noctua* (Retz.).
*152. *Strix flammea* (L.).

X. Ordnung: **Scansores.**

21. Familie: **Cuculidae.**

*153. *Cuculus canorus* (L.).

22. Familie: **Picidae.**

*154. *Iynx torquilla* (L.).
*155. *Dryocopus martius* (L.).
*156. *Dendrocopus maior* (L.).
*157. *D. medius* (L.).
*158. *D. minor* (L.).
*159. *Picus viridis* (L.).
160. *P. canus viridicanus* (Wolf).

XI. Ordnung: **Insessores.**

23. Familie: **Alcedinidae.**

*161. *Alcedo ispida* L.

24. Familie: **Coraciidae.**

162. *Coracias garrulus* L.

25. Familie: **Upupidae.**

*163. *Upupa epops* L.

XII. Ordnung: **Strisores.**

26. Familie: **Caprimulgidae.**

*164. *Caprimulgus europaeus* L.

27. Familie: **Macropterygidae.**

*165. *Apus apus* (L.).

XIII. Ordnung: **Oscines.**

28. Familie: **Hirundinidae.**

*166. *Hirundo rustica* L.
*167. *Riparia riparia* (L.).
*168. *Delichon urbica* L.

29. Familie: **Bombycillidae.**

169. *Bombycilla garrulus* (L.).

30. Familie: **Muscicapidae.**

*170. *Muscicapa striata* (Pall.).
*171. *M. hypoleuca* (Pall.).
*172. *M. parva* Bchst.

31. Familie: **Laniidae.**

*173. *Lanius excubitor* L.
174. *L. minor* Gm.
*175. *L. collurio* L.
*176. *L. senator* L.

32. Familie: **Corvidae.**

*177. *Corvus corax* L.
*178. *C. corone* L.
*179. *C. cornix* L.
*180. *C. frugilegus* L.
*181. *Colaeus monedula spermologus* (Vieill.).
*182. *Pica pica* (L.).
*183. *Garrulus glandarius* (L.).
184. *Nucifraga caryocatactes macrorhynchos* Brehm.

33. Familie: **Oriolidae.**

*185. *Oriolus oriolus* (L.).

34. Familie: **Sturnidae.**

*186. *Sturnus vulgaris* L.

35. Familie: **Fringillidae.**

*187. *Passer domesticus* (L.).
*188. *P. montanus* (L.).
*189. *Coccothraustes coccothraustes* (L.).
*190. *Fringilla coelebs* L.
191. *F. montifringilla* L.
*192. *Chloris chloris* (L.).
*193. *Acanthis cannabina* (L.).
194. *A. flavirostris* (L.).
195. *A. linaria* (L.).
*196. *A. spinus* (L.).
*197. *A. carduelis* (L.).
198. *Serinus serinus* (L.).
199. *Pyrrhula pyrrhula pyrrhula* (L.).
*200. *P. p. europaea* Vieill.
*201. *Loxia curvirostra* L.
202. *L. pytyopsittacus* Borkh.
203. *Passerina nivalis* (L.).
*204. *Emberiza calandra* L.
*205. *E. citrinella* L.
*206. *E. hortulana* L.
*207. *E. schoeniclus* (L.).

36. Familie: **Motacillidae.**

*208. *Anthus pratensis* (L.).
*209. *A. trivialis* (L.).
210. *A. richardi* Vieill.
211. *A. spinoletta spinoletta* (L.).
212. *A. sp. littoralis* Brehm.
*213. *Motacilla alba* L.
214. *M. boarula* L.
*215. *M. flava flava* L.
216. *M. flava thunbergi* Billberg.

37. Familie: **Alaudidae.**

*217. *Alauda arvensis* L.
*218. *Lullula arborea* (L.).
*219. *Galerida cristata* (L.).
220. *Eremophila alpestris flava* (Gm.).

38. Familie: **Certhiidae.**

*221. *Certhia familiaris macrodactyla* Brehm.
*222. *C. brachydactyla* Brehm.

39. Familie: **Sittidae.**

*223. *Sitta europaea caesia* Wolf.

40. Familie: **Paridae.**

*224. *Parus major* L.
*225. *P. caeruleus* L.
*226. *P. ater* L.
*227. *P. palustris communis* Baldenst.
*228. *P. atricapillus salicarius* Brehm.
*229. *P. cristatus mitratus* Brehm
*230. *Aegithalus caudatus caudatus* (L.).
*231. *A. c. europaeus* (Herm.).
232. *Panurus biarmicus* (L.).
*233. *Regulus regulus* (L.).
234. *R. ignicapillus* (Temm.).

41. Familie: **Timeliidae.**

*235. *Troglodytes troglodytes* (L.).

42. Familie: **Silviidae.**

*236. *Prunella modularis* (L.).
237. *Sylvia nisoria* (Bchst.).
*238. *S. borin* (Bodd.).
*239. *S. communis* Lath.
*240. *S. curruca* (L.).
*241. *S. atricapilla* (L.).
*242. *Acrocephalus arundinaceus* (L.).
*243. *A. streperus* (Vieill.).
*244. *A. palustris* (Bchst.).
*245. *A. schoenobaenus* (L.).
*246. *Locustella naevia* (Bodd.).
*247. *Hippolais icterina* (Vieill.).
*248. *Phylloscopus sibilatrix* (Bchst.).
*249. *Ph. trochilus* (L.).
*250. *Ph. collybita* (Vieill.).
251. *Cinclus cinclus* (L.).
*252. *Turdus philomelos* Brehm.
253. *T. musicus* L.
*254. *T. viscivorus* L.
*255. *T. pilaris* L.
*256. *T. merula* L.
257. *T. torquatus* L.
*258. *Saxicola oenanthe* (L.).
*259. *Pratincola rubetra* (L.).
*260. *P. torquata rubicola* (L.).
*261. *Phoenicurus titys* (Gm.).
*262. *Ph. phoenicurus* (L.).
*263. *Erithacus rubeculus* (L.).
*264. *Luscinia suecica cyanecula* (Wolf).
265. *L. s. suecica* (L.).
*266. *L. megarhynchos* Brehm.
267. *Luscinia luscinia* (L.).

III. Spezieller Teil.

I. Ordnung: **Urinatores.**

1. Familie: **Alcidae.**

1. **Alca torda** L. — Eisalk.

Wechselnd häufiger Wintergast.

Der Tordalk kommt im Winter an der Ostseeküste, also auch auf der Lübecker Bucht, nicht selten vor. Doch ist die Zahl nicht in jedem Jahr gleich. Auffallend häufig erschien er 1905, selten 1906, zahlreicher wieder 1908, im Dezember 1909 und November-Dezember 1911. Er verläßt eigentlich nie die See. Es ist daher beachtenswert, daß in den 50er Jahren ein Stück auf dem Schaalsee (L.) erlegt wurde (Clodius, Archiv 1886, p. 136 und Wüstnei & Clodius 1900, p. 316). Dr. Walbaum erhielt am 5. Dez. 1779 ein auf der Wakenitz getötetes Stück (Adversaria . . .).

Der Vogel wird von den Fischern erbeutet und in Netzen gefangen und gelangt mit anderen Seevögeln auf den Markt, der im Winter für den Ornithologen eine wahre Fundgrube ist. Schon vor 100 Jahren war das so. Dr. Walbaum schreibt 1789 vom „Scheerschnabel" (= *Alca torda*): „Allhier findet man sie im Dezember und Januar, wo sie zuweilen in den Fischernetzen verwickelt gefangen werden."

2. **Fratercula arctica** (L.) — Lund.

Vom Papageitaucher ist in Mecklenburg ein Exemplar erbeutet. Über Schleswig-Holstein gibt Rohweder in seiner oft wenig wissenschaftlichen datenlosen Weise an: Auf der Ostsee sehr selten. Im Februar 1912 ist ein junges, fast verhungertes Stück bei Niendorf (F.) lebend gegriffen. Es steht im M. Clodius gibt jedoch Ende November 1911 an (Blohm 1912). Das ist sicher ein Irrtum.

Uria lomvia (L.) — Dickschnabellumme.

Nach Rohweder einmal an der schleswig-holsteinischen Ostseeküste erlegt.

3. **Uria troile** (L.) —Trottellumme.

Seltener Wintergast.

Sie ist auf der Ostsee sparsamer Wintergast. Nur wenige Exemplare sind in den letzten Jahren auf lübeckischen Gewässern erlegt. Im November 1900 erhielt Schröder eins in Niendorf (F.). Ein Stück ist 1905 auf der Schlutuper Wyck, je ein Stück im Januar 1908, Anfang und Ende Februar 1910 bei Travemünde erbeutet. Außer dem ersten, das einen Vogel im Sommerkleide darstellt, steht noch ein Stück ohne Angabe im M. Dr. Walbaum erhielt eine im Januar 1790 aus Travemünde, am 20. Dezember 1780 eine *Alca torda varieta* aus Travemünde (Adversaria). In O. Holstein wurden je ein Exemplar vom 14. Januar 1904, 25. Oktober 1905, 2. November 1905, 1. Dezember 1905 Eppelsheim eingeliefert (E. 1906). Im Dezember 1912 erhielt ich ca. 12 Stück.

Die Varietät *Uria troile ringvia* Brünn. (Ringellumme) erhielt Dr. Walbaum am 4. März 1786 aus Schlutup. Er nennt sie „Harungssuper" (Heringssaufer).

4. **Uria grylle** (L.) — Gryllteist.

Regelmäßiger Wintergast.

Diese Lumme kommt im Winter weit zahlreicher in die Ostsee als vorige Art. Auf dem Markt ist sie vom November bis Ende Februar einzeln fast regelmäßig zu erhalten. Blohm zeigte schon am 26. Sept. 1909 ein Stück auf der 59. Jahresvers. d. Deutsch. Orn. Ges. vor. Röhr erhielt im Juni 1907 zwei Stück aus Scharbeutz (F.) zum Stopfen. Das eine Stück befindet sich, wie mir der Schütze, Herr Hotelbesitzer Richter-Warning, freundlichst mitteilte, in seinem Besitz, das andere in dem des Herrn Schiffsmakler Burmester in Lübeck. Beide Vögel sind am 22. Juni geschossen und zeigen das Sommerkleid. In Mecklenburg ist noch im Juli ein Stück erlegt. 1883 erhielt das M. ein Exemplar von Dillner-Schlutup (Lüb. Bl. 1884 p. 342). Meistens halten sie sich nur an der See auf und gehen nicht weit in die Trave. Dr. Walbaum (1778) beschreibt vier ♂♂ aus Travemünde, von denen Nr. 1 und 2, Mitte März gefangen, fast schon das Sommerkleid tragen, wie ich sie hier noch nie sah. Die Vögel ziehen heute viel früher ab. Nr. 3 und 4, Anfang März 1778 erlegt, haben noch das Winterkleid. 1779 bekam er noch am 24. März ein Stück (Adversaria).

5. **Alle alle** (L.) — Krabbentaucher.

„*Mergulus alle* befindet sich in der Sammlung des M. von Travemünde" (E. F. v. Homeyer 1880). Es ist nicht mehr vorhanden. Im November 1912 ist ein Stück bei Niendorf (F.) erbeutet. Es hat mir bei Röhr vorgelegen.

2. Familie: **Colymbidae.**

6. **Urinator imber** (Gunn.) — Eistaucher.

Er gelangt im Winter höchst selten in die Ostsee. Im M. steht ein ad. Stück aus älterer Zeit ohne nähere Angabe (Hagen 1907 b und 1909 c), das im MK. mit Lübeck bezeichnet ist. Dr. Lenz erwähnt *imber* 1890 nicht, dagegen 1895. Es ist mir nicht bekannt, worauf er sich stützt. Seine Angabe ist meines Erachtens wertlos. Das oben genannte Exemplar trug bis vor kurzem den Namen „Polartaucher". Es handelt sich gewiß um einen dort aufgeführten Fall. Dr. Walbaum beschreibt in seiner „Adversaria . . ." unterm 3. August 1782 ein Stück und bemerkt dabei: „Habe von Travemünde erhalten." Das muß selbst für die damalige Zeit ein außerordentlich früher Termin sein. In Schleswig-Holstein ist er mehrfach, in Mecklenburg zweimal erlegt.

7. **Urinator arcticus** (L.) — Polartaucher.

Für uns ein nordöstlicher Vogel, der jedoch auch in Westpreußen und Hinterpommern brütet. Bei uns im Alterskleid äußerst spärlich, im Jugendkleid alljährlich.

1843 ist ein *Colymbus arcticus* bei Lübeck gefangen, vom M. angekauft (Lüb. Bl. 1844, p. 292), 1869 einer von Dillner-Schlutup geschenkt (Lüb. Bl. 1870, p. 210). Im MK. sind zwei Stück von Lübeck, 1868 und 1869 erbeutet, angegeben, von denen das letztere wohl das von Dillner dedizierte ist. Lenz gibt den Polartaucher als sehr selten an (Dr. Lenz 1895). Von Dr. Biedermann ist im MK. ein im Dezember 1896 am Behlersee bei Kleveez erlegtes Stück erwähnt. Blohm schreibt 1903: „In den letzten Jahren sind keine erlegt.“ Ein junges lübeckisches Exemplar von 1905 steht im M. Am 3. November 1905 wurde ein adultes Stück an der Nordkante der Lübecker Bucht bei Dahme erlegt (Hagen 1906 b). Im November 1907 sind zwei alte Polartaucher bei der Herrenbrücke beobachtet (Dr. Steyer). Im Winter 1907/08 sollen mehrere juv. gefangen sein (Blohm 1908), ja solche sogar alljährlich vorkommen (Blohm 1910 a), was tatsächlich der Fall ist. Am 30. November 1909 ist ein altes Stück bei Travemünde erbeutet (Hagen 1910 a). Es ist ins Museum Koenig-Bonn gekommen.

Auch in Ost-Holstein wurde *U. arcticus* nachgewiesen. Im November 1872 wurde einer auf einem Gewässer bei Neumünster erlegt (Rohweder 1875). Am 2. Oktober 1904 wurden einige Alte bei Putlos beobachtet, am 23. November 1905 ein ♂ ad. bei Heiligenhafen erbeutet, am 16. Mai ein Stück im vollständigen Jugendkleid mit starker Hornhauttrübung (Eppelsheim 1906).

Alte Polartaucher erscheinen in unserer Gegend also fast stets im November.

8. **Urinator lumme** (Gunn.) — Nordseetaucher.

Prof. Lenz gibt ihn irrtümlich (1895) als sehr selten an. Er ist jedoch der häufigste Seetaucher, der sowohl im Jugend- als auch Alterskleid erscheint und von der See aus auf die Trave geht, bei starkem Hochwasser sogar auf den Tilgenkrugwiesen beobachtet wurde (Schöss) und selbst im Holzhafen von Lübeck erscheinen soll. Anfang Januar 1900 ist ein ad. Stück bei Fräuleinberg bei Schenkenberg (L.) auf einem kleinen See erlegt (Röhr).

Im Dezember 1908 ist ein nicht umgefärbtes Stück im Sommerkleid auf der Untertrave geschossen (M.). Dr. Walbaum erhielt noch am 31. Mai 1786 und am 21. Mai 1791 je einen „Taucher mit der roten Kehle“ (Adversaria . . .), die zu dieser außerordentlich späten Zeit natürlich schon im Hochzeitskleid waren.

9. **Colymbus cristatus** L. — Haubensteißfuß.

Der Haubentaucher ist ein stark abnehmender Brutvogel unserer Gegend: auf der Trave, im Kattegatt und Bretling, früher auch im Stau, auf der Wakenitz, wo er vor der Herabsenkung des Wasserspiegels zu Hunderten vorkam (Vollert-Lübeck), dem Tremser Teich, dem Ratzeburger See, wo er kolonienweise nistet, auf dem Behlendorfer See (Hoffmann) u. a. Dr. Walbaum erhielt vom letzteren See, „alwo er brütet“, am 6. Mai 1779 ein ♀ (Adversaria . . .). Nach Lampe nistet er auf dem Malkendorfer Moor. Im Fürstentum brütet er häufig auf allen schilfbewachsenen Seen, z. B. Hemmelsdorfer, Eutiner, Plöner See, desgl. in Lauenburg und Ost-Holstein.

Im Frühling und Herbst durchziehende Haubentaucher liegen besonders auf dem Stau und Bretling (Trave), oft bis hundert Stück.

An der See und den Wyken der Untertrave ist er der am häufigsten überwinternde Steißfuß, in einigen Wintern zeigt er sich auch bei der Stadt.

Brutzeit: Mai-Juni, doch findet man manchmal noch im Juli Eier, da die Fischer diese ihnen nehmen, sie aber immer wieder nachlegen.

10. **Colymbus grisegena** Bodd. — Rothalssteißfuß.

Diese Art ist ebenfalls nicht seltener Wintergast auf der Bucht und Untertrave. Im Freistaat ist sie im Sommer auf dem Kattegatt beobachtet, hat 1907 dort gebrütet. Das Gelege ist Peckelhoff eingesandt. Im Frühling 1908 ist das eine Stück abgeschossen. Es wurde zwar auch 1909 vom Verfasser eins wiederbeobachtet, aber ein zweites fand sich nicht hinzu. 1910 brüteten zwei Paare auf einem Teiche im Cronsforder Holz (Blohm 1912). Im Fürstentum kommt der Rothalstaucher nicht selten auf den Seen und auf schilfbewachsenen Tümpeln vor. Im Mai 1910 erhielt Röhr mehrere aus dem Fürstentum. Am 7. Mai 1896 auf dem Kellersee gesehen, am 3. Juli 1896 ist ein juv. auf dem Redingsdorfer See bei Bujendorf geschossen, 1897 hat er auf dem Hemmelsdorfer See gebrütet (Dr. Biedermann-Imhoof). Er nistet bei Woltersteich (Schlünz).

In Ost-Holstein brütet er bei Oldenburg, auf den Lübbersdorfer Teichen (Eppelsheim 1906), nach Peckelhoff befindet sich auf dem Messingschlägerteich bei Reinfeld eine Brutkolonie von ca. 15 Paaren.

11. **Colymbus auritus** L. — Ohrensteißfuß.

Nicht häufiger Wintergast.

Dieser im Norden beheimatete Taucher soll schon in Schleswig-Holstein und Jütland gebrütet haben, ein ♀ im Juli auf Poel erlegt sein (Wüstnei u. Clodius 1900). Dr. Lenz gibt ihn 1895 vom Plöner See (H.) an. Das beruht vermutlich auf einer Mitteilung von Dr. Biedermann, der ihn im Sommer im Schmuckkleid auf dem Eutiner und Plöner See sah. Am 27. Mai 1901 wurde ein Paar auf letzterem beobachtet (Krohn 1902). Ende Mai 1912 bekam Röhr ein ♂ im Hochzeitskleid aus Geeschendorf (H.). Als Wintervogel kommt er auf der See und Untertrave nicht allzu häufig vor. Am 4. Dezember 1909 erhielt ich ein Stück, das fast noch das Sommerkleid zeigte. 1895 erhielt das M. ein Exemplar von Schmidt-Schlutup (Lüb. Bl. 1896, p. 424).

12. **Colymbus nigricollis** (Brehm) — Schwarzhalssteißfuß.

Als Wintergast nicht selten, häufiger als vorige Art, im Sommer im Freistaat nur selten beobachtet, z. B. von Blohm ein Stück auf dem Ratzeburger See. Im M. steht ein ad. Stück im Sommerkleid aus Schlutup vom Jahre 1897. Vor ca. neun Jahren sind im Frühling zwei im Prachtkleid befindliche beim ersten Fischerbuden (Wakenitz) von Vollert-Lübeck geschossen. Das eine ist noch in seinem Besitz, das zweite ins M. gekommen. „Ein junges Stück von 1903 steht im M. Es ist bei Lübeck erlegt" (Lüb. Bl. 1904, p. 221). Im Frühling 1910 sind wiederholt mehrere Paare auf dem Ratzeburger See angetroffen (Blohm 1910 a). Am 24. April 1912 lagen zwei Stück im Kleinen See der Wakenitz (Verf.). Im Fürstentum ist der Schwarzhalstaucher Brutvogel. Vom Behlersee steht ein *pullus* im M. Anfang Juni 1910 bekam Röhr einen alten Schwarzhals von Ahrensböck.

Auf dem Kuhteich bei Küren (H.) nistet eine größere Zahl (Peckelhoff).

13. **Colymbus nigricans** Scop. — Zwergsteißfuß.

Brut- und Durchzugsvogel, selten überwinternd.

Überwintert in einzelnen Jahren an der See, so 1907, manchmal auch innerhalb Lübecks; häufiger sieht man sie während der Zugzeit im September. Bei Gotmund, auf dem Kattegatt und der Trave, nisten ca. zwölf Paare. Im K. fand Peckelshoff 1906 vier Nester. Auch auf der Wakenitz sind sie beobachtet (Vollert-Lübeck). Ein junges Stück von 1906 steht im M., auf der Wakenitz erlegt (Lüb. Bl. 1907, p. 456), eins bei Lüthgens-Spieringshorst, ein anderes wurde am 27. September 1910 erlegt, eins Mitte Oktober 1910 (Röhr). Sie halten sich hier besonders beim dritten Fischerbuden und Herrenburger Moor auf, wo am 8. September 1912 ein Stück geschossen ist (Verf.). Auf dem Moor bei Vorwerk nisteten sie 1899 und 1902 (Hartwig). Röhr erhielt Mitte Dezember 1909 ein Exemplar aus Reeke (Obertrave), eins am 24. September 1910 aus Moisling (Obertrave), eins am 3. Oktober 1910 aus Dänischburg (Untertrave).

Auch im Fürstentum ist *C. nigricans* beobachtet (Dürwald), von Lampe auf dem Hemmelsdorfer See und Malkendorfer Moor.

II. Ordnung: **Longipennes.**

3. Familie: **Procellariidae.**

14. **Procellaria glacialis** L. — Eissturmvogel.

Verschlagene dieser im nördlichsten Teil des Atlantischen Ozeans, der Baffinsbucht und dem grönländischen Meer beheimateten Art werden alljährlich auf der Nordsee gefunden, von der deutschen Ostsee war sie noch unbekannt. Im M. steht ein Stück, im Oktober 1903 bei der Struckfähre, im Hafengebiet Lübecks, ca. 17 km traveaufwärts von See, erbeutet (Hagen 1907b).

Hydrobates leucorhous (Vieill.) — Gabelschwänzige Sturmschwalbe.

In Mecklenburg ist am 15. Dezember 1904 ein Stück gefunden (Held, Meckl. Arch. 1905, p. 84).

15. **Hydrobates pelagicus** (L.) — Kleine Sturmschwalbe.

Bei Malente (F.) ist am 7. Januar 1900 ein totes Exemplar gefunden und Dr. Biedermann-Imhoof eingeliefert. In Schleswig-Holstein ist sie einmal an der Ostsee, in Mecklenburg sechsmal vorgekommen.

4. Familie: **Laridae.**

16. **Stercorarius skua** (Brünn.) — Große Raubmöwe.

In Schleswig-Holstein und Mecklenburg erlegt. Die angeblich von Pelzerhaken aus auf der Lübecker Bucht einzeln und in größeren Haufen beobachteten Raubmöwen (Blasius, Vogelleben an den deutschen Leuchttürmen 1886) sind zweifellos auf junge Mantel- und Silbermöwen zu beziehen. 1912 hat jedoch eine Invasion dieser hochnordischen Art stattgefunden. Röhr erhielt Mitte November ein junges Exemplar von der Lübecker Bucht, Genrich sah eins bei Travemünde, Mitte Dezember bekam Röhr eins aus Niendorf (F.), ein dort wohnender Fischer, der sie nach Abbildungen genau kannte, sah mehrere. Es kamen nur junge Stücke vor!

17. **Stercorarius pomarinus** (Tem.) — Mittlere Raubmöwe.

Pomarinus ist zweimal bei Lübeck erlegt (Blohm 1910a), das eine dieser Stücke im September 1904 bei Schlutup (Trave) (Hagen 1906b). Im M. und im MH. stehen zwei Exemplare ohne nähere Angabe; das eine will Röhr gestopft haben, das andere ist nach dem MK. im Oktober 1887 bei Lübeck erlegt. Es stammt vom Lehrer W. Drews (Lüb. Bl. 1888, p. 417). G. Schröder erhielt am 23. Sept. 1906 einen jungen *S. pomarinus* aus Niendorf (F.). Ende September 1912 bekam Röhr ein altes Stück aus Grienau bei Karsdorf (L.) ohne Schußverletzung, anscheinend angeflogen.

In den Nachbargebieten mehrfach gefunden.

Stercorarius parasiticus (L.) — Schmarotzerraubmöwe.

In Schleswig-Holstein und Mecklenburg erlegt.

18. **Stercorarius cepphus** (Brünn.) — Lanzettschwänzige Raubmöwe.

Am 18. Juli 1906 ist ein altes Stück, nicht junges, wie ich 1907c irrtümlich angab, bei Siems (Trave), ca. 11 km flußaufwärts, erlegt, im selben Sommer zeigten sich einige in Mecklenburg, wo außerdem noch zwei erbeutet sind. Auch in Schleswig-Holstein angetroffen.

Larus glaucus Brünn. — Eismöwe.

In Schleswig-Holstein mehrfach erlegt, desgl. in Mecklenburg.

19. **Larus leucopterus** Faber — Polarmöwe.

Von dieser seltenen Möwe wurde im November 1902 ein juv. bei Travemünde erlegt, das im M. steht, im Februar 1907 eins bei Kücknitz an der Untertrave, im Besitze des dortigen Wirtes (Hagen 1907b, Blohm 1907 und 1910a).

In Mecklenburg und Schleswig-Holstein noch nicht erlegt.

20. **Larus argentatus** Brünn. — Silbermöwe.

Zeigt sich im Sommer bei uns selten: am 21. Juli 1897 in Travemünde (Dr. Biedermann-Imhoof), 8. August 1909, 12. August 1912 Priwall (Verf.), 13. Mai 1910 ein Paar Priwall (Peckelhoff). Könnte sich hier als Brutvogel vielleicht niederlassen. Im Winter die zahlreichste Möwe an der See, an manchen Tagen auch häufig auf den Gewässern bei Lübeck, besonders im Jugendkleid.

Bei Waterneverstorff (H.) nistet sie ausnahmsweise (Dr. Kretschmer 1893). Auf dem Lg. Werder bei Poel hat sie mehrfach gebrütet.

21. **Larus marinus** L. — Mantelmöwe.

Wird nicht in jedem Winter in gleich großer Zahl angetroffen, sehr häufig war sie 1899 (Peckelhoff), 1905 und 1912. Gewöhnlich stellt sie sich im Oktober ein. 1909 kam sie jedoch schon von Anfang August recht zahlreich in alten Stücken auf dem ganzen Westwinkel der Ostsee vor, was gewiß auf außergewöhnliche Vorkommnisse im Brutgebiet schließen läßt. 1912 war schon Ende August ein Trupp von ca. 30 Stück auf der Untertrave. Am 8. Juni 1911 beobachtete ich zwei junge Stücke bei Travemünde, am 19. Juli eins. Auf der Wakenitz ist sie selten (Lüthgens), ein 1907 erlegtes altes Stück steht bei Vollert-Spieringshorst.

22. **Larus fuscus** L. — Heringsmöwe.

Bei weitem seltener als die vorige Art auf der Untertrave und der Bucht erscheinend, sehr selten schon im Sommer, z. B. August 1909, wo ein juv. Röhr eingeliefert wurde. 1912 waren schon von Mitte August an einzelne alte und mittlere Exemplare auf der Untertrave. Sie bleibt bis März. Selten halten einzelne den Sommer aus. In der ersten Hälfte Juni 1910 erhielt Röhr ein altes Stück aus Travemünde. Am 8. Juni 1911 sah Verf. ein ad. Stück in der Großen Holzwiek, am 19. Juli je eins am Stülper Huk und auf dem Priwall.

23. **Larus canus** L. — Sturmmöwe.

Diese Möwe brütet in Mecklenburg (Langer Werder bei Poel) und Schleswig-Holstein. Peckelhoff fand sie 1894 bei Heiligenhafen und auf Fehmarn zahlreich nistend, desgl. auch Dr. Kretschmer (1893). Letzterer traf sie in der Hohwachter Bucht in kleinen Sanddünen und auf Graswerdern der Binnenseen brütend an, ein Pärchen sogar 1 km von See. Bei uns hatten sie nie genistet, sind überhaupt im Sommer nicht beobachtet. 1909, im Juni, traf Verf. drei alte Vögel auf dem Priwall, eine Brut fand nicht statt. 1910 jedoch siedelten sechs Paare sich an, von denen jedoch nur vier brüteten. 1911 nisteten drei, 1912 zwei Paare. Im Winter ist sie vom September bis April mit der folgenden die häufigste Art bei Lübeck. Die ersten erscheinen schon Mitte Juli mit Jungen, jedenfalls Vögel vom Langen Werder. Selbst die Jungen überwintern zahlreich.

24. **Larus ridibundus** L. — Lachmöwe.

Die Lachmöwe ist Brutvogel unserer Gegend. Sie nistet in einem der kleinen Palinger Moore an der mecklenburgischen Grenze (ca. 25 Paare) und auf der Insel im Hemmelsdorfer See (F.), hier sehr zahlreich. Im Frühling 1909 fand eine große Ansammlung dieser Möwen auf dem frisch übergebaggerten Stau (Trave) statt, gebrütet wurde jedoch nicht. Vor 30 Jahren soll sie nach Heuer auch hier genistet haben. 1912 soll ein Pärchen beim Priwall auf einer Sandbank gebrütet haben.

Im August und September beobachtet man große Schwärme von hauptsächlich jungen Vögeln an der See und am Kattegatt, nach Südwesten Durchziehende. Die ersten Jungen erscheinen Mitte Juli. Aus nördlichen Gegenden rücken jedoch im Winter Artgenossen nach. Auch dann sieht man viele Junge. Im März und April hört man nachts häufig die Stimmen ziehender Lachmöwen. Viele liegen in dieser Zeit auf den Äckern.

In Ostholstein nisten sie auf kleinen Inseln und Sandbänken der Seen an der Hohwachter Bucht häufig (Dr. Kretsmer 1893), auch auf einer kleinen Insel bei den Plöner Seen (Eppelsheim 1906, Peters, Heimat 1891, p. 228), auf dem Bischofswarder bei Bosau (Plöner See) einzeln, zahlreich auf drei kleinen Inseln beim Ascheberger Warder (Krohn 1902), außerdem auf dem Lankener See und dem Kuhteich bei Küren (Peckelhoff), zwischen Preetz und Plön (Peters, Heimat 1891, p. 228), auf Fehmarn auf den Lemkenhafener Warder (Peckelhoff). „Zwei Stationen vor Kiel (H.) ein See mit mehreren Inseln, weiß von brütenden Lachmöwen (v. Homeyer 1880, p. 14).

Eine am 13. Juli 1910 bei Schleswig gezeichnete Lachmöwe wurde am 17. August 1910 auf der Untertrave geschossen, eine am 6. Juli beringte vom Fischereiaufseher Gehl auf der Gr. Holzwyk am 8. Oktober 1910 (Dr. Weigold 1911).

25. **Larus minutus** Pall. — Zwergmöwe.

Im Januar 1907 ist ein Exemplar dieser Möwe bei Niendorf (F.) auf der Lübecker Bucht erlegt (Hagen 1907 b u. c) und durch Röhr ins M. gelangt. Der zweite von Blohm angeführte Fall (Blohm 1910 a): der Jäger Radbruch-Hohemeile „habe eine ganz kleine Möwe geschossen und verworfen", kann wissenschaftlich nicht ernst genommen werden, da sie nicht mit Sicherheit erkannt wurde.

Ist in Mecklenburg mehrfach gesehen und zweimal geschossen. Sie brütet schon im dänischen Jütland an der Ostseite (Dr. le Roi).

Xema sabinei (Sab.) — Schwalbenmöwe.

Am 2. November 1890 wurde im Hafen von Flensburg ein junger Vogel dieser hochnordischen Art erlegt (Paulsen, Orn. Monatsschrift 1890, p. 514), der erste Fall in der Ostsee.

26. **Rissa tridactyla** (L.) — Dreizehenmöwe.

Diese Möwe stellt sich bei uns nur als seltener Wintergast ein. 1907 sollen sich mehrere bei Lübeck auf dem Kanal gezeigt haben (Röhr). Im M. steht ein junges Exemplar ohne Angabe, das nach Röhr, der es gestopft hat, ihm 1899 eingeliefert wurde. Es ist von Dr. Struck geschenkt und stammt aus der Umgebung von Lübeck (Lüb. Bl. 1899, p. 419). Außer diesem besitzt das M. noch ein Stück von Röhr, 1905 erbeutet. Im Winter 1909/10 sind demselben Präparator zwei dieser Vögel gebracht, die mir vorlagen. Schröder hat ein Stück aus Niendorf (F.) von 1900 im Besitz. Am 29. Dezember 1910 sind drei bei Travemünde erlegt, darunter ein junges Stück, die hier anscheinend seltener als alte sind. Außer diesen hat Röhr noch am Ende November 1910 ein Exemplar erhalten.

Pagophila eburnea (Phipps) — Elfenbeinmöwe.

In Schleswig-Holstein bei Schleswig, Husum und an der Elbemündung erlegt (Rohweder 1875).

Gelochelidon nilotica (Hasselq.) — Lachseeschwalbe.

Brütet in Schleswig-Holstein an Landwässern des östlichen Gebietes (Hostruper See), seltener auf kleinen Inseln der Ostsee (Linderum). Könnte also auch bei uns einmal erscheinen.

Mitte Mai 1911 erschienen bei Poel 8—10 Seeschwalben, die nach Beschreibung des Vogelwärters Schwartz zu dieser Art gehören müssen. Die Flügel waren blau, der Schwanz kurz, der Flug langsamer. Sie hatten „eine andere Sprache". Das wäre der erste Nachweis für Mecklenburg.

Sterna caspia Pall. — Raubseeschwalbe.

Ist an der schleswig-holsteinischen Ostseeküste ausnahmsweise beobachtet, einigemal auch in Mecklenburg, wo diese Art 1903 gebrütet haben soll (Archiv 1904, p. 62). Sie dürfte sich daher auch bei uns gelegentlich zeigen. Nach Mitteilung des bekannten Fischers Schwartz soll sie 1909 wieder auf Poel (M.) gesehen sein,

1910 trafen sogar zwei Paare ein, die nach ca. 14 Tagen wieder abzogen; 1911 ist vom Vogelwärter Schwartz nur eine einzelne SN—WO durchziehend gesehen. Sie hat also wohl unser Gebiet berührt.

27. **Sterna cantiaca** Gm. — Brandseeschwalbe.

Zeigt sich selten auf der Ostsee, ist in Mecklenburg einmal erlegt. Am 11. Oktober 1905 zogen fünf Seeschwalben traveaufwärts zum Stau und zogen nach SW weiter. Ihre Stimme notierte ich: ijek, ijek, irek. Sie entspricht der Angabe Naumanns: kirrek, kerrek, kirräike. Es kann sich nur um diese Art gehandelt haben. In einer Frühlingsnacht hörte ich die Stimme einmal wieder. Sie entfernte sich (Burgfeld) SW—NO, folgte also genau der „Zugstraße“ Lübecks.

Sterna dougalli Mont. — Paradiesseeschwalbe.

Einzelne Vögel wurden ausnahmsweise an der schleswigholsteinischen Ostseeküste bemerkt.

28. **Sterna hirundo** L. — Flußseeschwalbe.

Kommt auf allen Seen und Flüssen des Gebietes, selten auf den Salzwyken der Trave und an der See vor, nistet an der Wakenitz, wo sie aber seit zwei Jahren als Brutvogel verschwunden zu sein scheint, im Palinger Moor (ca. 6—8 Paare), Waldhusener Moor, 1906 auf dem Priwall. Im Fürstentum nistet sie auf mehreren Seen: Hemmelsdorfer See, Eutiner u. a. Sie kommt gewöhnlich Ende April und geht von Mitte Juli bis Mitte September (14. Sept. 1903, 10. Sept. 1912). Jedoch sah ich noch am 3. Oktober 1912 eine Seeschwalbe. Brutzeit Mai—Juni.

In Ostholstein nistet sie im Lankener See (Peckelhoff) und häufig auf den Landseen der Hohwachter Bucht (Dr. Kretschmer 1893). Auf dem Bischofswarder bei Bosau (Plöner See) befindet sich eine Kolonie von 50 Paaren (Krohn 1902).

29. **Sterna macrura** Naum. — Küstenseeschwalbe.

Sie vertritt die vorige Art an der Untertrave und der See, kommt Anfang Mai und geht im Juli—September, ist jedoch noch nicht brütend gefunden.

Am Strand der Hohwachter Bucht nistet sie. Beim Dorfe Hohwacht befindet sich eine gemischte Kolonie von *S. hirundo* und *macrura* (Dr. Kretschmer 1893). Auf dem Lemkenhafener Warder auf Fehmarn brütet sie ebenfalls, desgleichen bei Neustadt (Peckelhoff), auf Poel (M.) desgleichen (Verf.).

30. **Sterna minuta** L. — Zwergseeschwalbe.

Brutvogel an der See, regelmäßiger Durchzügler.

Man trifft diese zierliche Seeschwalbe bei uns fast nur an der Seeküste, doch sah ich sie auch wiederholt auf dem Bretling und einmal in zwei Exemplaren bei der Teerhofsinsel (Trave). Auf dem Priwall brüteten 1907 drei Paare, die aber wieder verdrängt wurden (Peckelhoff 1909). Unter dem Schutze eines vogelfreundlichen Gesetzes haben sie sich wieder angesiedelt. 1910 sind acht

Junge in drei Nestern erbrütet (Peckelhoff), 1911 waren es vier Nester (Dr. Frank 1912), 1912 sieben Nester (Verf.).

Am Seestrand der Hohwachter Bucht nistend gefunden (Dr. Kretschmer 1893). 1884 befand sich auf dem Langen Warder (Fehmarn) eine größere Kolonie. Peckelhoff besitzt davon zwei Eier. Zug Mai und August, selten Anfang September. Genrich sah auf der Trave am Priwall am 24. September 1911 noch ein einzelnes Stück, Verf. am 9. September 1912 dort neun Stück, am 10. eins am Stau. Brutzeit: Ende Mai — Mitte Juli.

Hydrochelidon hybrida (Pall.) — Weißbärtige Seeschwalbe.

Soll nach Rohweder im Sommer 1824 in mehreren Exemplaren bei Brunsbüttel gesehen resp. geschossen sein. Im Winter 1911 wurde mir eine kleine aus Kiel stammende Sammlung von Strandvögeln zum Bestimmen vorgelegt, darunter befanden sich mehrere Flußseeschwalben und zwei weißbärtige, eine im Sommerkleid, eine im Herbstkleid. Die Aufzeichnungen darüber waren leider beim Tode des Sammlers verloren gegangen.

31. **Hydrochelidon nigra** (L.) — Trauerseeschwalbe.

Seltener Brutvogel, seltener Durchzügler im August.

Leider verschwindet diese schöne Seeschwalbe im Staatsgebiet, während sie im Fürstentum und in Ostholstein noch zahlreicher vorkommt. 1900 fand Peckelhoff in den Wasseraloebeständen hinter Spieringshorst (Wakenitz) viele Nester. 1905 traf ich auf der Wakenitz, besonders beim Fischerbuden und im Kleinensee, noch große Schwärme. Dann nahm die Zahl reißend ab. Bläßhühner und Menschen verdrängten sie. 1908 hat nach Peckelhoff kein Vogel mehr gebrütet. 1909 siedelten sich jedoch beim dritten Fischerbuden einige Paare wieder an, desgleichen muß, dem Benehmen nach, ein Pärchen im Kleinen See genistet haben. 1912 hielt sich dort nur ein Paar auf, desgleichen beim Herrenburger Moor. 1905 nistete ein Paar bei Schwartau im Ufergelände der Trave (Peckelhoff). Im Fürstentum brütet sie auf manchen Seen, Sümpfen und Mooren, im Juni 1909 wurden mehrere Exemplare auf dem Kellersee gesehen (Lange), Ende Juni 1911 erhielt Röhr eins aus Eutin.

Nistet im Wesseker See, südlich der Hochwachter Bucht (Dr. Kretschmer 1893), zahlreich im Bruch bei Oldenburg (Eppelsheim 1906), in drei Paaren im Lankener See 1908 (Peckelhoff).

Anfang Mai erscheint die schwarze Seeschwalbe und brütet Ende Mai bis Juni. Im Juli verlassen uns unsere Brutvögel, doch stellen sich dann, besonders aber im August, auf dem Stau und Bretling nördliche Durchzügler ein. Nachts hört man oft das Geschrei der Vorüberziehenden, auch vor oder in den Pausen von Gewittern. In den letzten sechs Jahren sind diese Durchzügler aber außerordentlich selten geworden.

III. Ordnung: **Steganopodes.**

5. Familie: **Phalacrocoracidae.**

32. **Phalacrocorax carbo** (L.) — Kormoran.

1810 hat sich bei Neudorf in der Hochwachter Bucht das erste Paar angesiedelt. 1816 brüteten sie schon an der Ostseeküste bis

Kiel (Rohweder, Heimat 1905, p. 271). Dann wurden sie vertrieben. Sie siedelten sich in Mecklenburg an. 1864 brüteten sie noch bei Wismar. Im Maltzaneum befinden sich Eier. Bei Warnemünde werden nach Clodius noch jetzt alljährlich bis zu 40 Stück gesehen (4. meckl. Ber., 1906). Nach Gundlach noch 1911 (8. Ber.). Im Juli 1912 weilte ich dort 10 Tage, habe aber keinen einzigen zu sehen bekommen. Sie haben sich wahrscheinlich von dort verzogen oder kommen erst später von weither.

Dr. Lenz berichtet 1890, daß die Scharbe auf unseren Gewässern brütet. 1895 erwähnt er sie gar nicht. Auf mündliche Anfrage konnte er mir nichts Näheres mehr geben. Prof. Dr. Lenz hat in den 60er und 70er Jahren, als *carbo* beim benachbarten Wismar noch bestimmt brütete, viel auf See und Untertrave wegen der Planktonforschung gefahren, doch bleibt die Angabe zweifelhaft. Im M. stehen aus jener Zeit mehrere Exemplare ohne Provenienz. Zwei sind vom verstorbenen Hauptlehrer Arnold, einem bekannten Conchyliologen, eingeliefert (MK.). Das eine dieser Stücke ist vom Fischer Stoffers 1872 geschossen (Lüb. Bl. 1873, p. 262). Von Heuer wurde damals eins am Stau aus einem Schwarm von 4 bis 5 Stück erlegt. Aus neuerer Zeit steht im M. ein von Dr. Wattenberg im September 1905 am Südende des Hemmelsdorfer Sees (F.) erbeutetes Stück. Am 26. Januar 1907 war auf dem Markte ein Kormoran von einer Schlutuper Fischfrau angeboten. Das ist um so beachtenswerter, da diese Vögel nie überwintern sollen. Es sind mir aus der Literatur nur zwei Fälle bekannt (siehe unten!). Jedoch schreibt schon Dr. Walbaum (1787b): „Im Winter schweift er hier am Strande herum, besucht auch wohl die Landseen und Flüsse.“ Röhr, der genanntes Exemplar erhielt, bekam im selben Winter noch ein zweites. Am Morgen des 6. Juli 1907 traf ich während einer Seereise zwei dieser Vögel bei der Klützer Ecke in die Lübecker Bucht hineinfliegend. Am 24. August 1909 wurde von Blohm ein Stück auf dem Bretling gesehen (Dr. Heinroth 1910). Er selbst gibt aber 1910c an, daß von Fischern zwei Stück beobachtet seien. Ein Segelschiffkapitän hat im Mai 1910 zwei Stück auf der Heringswade bei Travemünde angetroffen, Ende August auf einem Strompfahl ein Stück. Bei Dahme (H.), Nordecke der Lübecker Bucht, wurde am 9. Januar 1905 (Winter!) ein ♂ erbeutet. „Seit langem dort nicht vorgekommen und allen Fischern fremd“ (Eppelsheim 1906). Rohweder gibt Heimat 1905, p. 271, den 21. März, an. „Vor längerer Zeit am Eingang des Kieler Hafens, im Dezember (!) 1904 bei Eiderstedt je ein Exemplar“ (Rohweder a. a. O.).

Phalacrocorax graculus (L.) — Krähenscharbe.

In Schleswig-Holstein wurde dieser Vogel einige Male gefunden, u. a. bei Flensburg.

6. Familie: **Sulidae.**

33. **Sula bassana** (L.). — Baßtölpel.

Verirrt sich selten auf die Ostsee. Im M. steht ein ad. Stück, über das mehrere Berichte vorliegen. Es ist im Frühling 1851 auf der Wakenitz nahe der Stadt Lübeck erlegt (Boll 1852, Hempel 1852, Lenz 1895, Blohm 1903), nach den Lüb. Bl. 1852, p. 102, am 28. Juni 1851, und zwar vom Schwimmlehrer Schröder.

In Schleswig-Holstein und Mecklenburg einige Male erbeutet.

Familie: *Pelecanidae.*

Pelecanus onocrotalus L. — Gemeiner Pelikan.

Der Pelikan wurde mehrfach in Schleswig beobachtet und geschossen.

IV. Ordnung: **Lamellirostres.**

7. Familie: **Anatidae.**

34. **Mergus merganser** L. — Gänsesäger.

Der Gänsesäger kommt als Jahresvogel im ganzen Gebiet vor. Schon Dr. Walbaum schrieb (1787 a): „Er hält sich zur Heckzeit allhier und in nordischen Ländern auf, wo er auf den Teichen hecket. Gegen den Herbst zieht er mit seinen Jungen in das Meer auf die Fischjagd, und wenn der rauhe Winter eintritt, begibt er sich nach wärmeren Ländern.“ Nach Blohm brütet er in einigen Paaren auf den größeren Seen (welchen?) in unserer Umgebung (Bl. 1903).

Im Freistaat nistet er an der Untertrave stellenweise, z. B. bei Stülper Huuk, am Dassower See (1911 nicht mehr!). 1908 trieben sich Ende Mai noch zwei ♂♂ beim Stau herum, deren ♀♀ vermutlich in der Nähe brüteten, im April 1909 versuchte ein Pärchen dort im kleinen Avelund zu nisten, kam jedoch nicht dazu. Peckelhoff fand auch bei Dänischburg ein Paar. 1910 hat vermutlich im Kattegatt eins genistet. Diese Säger nisten bei uns in Erdhöhlen des Steilufers und frei am Strand (zwei Nester fand Peckelhoff im Heidekraut), resp. im Schilf.

Im Fürstentum nistet der Gänsesäger in hohlen Buchen an einigen Seen, jedoch nicht häufig, bis vor vier Jahren z. B. am Kellersee (Burmeister). Im Juni 1909 hat Lampe am Hemmelsdorfer See diesen Säger mit Jungen gesehen. Dr. Walbaum erhielt in der Brütezeit, 8. Mai 1781, ein Exemplar von dem Bruche bei Scharbeutz (Adversaria . . .).

Während des Winters streifen von August an kleine Flüge überall herum, sowohl auf der Ostsee als auch den Flüssen und Landseen. Bis Ende April halten sich die Schwärme hier auf, meistens wird dann jedes ♀ von zwei ♂♂ umworben.

Im östlichen Holstein hat Rohweder ihn schon als seltenen Brutvogel konstatiert. 1884—86 nistete er auf dem Lemkenhafener Warder auf Fehmarn (Peckelhoff). Auf dem Großen Plöner See nisten vier bis fünf Paare (Krohn 1902). Er ist im Bruch bei Oldenburg beobachtet (Eppelsheim 1906), 1906 mehrfach bei Neustadt (Peckelhoff). Im Mai 1909 wurden mehrere Paare von Sägern (vermutlich *merganser*) auf dem Schaalsee (L.) gesehen (Lange).

35. **Mergus serrator** L. — Mittlerer Säger.

Von unseren Sägern ist dieser im Winter der häufigste. Besonders im Jugendkleid gelangt er öfters auf den Markt. Er hält sich fast ausschließlich an der See und auf der Untertrave auf. Auf letzterer geht er nur ganz selten bis Gotmund hinauf. Auf der Wakenitz ist er ein einziges Mal erlegt, im August vor ca. neun Jahren, sonst nie beobachtet. Das Stück steht im ersten Fischenbuden. Auch 1912 sah ich schon im August (30. und 31.) ein Paar auf dem Kattegatt.

Rohweder gibt ihn als zuweilen im östlichen Holstein brütend an. Er nistet in Mecklenburg an mehreren Stellen, z. B. auf Poel und der Halbinsel Wustrow (Verf.). Auch im Fürstentum soll er bestimmt gebrütet haben, jetzt aber überall als Brutvogel verschwunden sein. Die Nester befanden sich am Seestrand und in Baumhöhlen.

36. **Mergus albellus** L. — Zwergsäger.

M. albellus ist in manchen Wintern (1907, 1908/09, Februar 1910 bei Dassow) auf der See und der Untertrave, wo er bis Gotmund hinaufgeht, recht häufig, besonders die Jungen und Weibchen, oft aber sehr spärlich. Doch erscheint er auch auf der Wakenitz (Vollert-Müggenbusch) und den Landseen, nach Krohn (1902) z. B. auf dem Plöner See (H.), nach Dr. Biedermann-Imhoof (Dezember 1908) auf dem Behlendorfer See (H.).

1895 erhielt das M. von Berlin ein Paar aus Schlutup (Lüb. Bl. 1896, p. 424), 1899 eins von Möller vom Ratzeburger See (Lüb. Bl. 1900, p. 429).

Im Winter 1909/10 sind mehrere Exemplare auf dem Schulsee bei Mölln (L.) gesehen, ein ♂ ist erlegt (Hering).

37. **Somateria mollissima** (L.) — Eiderente.

Als Wintergast auf der Lübecker Bucht vom November bis März recht häufig, hauptsächlich im Jugendkleid; doch sieht man auch alte Weibchen ab und zu auf dem Markt, während das alte Männchen sehr selten ist. Durchschnittlich wird in jedem Jahr ein Stück erlegt, 1908/09 wurden sogar acht erbeutet.

Im M. steht ein ♂ ad., Travemünde 1890, ein anderes im MH., mit „Lübeck“ angegeben.

v. Homeyer gibt diese Ente vom Ratzeburger See an (E. F. v. Homeyer 1880). Das ist auffällig, da sie die Seeküste selten verläßt. Dr. Walbaum beschreibt (1778) ein ♂ juv. im Übergangskleid, wie sie von Mitte Februar an öfters gefangen werden. Er hat (Adversaria . . .) schon am 15. September 1780 ein bei Travemünde im Netz gefangenes Stück erhalten, desgl. noch am 22. April 1786 ein ♂.

38. **Somateria spectabilis** (L.) — Prachtente.

Es liegen bislang drei Fälle des Erscheinens in Deutschland vor: am 11. März 1844 wurde ein ♀ bei Danzig erbeutet. Es steht im Westpreußischen Provinzial-Museum. Ein ♂ im Prachtkleid wurde am 28. März 1853 auf dem Ruden, ein drittes ♂ im Frühling 1901 bei Kloster auf Hiddensee erlegt (E. Hübner, Avifauna von Vorpommern und Rügen).

Im Anfang Februar 1907 ist ein ♂ im Jugendkleid, im Januar 1909 ein ♂ im Übergangskleid bei Travemünde gefangen. Beide stehen im Lübecker Museum. Ein ♀ wurde 1909 an der Nordecke der Lübecker Bucht bei Dahme erlegt (Blohm 1910c).

39. **Oidemia fusca** (L.) — Samtente.

Während diese Art an der holsteinischen Küste im Winter sehr zahlreich erscheinen soll, auch in Mecklenburg häufig ist, kommt sie bei uns in die Lübecker Bucht nur spärlich, ausnahmsweise sind in strengen Wintern die Jungen häufiger. In die Buchten der Trave geht sie nur wenig.

40. **Oidemia nigra** (L.) — Trauerente.

Weit zahlreicher ist die Trauerente, die bis zum Kattegatt traveaufwärts geht (Schröder und Verf.). Im Februar 1910 wurde ein Exemplar beim ersten Fischerbuden auf der Wakenitz gesehen (Lüthjens jun.).

41. **Cosmonetta histrionica** (L.). — Kragenente.

Diese hochnordische Ente hat sich einige Male an Deutschlands Küsten gezeigt. Wüstnei schreibt (Vögel der Großherzogtümer Mecklenburg): „Soll einmal an der pommerschen Küste und auch einmal bei Lübeck erlegt sein.“ Die Notiz beruht auf einer Mitteilung von Schmid im Mecklenb. Archiv XXIX, 1875, p. 157. Nach ihr hat der Kaufmann G. Martens in Wismar eine Sammlung aus Lübeck bekommen, unter der eine junge *histrionica* war, die nach der mit den anderen Präparaten gleichen Art der Stopfung und Montierung als bei Lübeck gefangen gelten muß. Am 29. Februar 1888 erhielt Wiese in Laboe (H.) eine *Harelda histrionica* (Leverkühn, Heimat 1905, p. 173—181).

42. **Nyroca marila** (L.) — Bergente.

Die Bergente soll an Mecklenburgischer Küste die häufigste Winterente, auch an den schleswig-holsteinischen außerordentlich häufig sein. Bei uns kommt sie auf der Bucht und der Untertrave nur spärlich vor. Auf den Markt gelangen nur wenige. Die meisten sah ich im Januar und Februar 1907.

43. **Nyroca fuligula** (L.) — Reiherente.

Ausnahmsweise Brutvogel, häufiger Wintergast.

Mit ihren zahllosen Schwärmen kann sich im Winter keine andere Entenart messen. Auf den eisfreien Stellen der See liegen sie oft zu Tausenden. Von hier aus gehen sie weit landein und erscheinen auf allen eisfreien Stellen der Flüsse und Seen, selbst auf den Gewässern innerhalb Lübecks, hauptsächlich auf dem Mühlenteich (zahlreich hier 1908/09). Von hier erhielt Dr. Walbaum am 3. Februar 1784 ein Exemplar (Adversaria . . .). Sie erscheinen Ende Oktober und bleiben bis Ende April, doch sieht man noch im Mai einzelne Paare, die aber auch verschwinden. Fast allsommerlich soll auf dem Ratzeburger See eine kleine Schar von ca. 20 Stück gesehen sein (Blohm 1910). Zahlreiche Paare blieben in dem sich lang ausdehnenden Winter 1908/09 bis Mitte Mai, so daß wir hofften, einzelne blieben zur Brut hier. Das hat sich bestätigt. Beim Kattegatt und Stau sah Verf. während des Sommers einzelne, einmal vier Stück. Nach Fischer Edler-Gotmund hat im Kattegatt ein Paar gebrütet. Er hat wiederholt das Nest mit neun Eiern gesehen und einmal ein junges Stück im Fischkorb gehabt. Edler ist Jäger, kennt also diese Ente genau. Im Waldhusener Moor haben 1909 drei Paare genistet (Oberförster Kluth). Ein junges Stück ist geschossen und als Reiherente bestimmt. 1909 sah ich auch auf der Wakenitz noch am 9. Juni ein einzelnes Stück, das aber geflügelt war (Hagen 1910h). Hinter dem dritten Fischerbuden hat ein Paar 1909 gebrütet (Lüthgens jun.). Röhr erhielt Anfang Mai 1910 eine Reiherente von Ahrensböck (F.). 1910 haben bei Waldhusen wieder einige Paare gebrütet (Hafemann). Die übrigen sind nicht wiedergekommen.

Auf dem Plöner See (H.) soll die Reiherente häufig sein und nach einer Mitteilung von Graf Brockdorff-Ahlefeldt nisten (Krohn 1902).

44. **Nyroca ferina** (L.) — Tafelente.

Seltener Brutvogel und Wintergast.

In Mecklenburg ist sie nach der Stockente die häufigste Brutente, auch auf holsteinischen Mooren soll sie nisten. Scheinbar tut sie das noch heute. Eppelsheim erwähnt sie als in Paaren vom April an vorkommend (E. 1906). 1911 hat ein Paar beim Stiegbrook (Wakenitz) genistet (Vollert), ein Junges ist im August geschossen (Lüthgens). 1912 hat ein Pärchen beim Kaninchenberg und eins beim dritten Fischerbuden genistet. Ein Beleg ist ins Museum gelangt. Im Fürstentum hat sie auf dem Barkauer See genistet (Dr. Biedermann-Imhoof). Im Winter stellt sie sich in kleinen Trupps auf unseren Gewässern ein. Im Februar wird ihre Zahl größer durch die Scharen der Durchzügler. Sie kommt dann auch öfters innerhalb Lübecks auf dem Mühlenteiche vor. 1912 sah ich schon am 3. September ein ♂ auf dem Stau. Röhr erhielt Mitte Oktober 1910 ein Exemplar von Pönitz (F.).

Nyroca rufina (Pall.) — Kolbenente.

Dieser seltene Gast aus Südeuropa brütet in Mecklenburg und soll einmal in Holstein zur Brut geschritten sein.

45. **Nyroca nyroca** (Güld.) — Moorente.

Diese Art findet in Holstein ihre nordwestlichsten Brutgebiete (Rohweder), hat 1908 bei Küren genistet (Peckelhoff) und soll auf dem Plöner See häufig sein, auch als Brutvogel (Krohn 1902).

Im lübeckischen Gebiet ist sie, trotzdem ihr passende Örtlichkeiten zur Verfügung ständen, erst einmal mit Sicherheit konstatiert. Im Frühjahr 1905 ist ein Stück bei Berkentin auf dem Elbe-Trave-Kanal erlegt. Es steht im M., das außerdem ein von Milde 1852 präpariertes Skelett besitzt.

46. **Nyroca clangula** (L.) — Schellente.

In den Buchen an den größeren Seen des Fürstentums ist sie seltener Brutvogel. Sie ist im Sommer von Tiedge fast auf allen Seen gesehen, besonders auf dem Großen Eutiner See und Kellersee, wo Junge angetroffen wurden. Röhr bekam Anfang Mai 1910 vom Pönitzer See ein ♂. Im Freistaat ist sie als Brutvogel noch nicht festgestellt. 1908 blieb beim ersten Fischerbuden ein Paar bis Mitte Juni, verschwand dann (Peckelhoff). Da die Brutzeit jedoch vom Mai—Juni dauert, könnte eine Brut stattgefunden haben. Schon vom August an treiben sich zahlreiche Schwärme bis Ende April auf allen eisfreien Gewässern herum.

Nach Rohweder brüten auf einigen ostholsteinischen Seen Schellenten, 1908 auf dem Lankener See (Peckelhoff).

47. **Nyroca hyemalis** (L.) — Eisente.

Auf der Bucht erscheint sie in großer Zahl als Wintergast. Sie kommt im November—Dezember, selten schon im Oktober. Am 22. Oktober 1911 schoß Genrich ein junges Stück auf der Bucht. Die letzten verschwinden Ende April und tragen schon manchmal das Sommerkleid. Nach einer Mitteilung von Graf Brockdorff-

Ahlefeldt soll die Eisente auch auf dem Plöner See erscheinen (Krohn 1902).

Im April 1908 wurde ein ♂ fast in ausgefärbtem Sommerkleide bei Travemünde erlegt (Blohm 1909). Röhr erhielt eins in der zweiten Woche Mai 1910 aus Niendorf (F.) im vollständigen Sommerkleid. Beide stehen im M.

48. **Spatula clypeata** (L.) — Löffelente.

Diese Ente soll in Norddeutschland nicht überwintern. Ein im M. befindliches Stück, im Februar 1905 bei Moisling, ca. $2^1/_2$ km traveaufwärts von Lübeck, erlegt, muß hiervon eine Ausnahme gemacht haben, da der Zug in der Regel im April beginnt. Nach Förster Radbruch ist sie alljährlich auf dem Dassower See, einer Bucht der Untertrave, im Frühling in mehreren Exemplaren anzutreffen, doch ist eine Brut nach seiner Ansicht ausgeschlossen. In einigen Küstengegenden Mecklenburgs, z. B. in der Wismarer Bucht, nistet sie nicht gerade selten, und in Ostholstein ist sie auch Brutvogel (Rohweder 1875). Sie soll hier in den letzten Jahren jedoch fast verschwunden sein. Peckelhoff fand im Mai 1908 im Lankener See (H.) drei Nester mit sechs, vier und zwei Eiern. Nach Eppelsheims Angaben muß diese Ente auf dem Lübbersdorfer Teich und bei Oldenburg nisten (E. 1906). In einer Wiesenniederung an der Kieler Föhrde bei Laboe nistet sie zahlreich (Deutsche Jäger-Zeitung LIII, 1909, p. 779).

Auf dem Stau (Untertrave) ist sie öfters beobachtet und geschossen (Bollow), im Frühling 1910 sah Verf. dort mehrere, am 17. August 1912 ein Exemplar, am 30. August zwei Exemplare.

Ich teilte die Beobachtung des Vorkommens am Dassower See Clodius für den sechsten mecklenburgischen Bericht mit dem Namen meines Gewährsmannes mit. Daraus hat Clodius das wahrscheinliche Brüten geschlossen, was Blohm (1910) berichtigt. Man sieht, wie bedenklich es ist, von Nachbargebieten auf unbekannte zu schließen; noch bedenklicher erscheint es mir, eigenmächtig abgeänderte Angaben mit fremden Namen zu geben.

49. **Anas boschas** L. — Stockente.

Brütet überall an und auf unsern Gewässern, so weit das Schilf sie deckt, selten auch in alten Krähennestern und auf Feldern. Brutzeit: Ende März—Juni, Peckelhoff fand 1906 schon am 28. März Nester mit zwei, vier, fünf und neun Eiern. Auch 1910 wurden Ende März mehrere gefunden. 1912 fand P. Lüthgens das erste am 9. April mit zehn Eiern. Im Herbst erscheint alljährlich auf dem Mühlenteich in Lübeck eine große Zahl, die unendlich vertraut ist, desgleichen auf dem Kattegatt und Stau. Im Winter sind sie besonders häufig an der See und auf der Untertrave.

50. **Anas strepera** L. — Schnatterente.

In Mecklenburg seltener Brutvogel, in Schleswig-Holstein beobachtet. Krohn gibt sie (1902) vom Plöner See sogar häufig, jedoch nicht nistend, an. Nach Blohm (1903 b) kommt „die Schnatterente (*Anas querquedula!*) nur selten vor“. Das ist sicher eine Verwechselung mit der Knäkente (*A. querqu.*). Am 13. September 1910 ist ein junges ♂ bei Schlutup erlegt, von Röhr gestopft und ins M. gelangt. Am 13. Juni 1912 sah ich mit Fischermeister Lüthgens auf der Wakenitz hinter der Landwehr ein ♂. L. kannte sie unter dem Namen Braunente und behauptete, sie zwar selten, aber doch ab und zu gesehen zu haben. Auf dem Stau beobachtete ich im August 1912 unter den zahlreichen Enten mehrfach einzelne bis vier Stück (♂ und ♀), am 9. September sogar sechs (♂ und ♀). Am 14. September 1912 ist ein junges Stück auf der Wakenitz erlegt, leider in den — Kochtopf gekommen.

51. **Anas penelope** L. — Pfeifente.

Im Winter zeigt sich diese Ente sehr selten. Ausnahmsweise war sie 1903 oder 1904 häufiger (Blohm). 1908/09 hat Röhr mehrfach Pfeifenten erhalten. Auf dem Markt habe ich sie nur zweimal gesehen: 15. Januar 1908 ♂ ad., 13. März 1909 ♂ juv. Letzteres schenkte ich dem M. Röhr erhielt 1910 schon Mitte Oktober ein Exemplar aus Pönitz (F.), Mitte Januar 1912 ein Pärchen aus Travemünde. Im März findet man sie an der See etwas zahlreicher.

1842 bekam das M. eine *Anas penelope* aus Eutin (F.) (Lüb. Bl. 1843, p. 234), 1869 vom Förster Stockmann ein Paar aus Cronsforde (Lüb. Bl. 1870, p. 210).

In Ostholstein scheint diese Ente ebenfalls nur selten zu sein (Eppelsheim 1906).

52. **Anas acuta** L. — Spießente.

Obgleich sie in Mecklenburg und nach Rohweder auf einigen Seen Ostholsteins Brutvogel ist, wurde sie bei Lübeck im Sommer noch nicht bemerkt. Als ganz große Seltenheit wird sie im Winter erlegt. Röhr bekam 1899, 1904 und im November 1907 je ein altes Männchen. Ersteres steht im M., letzteres ist noch in seinem Besitz. Am 1. Dezember 1909 erhielt ich aus Travemünde ein ♀ ad., das in das Museum Koenig-Bonn kam.

Der nächste Brutplatz in Mecklenburg ist der Lg. Werder bei Poel (Hagen 1911 f). Röhr erhielt Anfang August 1912 ein ♀ aus Fresenberg bei Oldesloe (H.).

53. **Anas querquedula** L. — Knäkente.

Die Knäkente ist seltener Brutvogel des lübeckischen Gebietes, dessen Bestand im letzten Jahr etwas zunahm. Ein 1905 im Prachtkleid auf der Wakenitz geschossenes ♂ steht im M.

Im Juli 1908 trafen Peckelhoff und Verf. auf dem Deepemoor bei Wesloe ein Weibchen, welches Junge führte. 1904 wurde ein Stück auf dem Wesloer Moor geschossen (Dahl). 1909 sahen wir auf der Wakenitz öfters zwei Männchen, deren Weibchen scheinbar brüteten, am 1. Juli an derselben Stelle ein Weibchen mit einem ausgewachsenen Jungen. 1910 sind bei Falkenhusen, der Landwehr und dem ersten Fischerbuden Familien mit Jungen gesehen (Lüthgens). Verf. traf im Juli—September mehrfach diese Ente auf der Wakenitz an. 1911 hat die Zahl dort noch bedeutend zugenommen. Nach Förster Radbruch zeigt sie sich auf dem Dassower See und dürfte auf diesem Gewässer ebenfalls brüten, wenngleich er es nicht annimmt. 1897 wurden Knaben abgefaßt, die in den Tilgenkrugwiesen (Trave) Enteneier aus einem Neste gestohlen hatten. Die Eier wurden zahmen Enten untergelegt und ausgebrütet. Es kamen Knäkenten aus (Goßmann). 1911 beobachtete Verf. sie auf denselben Wiesen in mehreren Exemplaren, auch Junge. Im Fürstentum gibt sie mir Revierförster Burmeister für das Wüstenfelder Revier (Keller-, Uglei-, Lebebensee usw.) an. Lampe hat sie im Gebiet der Schwartau auf dem Abendstrich beobachtet.

Ende August 1909 lagen große Schwärme dieser Enten auf dem Priwall. Als am 1. Oktober die Schießzeit hier begann, verschwanden sie, doch sah ich sie bis Ende Oktober auf dem Stau in kleinen Flügen. 1912 war sie im August bis Oktober zahlreich auf dem Stau. Auch im September 1911 ist sie an der Seeküste beobachtet.

In Ostholstein brütet sie im Bruch bei Oldenburg, der Harderwiese und bei Dannau (Eppelsheim 1906).

54. **Anas crecca** L. — Krickente.

Auch diese Ente brütet in unserm Gebiete nur selten, obgleich sie einzeln zur Brutzeit auf vielen Gewässern gesehen wird.

Im Frühling erscheint sie auf dem Dassower See, soll aber nicht nisten (Radbruch). Im Mai 1908 beobachtete ich bei dem Stau einige, die vermutlich dort brüteten, im Mai 1911 in den Tilgenkrugwiesen ein Paar. Genistet haben sie auf dem Waldhusener Moor und bei Nusse (Kluth), auf dem Behlendorfer See (Hoffmann), dem Deepemoor bei Wesloe (Schröder) und bei Ritzerau (Nöhring). Auf der Wakenitz nisten sie etwas häufiger. Im M. stehen von dort zwei Exemplare. Am 12. April 1912 sah P. Lüthgens bei Brandenbaum zwei Paare. 1909 nistete ein Paar vermutlich auf dem Kleinen See (Verf.). Zuweilen sind sie bei Schretstaken beobachtet (Dahl). Auch im Fürstentum kommen sie hier und da vor, sollen aber zum Teil sehr abnehmen. Angegeben haben sie: Burmeister-Wüstenfelde, Dürwald-Scharbeutz, Muus-Pansdorf und Tiedge-Röbel.

Sie zieht im März bis Mitte April und im September bis Oktober und ist in diesen Monaten auf der Untertrave und der See anzutreffen. Stücke aus Niendorf (F.) lagen mir vor. 1899 sah ich spät im Jahr noch ein ♂ auf dem Mühlenteich in Lübeck.

Aix galericulata Gray — Mandarinenente.

Am 21. Oktober 1910 ist ein prachtvolles ♂ dieser asiatischen Ente bei Schönböken erlegt, das sicher der Gefangenschaft entflohen ist.

Lampronessa sponsa (L.) — Brautente.

Anfang März 1911 ist ein ♀ dieser amerikanischen Ente bei Dahme (H.) geschossen (Blohm 1911), natürlich ein aus der Gefangenschaft entwichenes Stück.

55. **Tadorna tadorna** (L.) — Brandgans.

Nicht seltener Brutvogel an der Untertrave.

In den letzten Jahren hat diese Ente, die bisher nur als an der Seeküste brütend bekannt war, sich auch als Binnenlandsbrüter erwiesen. Das gilt auch für Lübeck (Hagen 1909f). Vermutlich brüteten sie bei uns schon vor 100 Jahren an der Trave. Dr. Walbaum bekam am 18. April 1780, 26. Mai 1780, 4. April 1781, 30. April 1781, 10. Juni 1781 und 28. Juli 1781 je ein Exemplar aus Travemünde (Adversaria). Brandenten nisten bei uns im Dassower See und auf dem nördlichen Traveufer in Fuchskaninchen- und Kaninchenbauten an den Steilufern und in offenen Nestern. 1909 und 1910 fand ich auch in selbstgegrabenen Nisthöhlen im Kliff der Insel Buchwerder im Dassower See das Gelege dieser Ente. Peckelhoff fand beim Stülper Huk offene Nester, wo 1911 noch ein Paar gebrütet haben muß (Verf.). 1911 nistete ein Paar auf dem Priwall im offenen Nest.

Nach der Brutzeit streifen die Brandenten auf der Trave umher. Am meisten sieht man sie auf dem Priwall. Auf der Exkursion gelegentlich der 59. Jahresvers. d. D. O. G. wurde zur Freude der Lübecker ein zahlreicher Schwarm beobachtet (Dr. Heinroth 1910). Doch wenden sie sich auch traveaufwärts und gehen bis zum Stau und Kattegatt. Im Frühling 1911 sah ich sie sogar beim Teerhof.

Einmal ist eine Brandgans, ein ♀, auf der Wakenitz erlegt (im Winter 1886). Sie steht bei Lüthgens-Spieringshorst.

Im Winter bleibt sie selten hier. Im Januar 1909 wurden in der großen Holzwiek mehrere gesehen (Lange). Leider sind im März 1910 mehrere abgeschossen (Röhr). Trotzdem hat sich ihre Zahl außerordentlich vermehrt, so daß im Frühling (Mai, Juni) 1910 Schwärme von 40 bis 50 Stück beobachtet wurden. 1911 war sie jedoch seltener, desgl. 1912.

In Ostholstein sind mehrere Brutplätze dieser schönen Ente. Bei Waterneversdorf nistet sie in allen Dachs-, Fuchs- und in selbstgegrabenen Bauten (Kretschmer 1893), außerdem bei Putlos und Johannistal (Eppelsheim 1906), auf Fehmarn 1884 auf der Neuhofer Feldmark in Fuchsbauten (Peckelhoff), bei Pelzerhaken in einigen Paaren (Blasius, Vogelleben a. d. deutschen Leuchttürmen, 1885, p. 32). Prof. A. Koenig-Bonn fand die Art im Juni 1883 brütend bei Bootsand nahe Kiel. Zwei Pulli im Museum Koenig (Dr. le Roi).

Casarca casarca (L.). — Rostgans.

Im Juli 1898 wurden zwei dieser asiatischen Enten in Mecklenburg erlegt (Wüstnei u. Clodius 1900). Dr. Lenz führt sie 1890 als im Winter wenig häufig sich zeigend auf. Im M. stand allerdings ein Stück. Dasselbe ist aber von der Baudeputation geschenkt (Lüb. Bl. 1879, p. 259), stammt also vom Mühlenteich, wo zum Schmuck ausländische Enten und Gänse gehalten wurden. Der von Lenz zugefügte Name: Bottergoos wird für den großen Säger gebraucht. Die Angabe beruht wohl auf Namenverwechselung.

56. **Anser anser** (L.) — Graugans.

Sie war früher im Staatsgebiet Brutvogel, im Fürstentum brütet sie noch selten.

Im Freistaat nistete sie vor der Herabsenkung des Wasserspiegels auf der Wakenitz bei Falkenhusen (Vollert-Spieringshorst) und bei den Brandenbaumer Eichen (Vollert-Lübeck). Seit 30 bis 40 Jahren ist sie verschwunden. Auf dem vor 25 Jahren abgelassenen Mühlenteiche bei Ritzerau brüteten damals einige Graugänse (Kluth). Nach einer im Staatsarchiv befindlichen „Acta auf dem Ritzerauer Hofe vom 5. May 1835, die Wildreise", sind am 14. und 15. Juni 1834 je vier „Waldgänse" erlegt. Sie müssen also in jener Zeit dort schon genistet haben.

Im Fürstentum nisteten sie im Barkauer See, vor einigen Jahren auch auf dem Lebebensee, jetzt durch Schwäne vertrieben (Burmeister), außerdem im Lindenbruch bei Eutin (Burmeister und Tiedge). 1911 führt Burmeister sie wieder als Brutvogel des Reviers im Material des Neudammer Jagdinstituts auf. Einmal hat auf dem Eutiner See ein Paar gebrütet und Junge großgezogen (Tiedge). Sie brüten noch auf dem Hemmelsdorfer See. 1909 waren dort fünf, 1910 neun Nester (Peckelhoff).

Die Brutzeit dauert von April bis Juni. Merkwürdigerweise sind im Juni und Juli in der Lübecker Bucht die mausernden Gänse selten, während sie in der Wismaraner häufig sind. Im August-

Oktober ziehen zahlreiche Schwärme nach SW, ohne zu rasten, doch bleiben manchmal im Winter einige hier, so 1908/09 auf der Untertrave (Stau). Röhr erhielt im selben Winter mehrere, z. B. von Prohnsdorf, Cronsforde. Am 27. Januar 1912 zogen 24 Stück nach SW über den Torney (Schöss). Vom 14. Februar bis Ende März erfolgte der Rückzug. Im Oktober 1911 erschienen auffallend große Schwärme, besonders an der Seeküste. In den südlichen Enklaven rasten die Graugänse manchmal (Kluth). Im Frühling sieht man sie seltener. In Ostholstein nahmen sie schon zu Rohweders Zeiten ab. Doch findet man noch mancherorts Brutplätze. Auf dem Plöner See befindet sich eine starke Kolonie (Dr. Kretschmer 1893), die Zahl der Brutpaare beträgt 50 bis 100 (Krohn 1902), 10 bis 20 (Dr. Detmers 1912b). Eine kleine ist auf dem Wesseker See (Dr. Kretschmer 1893, Dr. Detmers 1912b), auf dem Kuhteich bei Küren standen 1908 zwei Nester (Peckelhoff), bei Gaarz nisten Graugänse (Eppelsheim 1906, Dr. Detmers 1912b), außerdem bei Seegalendorf, Römerholz, Stockseehof und Damstorf (Dr. Detmers 1912b). 1884—86 nisteten sie auf dem Gammdorfer Warder auf Fehmarn (Peckelhoff).

Anser brachyrhynchus Baill. — Kurzschnäblige Gans.

Am 2. November 1904 wurde das erste von der Ostsee bekannte Stück im Bruch bei Oldenburg (H.) erlegt (Eppelsheim 1906, Rohweder, Heimat XV 1905, p. 252).

57. **Anser fabalis** (Lath.) — Saatgans.

Sie zieht von Oktober an durch unser Gebiet in nordost-südwestlicher Richtung. Vereinzelt bleiben auch einige im Winter.

Im November 1905 wurde ein Exemplar bei Hohemeile (Untertrave) erlegt, 1909/10 sind auf der Untertrave Schwärme gesehen.

In Ostholstein sollen sie im Herbst in großer Anzahl sein (Eppelsheim 1906).

58. **Anser albifrons** (Scop.) — Bläßgans.

Sie soll früher in Mecklenburg und besonders in Schleswig-Holstein häufiger gewesen sein. Im Dezember 1909 wurde ein Stück auf Fehmarn (H.) erlegt und von Röhr gestopft. Im März 1910 hat Fischer Schwartz auf Poel (M.) eins südwest-nordöstlich der Küste entlang streichen gesehen; es müßte demnach höchstwahrscheinlich aus der Lübecker Bucht gekommen sein. Im Oktober 1909 ist eine Bläßgans am Dassower See erlegt (Blohm 1910c). Anfang März 1911 beobachtete Schwartz zwei Exemplare bei Poel, im Oktober 1911 ist nach Knuth dort eine geschossen.

Anser hyperboreus Pall. — Schneegans.

Am 4. Januar 1862 wurde eine Schneegans aus einer Schar von fünf Stück bei Wapelfeldt in Schleswig-Holstein geschossen (Rohweder 1875).

59. **Anser erythropus** (L.) — Zwerggans.

Anfang Oktober 1911 ist ein Exemplar aus Fehmarn (H.) Röhr zugegangen. Es ist ein junges Stück vor der ersten Herbstmauser. Das ist der erste Beleg für Schleswig-Holstein, Helgoland ausgenommen.

Dr. Walbaum beschreibt in der „Adversaria . . .“ vom 8. März 1784 eine *Anate Ansera albifronte* ♂, beschreibt sie 1788a genau als *Anser erythropus*. „Die Gans wurde mir im Anfang des März 1784 samt einer grauen wilden Gans gebracht, da sie hier beyde von einem Jäger bei ihrem Durchzuge zu gleicher Zeit geschossen waren.“ Sie stammt also wohl von der Untertrave, woher W. fast alle Wasservögel bekam.

60. **Branta bernicla** (L.) — Ringelgans.

Diese Gans soll in Schleswig-Holstein sehr zahlreich sein, in Mecklenburg sehr selten. Bei Poel ist sie jedoch auch häufig. Für unser Gebiet gibt Dr. Lenz (1895) sie als selteneren Wintergast an. Nach Blohm 1903b kommt sie in großen Scharen zu uns, nach mündlicher Mitteilung (1905) jedoch sehr selten. In den letzten zehn Jahren ist keine geschossen. Im M. steht eine *B. bernicla* von Kleverhof (F.), die 1880 von Syllem eingeliefert ist (Lüb. Bl. 1881, p. 328). Am 14. November 1907 hörte ich nachts über Lübeck die charakteristische Stimme. Anfang Oktober 1910 ist ein anscheinend krankes Stück auf der Untertrave erschlagen und Röhr eingeliefert. Dr. Walbaum erhielt am 30. Januar 1784 ein ♀, am 6. Februar 1784 ein ♂ von „*Anate Brenta*“ aus Travemünde.

61. **Branta leucopsis** (Bchst.) — Nonnengans.

In Schleswig-Holstein und Mecklenburg erlegt, vor einigen Jahren noch auf Poel (Hagen 1910h), wo Fischer H. Schwartz wieder im November 1909 einige kleine Schwärme südwestlich, im März 1910 nordöstlich an der Küste entlang hat ziehen gesehen. Am 31. März 1911 sah er ca. 100 Stück, am 1. April ca. 50 Stück SW—NO ziehen, nachdem er vorher, auch nachher, kleine Schofs gesehen, nachts sehr häufig sie gehört hatte. Sie sind also sicher unbemerkt über Lübeck gekommen. In der letzten Nacht sind bei Lübeck vom Verf. vielfach Flügelschläge von Anatiden gehört worden; es war die bedeutendste Zugnacht des Frühlings. Dr. Lenz führt sie 1895 als selteneren Wintergast auf, Blohm gibt sie (1903b) ebenfalls an.

Branta ruficollis (Pall.) — Rothalsgans.

Am 6. Mai 1879 ist vom Fischer Schwartz sen. auf Poel ein ♂ erlegt, das jetzt im Lüb. M. steht.

62. **Cygnus olor** (Gm.) — Höckerschwan.

Nistete wild und halbwild an manchen Stellen, jetzt spärlich. „Er ist seit dem Mittelalter Brutvogel der die Stadt umgebenden Teiche“ (Dr. Lenz 1895), wurde auch auf dem Hemmelsdorfer See 1774 (Akta im Staatsarchiv) schon gezähmt gehalten. Bis 1909 nisteten Schwäne auf der Wakenitz, werden aber jetzt von den Fischern daran gehindert. „Auf dem Hofsee bei Nusse nistet der wilde Schwan, auch auf dem Ratzeburger See wird ein Wildschwanenpaar geschont“ (Prof. Dr. Friedrich 1906). Das Paar auf dem Nusser See hat bis 1905 gebrütet. Die Jungen wurden gelenkt und im Herbst geschossen. 1906 kam nur noch einer, 1907 keiner mehr (Kluth). 1911 hat ein Paar wieder gebrütet, desgl. siedelte ein Paar auf dem Ritzerauer See (Nöhring). Er hat 1904 oder 1905 auf dem Waldhusener Moor wild genistet. Im nächsten Jahre erschienen drei, die sich derart bissen, daß alle schließlich verschwanden (Goßmann).

Im Fürstentum ist der Schwan noch Brutvogel auf dem Hemmelsdorfer See (Burmeister, Lampe) und Lebebensee (Burmeister), auch auf dem Middelburger See (Burmeister und Tiedge), früher auf dem Barkauer See (Burmeister) und dem Redingsdorfer See (Burmeister und Tiedge). Auf letzterem wurden die gelenkten juv. des einen Paares im Herbst ebenfalls geschossen. Schließlich gabs nur wenig Junge. Endlich verschwand das Paar (Tiedge). Bei Woltersteich erscheint in jedem Frühling ein Paar, verschwindet jedoch, da der Teich zu sehr bewachsen (Schlünz). In dem Werk: Meerwarth, Tierbilder, ist eine Photographie vom Flörkendorfer Moor mit einer Schwanenfamilie enthalten. „Auf dem Kleinen Eutiner See haben sich mehrere Schwäne eingefunden, früher hatte sich dort ein Paar eingestellt, von dem das ♂ geschossen wurde (Lüb. Gen.-Anz. 1887 Nr. 112). Es waren fünf Stück, Mitte Mai (Lüb. Zeitung).

In Ostholstein brüteten nach Rohweder früher die Höckerschwäne häufig, zu seiner Zeit nur noch in wenig Paaren (Gruber-, Wessekersee). Heute kommen sie dort weit zahlreicher vor. Auf dem Behrendorfer See nistet ein Paar wild, auf dem Wessekersee ca. 30 Paare (Tiedge), auf dem Gaarzersee ca. 25 Paare (Eppelsheim 1906), auf dem Lankener See 1908 drei Paare (Peckelshoff). Nach Krohn (1902) sollen von 100 Exemplaren, die sich auf dem Wesseker See aufhalten, nur fünf bis sieben Paare nisten.

Im Herbst ziehen wilde Schwäne durch unser Gebiet und rasten auf der Untertrave und der Lübecker Bucht, meistens Höckerschwäne, 1908/09 so häufig nach Mitteilung eines alten Lotsen, wie seit vielen Jahren nicht. 1902 zeigte sich einer auf dem Eutiner (F.) See im Januar (Lehrer Hamann). Rodenberg fand sie zeitweilig im Winter auf den Malkendorfer Moor. Die sich im Winter auf der Wakenitz bei Lübeck zeigenden Höckerschwäne sind halbwilde, die den Ratzeburger Fischern gehören. Doch wechseln manche zwischen Wakenitz und der Au bei Schwartau (Schöss), scheinen also z. T. wilde zu sein. Lampe beobachtete auf manchen Mooren und größeren Seen des Fürstentums im Winter Schwäne. 1912 lagen im Mai und Juni auf der Pötnitzer Wiek acht Schwäne, die abends stets nach dem Hemmelsdorfer See flogen. Brutzeit: Mai—Juni.

63. **Cygnus cygnus** (L.) — Singschwan.

Dieser Schwan wird auf dem Durchzuge weit seltener gesehen als der vorige. Im Winter 1908/09 sind mehrere auf der Untertrave erlegt. Gewöhnlich hört man in den Nächten, wenn der Winter mit Strenge einsetzt, die schallenden Flügelschläge nach W resp. SW ziehender.

Im M. befindet sich ein Singschwan als Balg, am 5. März 1895 bei Kleveez (F.) am Behlersee erlegt. 1844 erhielt das M. von Dr. Plitt einen C. *musicus* aus Travemünde (Lüb. Bl. 1845, p. 253), 1845 ist einer aus Eutin gekauft (Lüb. Bl. 1846 p. 335), 1870 ein hier geschossener von Dr. Jürgens geschenkt (Lüb. Bl. 1871, p. 300), 1911 einer vom Möllner (L.) See.

Cygnus bewicki Yarr. — Zwergschwan.

Im Westwinkel der Ostsee noch nicht gefunden. Neuerdings sollen Zwergschwäne in Mecklenburg gesehen sein. Ich glaube nicht, daß man *bewicki* mit Bestimmtheit ansprechen kann, ohne ihn in Händen gehabt zu haben.

V. Ordnung: **Cursores.**

8. Familie: **Charadriidae.**

64. **Haematopus ostralegus** L. — Austernfischer.

Brut- und Durchzugsvogel, ausnahmsweise überwinternd. Auf unserm Priwall sieht man allsommerlich diesen schmucken Strandvogel. Schon 1778 bekam Dr. Walbaum einen *pullus,* am 18. Mai 1784 ein ♀ (Adversaria . . .). Im August bis Oktober ziehen kleine Trupps, wohl Familien, öfters durch. Nachts hörte ich sie jedoch schon Ende Juli über Lübeck. Ganz selten überwintert einer. Schröder besitzt ein bei Niendorf (F.) am 11. Januar 1901 erlegtes Stück. Am 23. Januar 1910 wurde bei Röhr eins zum Stopfen aus Travemünde eingeliefert, am 3. November 1911 erhielt er zwei Stück. Sie gehen auch in die Untertrave bis zum Stau (Hagen 1907 d). Ende März und Anfangs April kehren sie gewöhnlich zurück. In den großen Zugnächten hört man sie viel. 1907 und 1909 brüteten auf den geschützten Terrain des Priwalls je ein Paar, das glücklich die Jungen großbrachte, 1910 drei Paare (Peckelhoff), 1911 fünf Paare, 1912 drei Paare (Verf.). In dem benachbarten Holstein brütet er in einigen Paaren am Strand und in den Dünen der Hohwachter Bucht (Dr. Kretschmer 1893). Peckelhoff besitzt ein Ei, Anfang Mai 1884 bei Lemkenhafen auf Fehmarn gesammelt. Nester wurden damals häufiger gefunden. Im Museum A. Koenig-Bonn befinden sich im Juni 1883 von Prof. Koenig nahe Bootsand bei Kiel gesammelte Pulli (Dr. le Roi).

65. **Arenaria interpres** (L.) — Steinwälzer.

Prof. Dr. Lenz gibt den Steinwälzer 1890 als ganz vereinzelt am Meeresstrande beobachtet an. Im M. steht ein Exemplar ohne Provenienz aus älterer Zeit, dem MK. nach bei Lübeck erlegt. Vor ca. fünfzehn Jahren brütete *interpres* an der Lübecker Bucht bei Neustadt (H.), am 30. April 1894 wurde ein Belegstück geschossen (Dr. Biedermann-Imhoof). Auf dem Zuge erscheint er noch heute auf dem Priwall, wo er früher gebrütet haben soll. Am 29. August 1912 sah ich zwei ad. Stücke. 1910 beobachtete Peckelhoff ihn im Mai auf dem Priwall und vermutete, daß gefundene Schalenreste ihm zuzusprechen seien. Auch auf Poel hielten sich mehrere vierzehn Tage lang auf (Schwartz). Im Mai 1893 mehrere zwischen hiaticula an der Hohwachter Bucht (H.) gesehen (Dr. Kretschmer 1893). Bei Stein bei Laboe (H.) nistete er vor ca. fünfzehn Jahren (Dr. Biedermann-Imhoof). 1884—1886 nistete er am Lemkenhafener Knust auf Fehmarn (Peckelhoff). Ein Ei ist in seiner Sammlung. Im Museum A. Koenig-Bonn befindet sich ein von Prof. Koenig am 23. Juni 1883 — also zur Brutzeit — bei Bootsand nahe Kiel erlegtes ♀ ad. (Dr. le Roi).

Cursorius gallicus (Gm.) — Rennvogel.

Am 10. Oktober wurde ein Wüstenläufer bei Plau in Mecklenburg erlegt (W. u. Cl. 1900).

66. **Squatarola squatarola** (L.) — Kibitzregenpfeifer.

Zieht während des Herbstes (Ende, oft Mitte Juli bis Ende Oktober) meist sehr zahlreich durch. Rastet vielfach auf dem Priwall und der Untertrave (bis zum Stau). Nachts hört man oft die Laute großer Schwärme. Schröder besitzt ein Stück aus Timmendorf (F.) von 1907. Auf jener Seite der Bucht sind die Strandvögel selten, da nur wenig an der Ostseite Schleswig-Holsteins herabkommen.

67. **Charadrius apricarius** L. — Europäischer Goldregenpfeifer.

Er wird an der See selten beobachtet. Dürwald schoß ihn zweimal bei Scharbeutz (F.). Dagegen rastet er auf den Äckern im Fürstentum und in den lübischen Enklaven häufiger, z. B. in Schretstaken (Hoffmann). Nachts zieht er häufig durch, auch in Gewitternächten, gewöhnlich schon Mitte Juli. Er scheint sich nicht an die wunderbare, über Lübeck führende Zugstraße zu binden, sondern zieht weiter landeinwärts. Die wenigen über Lübeck kommenden Schwärme stammen von der Ostseite Schleswig-Holsteins. In den Nächten auf der Wakenitz hörten wir ihn stets. Röhr hat früher häufiger Goldregenpfeifer aus der Umgebung Lübecks bekommen, in den letzten Jahren ganz selten. Auffälligerweise erhielt er noch im Dezember (1908) ein Stück, eins von Fehmarn (H.) Anfang Januar 1911, eins Anfang Dezember 1911 aus Dissau. Borckmann bekam aus Klinkrade und Borgrade (H.) diese Vögel. Im Frühling 1906 sah Peckelhoff auf dem Crummesser Moor ca. 50 Stück. Daß er aber nicht seltener Brutvogel ist, wie es aus der Angabe von Dr. Lenz 1890 hervorgeht, ist irrig. Zur Brutzeit ist er nie festgestellt. Er ist bei uns nur Durchzügler. Im MK. ist ein lübeckisches Stück von Eckermann erwähnt.

68. **Charadrius morinellus** L. — Mornellregenpfeifer.

Seltener Durchzügler.

Am 22. September 1906 fiel auf dem Stau ein Morrell dicht bei mir ein und ließ sich längere Zeit ohne Scheu beobachten, am 8. Oktober zwei Stück (Hagen 1907 c). Am 11. August 1912 lagen am Kattegatt zwei Stück, am 21. August acht Stück (Verf.) Im M. befinden sich zwei als ♂ und ♀ angegebene Stücke, eins als Balg. Beide sind dem MK. nach von Warncke bei Lübeck erlegt, sehr wahrscheinlich also auch auf dem Stau. Auf Poel (M.) wurde vom Verf. 1910 im Juli ein Stück beobachtet. Er soll dort alljährlich durchziehen, kommt daher wohl auch bei uns regelmäßig im Herbst vor, wird nur nicht immer festgestellt.

69. **Charadrius hiaticula** L. — Sandregenpfeifer.

Brutvogel an See und Untertrave.

Während er meistens nur an der Seeküste brütet, ist er bei uns auch an der Untertrave, z. B. am Stau, Brutvogel. 1912 fand Verf. dort noch ein Gelege. Auf dem Priwall nistet er schon viele Jahre. 1910 sind nach Peckelhoff 40—45 Gelege erbrütet. 1911 32 (Dr. Frank 1912), 1912 ca. 10 (Verf.). Er kommt in der zweiten Hälfte März und im April und geht im September—Oktober. Dann ist er auf dem Priwall (Flußseite) sehr zahlreich. Nachts hört man von Mitte Juli an oft große Schwärme nach SW ziehen, im Frühling umgekehrt.

Häufig nistet er an der Hohwachter Bucht (H.) (Dr. Kretschmer 1893), auf dem Lemkenhafener Warder auf Fehmarn (Peckelhoff), auf dem Lg. Werder b. Poel (M.) (Hagen 1911 e).

70. **Charadrius dubius** Scop. — Flußregenpfeifer.

Er teilt die Brutgebiete des Vorigen, nistete in den ersten Jahren dieses Jahrhunderts kolonienweise auf dem Stau (Peckelhoff fand Nester), jetzt versucht er es meist vergeblich. **1909** hat kein Vogel hier gebrütet. 1912 fand ich jedoch wieder zwei Gelege, die ausgekommen sind, viele ausgeraubte Nester außerdem. Nach Peckelhoff hat er früher auch auf dem Kattegatt Nester gehabt, 1908 und 1909 auf dem Priwall, 1910 im Kiesbruch daselbst vier bis fünf Nester, 1911 drei, 1912 nur zwei (Verf.). 1904 und 1905 befand sich eine starke Brutkolonie in den Sandausschachtungen beim Bahnhofsneubau. Brutzeit: März-Juni. Zugzeit wie vorige Art.

71. **Charadrius alexandrinus** L. — Seeregenpfeifer.

An der Seeküste selten beobachtet (Dr. Lenz 1895). Peckelhoff fand vor einigen Jahren auf der Seeseite des Priwalls mehrfach Nester, 1907 zwei an der Flußseite, 1908 verzog er ganz. Im MK. sind zwei von Travemünde angegeben. Schröder besitzt ein Stück aus Niendorf (F.). Verf. hörte ihn nachts ziehend im Herbste. Nistet in der Hohwachter Bucht wenig zahlreich (Dr. Kretschmer 1893). Prof. Koenig fand ihn im Juni 1883 mehrfach bei Bootsand nahe Kiel brütend. Vier Pulli von dort stehen noch im Museum Koenig (Dr. le Roi).

72. **Vanellus vanellus** (L.) — Kiebitz.

Im Freistaat seltener, im Fürstentum häufiger Brutvogel.

Der Bestand des Kiebitzes ist sehr zurückgegangen (im Mittelalter hießen manche Wiesen „by den Kywitte“). Doch hat er hier und da noch kleine Siedelungen. Die größte Kolonie, die durch Sandaufschüttung fast ganz verschwand, befand sich auf dem Priwall. 1910 hob sich jedoch durch den Schutz der Bestand etwas. 1912 wurden 29 Nester gefunden. An der Untertrave nistet er von der Herrenbrücke an bis zu den Vorwerker Wiesen, besonders auf einer Insel bei Siems und auf den Tilgenkrugwiesen, sowie auf dem Stau, an der Wakenitz bei Strecknitz, Brandenbaum, Hohewarte, „früher auf der Falkenwiese“ (Prof. Dr. Friedrich 1906), außerdem auf einem feuchten Acker bei Poggenpohl, im Kuhbrookmoor bei Wesloe, wo er einige Jahre verschwunden war, und nach Peckelhoff auf dem Crummesser Moor, im Fürstentum vielfach auf Sümpfen und Mooren (Lampe), z. B. dem Süseler Moor (Verf.).

In Ostholstein hat er zahlreiche Brutplätze: an der Hohwachter Bucht (Dr. Kretschmer 1893), Lankener See, Hasselburg b. Neustadt, Albersdorfer Wiesen auf Fehmarn (Peckelhoff), Plöner See (Krohn 1902) usw.

Brutzeit: April—Mai, selten schon Ende März.

Auf dem Zuge sehr häufig tags und nachts, meistens NO—SW und umgekehrt, einmal im Frühling W—O einzelne außerordentlich hoch, ohne bemerkbaren Flügelschlag „segelnd“, einmal nach Peckelhoff NW—SO. Er kommt im Februar-März bis April und geht Anfang Juli, Mitte August bis Ende Oktober, selten Anfang November (1904).

Oedicnemus oedicnemus (L.) — Triel.

Mehrfach bei Neumünster angetroffen (Rohweder 1875). Am 27. Dezember 1904 wurde ein ♂ ad. bei Kembs (H.) erlegt (Eppelsheim 1906). 1905 erhielt Röhr ein jetzt im M. stehendes Stück aus Gudow (L.).

9. Familie: **Scolopacidae.**

73. **Recurvirostra avosetta** L. — Säbelschnabel.

Nur als Seltenheit im Gebiet unregelmäßig auftretend, früher Brutvogel. Im September 1906 sah ich eine kleine Gesellschaft junger Vögel auf dem Stau (Hagen 1907d), im August 1909 einen alten Vogel daselbst (Hagen 1910h). Vom 28. August bis 3. September 1912 rasteten dort vier Alte. In der früheren Wirtschaft „Herrenfähre" stand ein dort geschossenes Stück. Am 14. August 1910 waren zwei Stück auf dem Priwall (Johannsen). Im M. befinden sich zwei Stück, eins als Balg, dem MK. nach von Lübeck. Borckmann bekam aus Luschendorf (H.) Säbelschnäbler. In der Hohwachter Bucht bei Waterneverstorff wurde er im Mai 1893 von Dr. Kretschmer häufig angetroffen. Vor einigen Jahren hat ihn Johannsen dort noch nicht selten gesehen. Anfang Mai 1884 fand Peckelhoff bei Krummsteert auf Fehmarn drei Nester mit drei bis vier Eiern; ein Ei ist in seinem Besitz, 1885 fünf Nester, 1886 drei Nester. 1909 sind nach einer Zeitungsnotiz zwei Gelege bei Westermakelsdorf gefunden, nach Rathje-Burg a. F. drei Gelege. Anfang Juli 1911 bekam Röhr ein ad. Stück von Niendorf a. F. Ein von Prof. A. Koenig am 8. Juli 1883 nahe Bootsand bei Kiel gesammelter Pullus steht im Museum Koenig-Bonn (Dr. le Roi).

74. **Himantopus himantopus** (L.) — Stelzenläufer.

Am 22. August 1909 stand auf dem Stau in nicht sehr weiter Entfernung ein Stelzenläufer vor mir auf und eilte hoch oben reißenden Fluges traveabwärts. Deutlich hob sich die blendend weiße Unterseite, die lackschwarze Oberseite vom bleigrauen Himmel ab (Hagen 1910h).

Nach Peckelhoff fand ein kleiner Trupp in den Jahren 1884—86 am Leuchtturm auf Fehmarn sein Ende.

Auf Poel (M.) wollte anscheinend ein Paar zur Brut schreiten (W. u. Cl. 1900).

75. **Phalaropus fulicarius** (L.) — Plattschnäbliger Wassertreter.

In den Nachbarländern als Seltenheit festgestellt. Am 8. Dezember 1900 erhielt G. Schröder ein Stück aus Niendorf (F.). Es steht in seiner Sammlung.

76. **Phalaropus lobatus** (L.) — Schmalschnäbliger Wassertreter.

Gleichfalls in den Nachbarländern erlegt. Im M. steht ein *Ph. lobatus* aus älterer Zeit, im MK. mit Lübeck angegeben. Auf dieses Stück stützt sich vermutlich Dr. Lenz, wenn er 1895 schreibt: „Zu den hier selteneren Arten gehört *Ph. hyperboreus.*"

Calidris arenaria (L.) — Sanderling.

Wurde in beiden Nachbarstaaten vereinzelt beobachtet.

Limicola platyrincha (Tem.) — Sumpfläufer.

Ebenfalls in den Grenzstaaten erlegt, z. B. von Prof. A. Koenig am 25. Juli 1883 ein ♂ bei Bootsand nahe Kiel (Dr. le Roi).

77. **Tringa canutus** L. — Isländischer Strandläufer.

Er ist Durchzugsvogel von August bis Oktober. Im M. stehen zwei Exemplare, dem MK. nach aus Travemünde von Siemßen. Am

12. August 1912 befand sich auf dem Priwall zwischen 80 Strandläufern mindestens ein *canutus*, am 25. August waren drei dort. Das eine Exemplar fraß Fadenalgen.

78. **Tringa maritima** Brünn. — Seestrandläufer.

Seltener Wintergast an der Ostsee. In Mecklenburg und Schleswig-Holstein erlegt. Im M. steht ein Stück aus der Wohler Wiek bei Schleswig vom Frühling 1905. Im MK. ist eins von Siemßen aus Travemünde angegeben. Dasselbe steht nicht mehr in der Sammlung. Auf dieses stützt sich vermutlich Dr. Lenz, wenn er 1895 angibt: „Gehört zu den hier seltneren Arten.“

79. **Tringa alpina alpina** L. — Alpenstrandläufer.

Er zieht außerordentlich häufig durch unser Gebiet von August bis Oktober und April bis Mai. Auf dem Priwall und der Untertrave bis zum Stau rastet er oft in größeren Scharen, im Frühling seltener.

80. **Tringa alpina schinzi** Brehm — Kleiner Alpenstrandläufer.

Brütet seit einigen Jahren vereinzelt auf dem Priwall, wird sich durch den Schutz aber wohl häufiger ansiedeln. 1910, 1911 und 1912 haben je drei Paare genistet.

In der Hohwachter Bucht nistet er zahlreich (Kretschmer 1893).

Merkwürdigerweise blieben im strengen Winter 1911/12 mehrere auf dem Priwall. Zwei am 14. Januar 1912 (—15°) geschossene gehören der Form *schinzi* an. Eins besitzt Genrich als Beleg.

Wegen der großen Ähnlichkeit mit *alpina* läßt sich der Zug ohne Flinte nicht feststellen, doch werden die Schwärme, die in der 2. Julihälfte zu ziehen beginnen, zu der kleinen Form gehören. Im Oktober erlegte gehörten sämtlich der nordischen Form an.

81. **Tringa ferruginea** Brünn. — Bogenschnäbliger Strandläufer.

Auch dieser zieht aus seiner nordischen Tundrenheimat (2. Hälfte Juli bis September) durch unser Gebiet. Im M. stehen von Travemünde drei Exemplare von 1903 und August 1905. Am 27. August 1912 sah ich auf dem Stau ca. 20 ad. et juv., am 28. August mehrere zwischen *alpina*, am 29. August auf dem Priwall zwei Junge. Auf Poel (M.) traf ich sie 1910 schon Mitte Juli (alte Stücke).

82. **Tringa minuta** Leisl. — Zwergstrandläufer.

Seltener, doch anscheinend regelmäßiger Durchzügler im Herbst, manchmal im Frühling.

Zieht an den Ostseeküsten Deutschlands ebenfalls durch und wurde vom Verf. im August 1909 auf dem Priwall vereinzelt zwischen *alpina* gesehen. Zwei Stück sind im selben Monat dort geschossen und stehen in der Strandvogelgruppe (M.). Am 28. August 1910 sah dort Peckelhoff sie zwischen *alpina*. Schröder bekam 1897 fünf Stück vom Travemünder Strand, die in seiner Sammlung stehen. Am 4. Oktober 1911 beobachtete Prof. Dr. Voigt-Leipzig zwei Stück am Kattegatt (briefl.), Verf. am 22. August 1912 dort drei Stück, am 5. September 1912 am Stau drei Stück, am 5. Oktober zehn Stück. In Frühlings- und Herbstnächten hörte ich sie selten.

83. **Tringa temmincki** Leisl. — Grauer Zwergstrandläufer.

Sehr seltener Durchzügler.

Wurde in Mecklenburg und Schleswig-Holstein konstatiert, ist an der Lübecker Bucht äußerst selten. Mitte Oktober 1910 erlegte Genrich bei Neustadt (H.), NO-Ecke der Bucht, ein Exemplar, das sich im Besitz vom Verf. befindet. Am 19. Mai 1912 beobachtete ich auf dem Stau zwei Schwärme von 24 und 19 Stück, am 20. Mai ein Stück.

84. **Tringoides hypoleucos** (L.) — Flußuferläufer.

Brutvogel im Mai und Juni an der Trave, auch an der Wakenitz vorkommend. Ein dort von Johs. Vollert erlegtes Stück ist im MK. angegeben. Es wurde 1897 erlegt (Lüb. Bl. 1899, p. 2). Nachts häufig im August und September über Lübeck durchziehend, wurde von Prof. Dr. Voigt-Leipzig noch am 6. Oktober 1911 an der Pötenitzer Wiek getroffen, am 6. Mai 1909 auf dem Wesloer Moor gesehen (Lange).

85. **Totanus pugnax** (L.) — Kampfläufer.

Spärlicher Brutvogel im April und Mai, Durchzügler im August bis Anfang Oktober, seltener Ende März bis April.

Im Gebiet der Trave nicht häufig zu beobachten, noch seltener auf der Wakenitz. Vor vielen Jahren wohl in der großen Holzwiek nistend. Häufig dort kämpfende Männchen gesehen (Lüders). Auf dem Priwall 1906 verschiedene Nester (Peckelhoff). Jetzt nur spärlich, 1912 gar nicht mehr. Röhr erhielt Anfang Mai 1910 je ein Stück von Büssau und vom Fischerbuden. Im Sommer 1910 im Aufbaggerungsgebiet bei Schlutup und den Tilgenkrugwiesen gesehen (Lampe). Am letzten Orte stöberte Verf. am 21. Mai 1911 abends ein Exemplar auf. Von Dürwald am Strand bei Scharbeutz (F.) beobachtet. Am 22. April 1906 bei Neustadt (H.) ein Nest gefunden (Peckelhoff). Auf dem Warder im Bosauer Winkel (F.) des Plöner Sees befindet sich ein Brutplatz (nach Justizrat Böhmker-Eutin). 1908 auf dem Lankener See bei Küren (H.) nistend (Peckelhoff). Bei Gaarz (H.) am 16. Mai ein Stück erlegt (Eppelsheim 1906). Auf Fehmarn (H.) ebenfalls brütend. Peckelhoff besitzt ein Ei vom Lemkenhafener Warder.

86. **Totanus totanus** (L.) — Rotschenkel.

An der Untertrave ist er häufig, nistet z. B. auf dem Priwall (1911 16, 1912 19 Nester), dem Stau, der Insel bei Siems, den Tilgenkrugwiesen, zwischen Schwartau und Dänischburg und auf den Vorwerker Wiesen. Peckelhoff fand hier am 26. Mai 1900 ein Nest mit vier Eiern. Vom Verf. auch im Juni 1908 auf den Palinger Mooren (Speckmoor) beobachtet, nie an der Wakenitz und der Obertrave. Sehr zahlreich auf dem Durchzug an der Untertrave und nachts über Lübeck im August bis (einzeln) Ende Oktober (1909), im Frühling weniger häufig (April).

In Ostholstein an der Hohwachter Bucht häufig nistend (Dr. Kretschmer 1893), auf dem Graswarder bei Gaarz zahlreich (Eppelsheim 1906), 1908 auf dem Lankener See (Peckelhoff), nach P. auch auf dem Lemkenhafener Warder auf Fehmarn, häufig beobachtet bei Hasselburg b. Neustadt. Am Plöner See auf einer kleinen Insel beim Ascheberger Warder (Krohn 1902).

87. **Totanus fuscus** (L.) — Dunkler Wasserläufer.

Auf dem Herbstzuge im August und September einzeln und in kleinen Trupps auf dem Stau und Kattegatt beobachtet, 1909 noch Ende Oktober. Nachts hört man über Lübeck manchmal die Stimmen der Zügler (SW). Ein den Stimmen nach ungeheurer Schwarm zog am 16. September 1908 gegen 10—11 h über das Burgfeld bei Lübeck. Eigenartigerweise sah ich am 18. Juni 1908 schon eine größere Anzahl zwischen den Rotschenkeln auf dem Stau. Gebrütet ist sicher nicht. Auf Poel hat Vogelwärter Schwartz Mitte Juni 1911 einmal ein Stück beobachtet. Auf dem Frühlingszuge nie festgestellt.

88. **Totanus littoreus** (L.) — Heller Wasserläufer.

Ebenfalls nur auf dem Herbstzuge im August bis Oktober nachts und im Gebiet der Untertrave bis zum Stau und Kattegatt beobachtet, meistens in Gesellschaft von *totanus*, 1909 noch am 30. Oktober gesehen. Sie benutzen die „Züglerstraße". Im Frühling nur einmal festgestellt. Mitte Mai 1911 erhielt Röhr von der Lübecker Bucht (Neustadt) ein ad. Stück. Im Sommer 1911 haben sich dauernd zwei Stück bei Poel aufgehalten, ohne jedoch zu brüten (Vogelwärter Schwartz).

89. **Totanus ochropus** (L.) — Waldwasserläufer.

Ende August und September 1909 paarweise mehrfach auf dem Priwall gehört und gesehen, am 28. August 1912 zogen vier Exemplare vom Kattegatt nach SW. Am 29. rief ein Exemplar dort. Im M. befindet sich ein Exemplar, scheinbar aus neuerer Zeit.

Röhr erhielt Anfang Juli 1911 ein Exemplar aus Tangenhagen bei Dassow (M.).

90. **Totanus glareola** (L.) — Bruchwasserläufer.

Früher Brutvogel, jetzt nur noch Durchzügler. Siedelte sich 1902 bei der ersten Überbaggerung des Staus auf der Modde an. Peckelhoff besitzt ein Ei vom 17. Mai 1903. Im Herbst 1903 lagen daselbst Schwärme von Hunderten. 1904 oder 1905, nach einer Neuaufbaggerung, verschwanden diese Vögel und wurden selbst auf dem Zuge nicht wieder beobachtet. Erst 1912 konnte ich ihn wieder in Schwärmen von 10—50 Exemplaren von Mitte August bis September auf dem Kattegatt feststellen.

Bei Hasselburg bei Neustadt (H.) im April 1906 zahlreich (Peckelhoff).

91. **Limosa limosa** (L.) — Uferschnepfe.

Die schwarzschwänzige Uferschnepfe ist einzeln und paarweise im Ritzerauer Revier vielerorten im Herbst auf sumpfigen Wiesenstellen beobachtet (Nöhring). Ein Brüten konnte jedoch noch nicht konstatiert werden. Da aber in der nicht so sehr weit entfernten Lewitz mehrere Paare nisten, könnte es auch hier gelegentlich der Fall sein. Am 16. Mai 1903 ist bei Dassow (Untertrave), also am lübeckischen Wasser diese Art erlegt (Meckl. Archiv Nr. 58, 1904, p. 57).

Im Jagdgesetzentwurf vom 8. November 1854 ist im § 20 als Wild außer Bekassine und Waldschnepfe auch die Pfuhlschnepfe genannt. Damit ist wohl sicher diese Art gemeint.

92. Limosa lapponica (L.) — Pfuhlschnepfe.

Zieht im August und September häufig durch (SW), rastet auf der Untertrave vom Priwall bis zum Kattegatt. Anfang September 1911 erhielt Röhr eine aus Dissau. Die meisten tragen das Übergangs- oder Winterkleid, Röhr bekam aber auch manche im Sommerkleid. Ein solches Stück steht im M. Am 12. August 1912 befand sich ein Trupp von ca. 30 Stück in diesem Kleid auf dem Priwall.

93. **Numenius arquatus** (L.) — Großer Brachvogel.

Nur Durchzugsvogel.

Im Frühling wird der Brachvogel sehr selten einzeln im März und April im Gebiet der Untertrave gesehen. Verf. traf ihn am 18. April 1906 auf dem Süseler Moor (F.) Der Rückzug findet schon früh statt. Ich hörte die ersten nach SW durchziehen: 1906, 2. Juli; 1907, 28. Juni; 1908, 15. Juni; 1909, 24. Juni; 1910, 3. Juni; 1911, 8. Juni; 1912, 28. Juni. Ende Juni und Anfang Juli findet ein großer Durchzug statt. Dr. Walbaum erhielt am 30. Juni 1781 ein ♀ von „*Scolopax Arquata* (Fleitvogel)“ von Travemünde. Also schon damals fand anscheinend dieser frühe Zug statt. Mitte Juli bis Mitte August zieht der Bracher seltener, von Mitte August bis September wieder zahlreich. Selten trifft man ihn im Oktober: 1909 noch am 24. auf dem Stau, 1911 nach Genrich noch ca. 50 bis Dezember auf dem Priwall. Als am 5. Dezember 1908 die strenge Kälte einsetzte, hörte Verf. über dem Forstort Schwerin nachts bei klarem Mondschein Bracher vorüberziehen, am 13. Dezember über Lübeck, nach Peckelhoff am 14. Am 19. lagen zwei Exemplare aus Travemünde in der Markthalle. Als die strengste Woche des Winters einsetzte, am 26., zogen sogar am Tage Schwärme vorüber. Endlich hörte ich am 9. Februar 1909 über Lübeck Zügler. Röhr erhielt im Februar 1909 mehrere zum Stopfen. Im Winter 1909/10 sah Bollow auf dem Stau drei Stück am 28. November, Verf. hörte am 4. Dezember den Ruf dort, und am 14. Februar befand sich ein Exemplar aus dortiger Gegend auf dem Markt. Am 28. Dezember 1910 waren auf dem Priwall ca. 30 Stück (Dr. Steyer). In der Nacht des 29. Dezember fand, mehreren Ohrenzeugen zufolge, ein größerer Zug statt. Am folgenden Tage setzte eine kurze Kälteperiode ein. 1912 befand sich am 14. Januar ein kleiner Trupp auf dem Priwall, am 24. Januar soll 12 Uhr nachts über Lübeck ein Zug stattgefunden haben. Am 10. Dezember 1911 auf dem Priwall zehn Stück, am 17. mindestens 20 Stück (Genrich). Am 14. Januar 1913 zogen bei Mondschein $^1/_2$7 Uhr abends bei Frost Bracher. Auch im benachbarten Ostholstein sind Überwinternde beobachtet: am 4. Dezember 1904 ca. zehn Stück beim Binnensee bei Lütjenbrode, am 7. November 1905 ein ♀ ad. aus Heiligenhafen erhalten (Eppelsheim 1906).

Die meisten Schwärme ziehen nachts in südwestlicher Richtung die „Sümpflerstraße“ entlang (Hagen 1910b), selbst während Gewittern, selten bei Mondschein, kleinere Schwärme auch am Tage, dann gewöhnlich sehr hoch (500—1000 m), einzelne oft niedrig, im Frühling selten. Rasten tun sie im Küstengebiet nur auf der Untertrave bis zum Stau, am häufigsten auf dem Priwall, im Fürstentum: Redingsdorf (Burmeister), Pansdorf (Muus), Rolsdorf bei Techau (Röhr) auch im Herbst auf Äckern, desgleichen am Ratzeburger See (Verf.). In den Enklaven ziehen sie meistens nur durch: Schretstaken (Hoffmann), Ritzerau einzeln (Nöhring).

94. **Numenius phaeopus** (L.) — Regenbrachvogel.

Vom Juni (!) bis Mitte September zieht er, besonders nachts, durch unser Gebiet meist ohne Aufenthalt, nur 1906 traf Verf. bei Schlutup im Juli Schwärme, die am Tage, gewöhnlich vormittags, in nur ca. 10—20 m Höhe dem Travelauf aufwärts folgten. Im selben Jahr war das Stau frisch mit Modde übergebaggert, die sich zum Teil mit riesigen Salzastern bedeckt hatte. In dem Jahr war es ganz besonders daher der Anziehungspunkt der Sümpfler, die hier Nahrung und Schutz fanden, und zu ihm deshalb diese „Tagesflüge“ richteten. Bei dem damaligen schönen Wetter brauchten die Zügler sich nicht zu beeilen. So ließen sich wochenlang die schönsten Studien machen. Gedeckt hinter angeschwemmten Retbrocken, konnte ich diesen kleinen Bracher einzeln und in Trupps bis zu 30 oft ganz nahe beobachten. In andern Jahren hat Verf. ihn hier nie getroffen. Auf dem Priwall rastet er und zieht im Juni bis September viel mit *arquatus* gemischt durch. Auf dem Ausflug anläßlich der 55. Jahresversammlung der D. Ornith. Ges. wurde ein Schnabel mit Schädelstück auf dem Priwall gefunden.

95. **Gallinago media** (Frisch) — Große Sumpfschnepfe.

Brütet in Jütland, soll auch in Schleswig-Holstein und Mecklenburg nisten und auf dem Zuge erlegt sein. Die Herren Jagdpächter seien auf diesen Vogel aufmerksam gemacht. Dr. Lenz behauptet (1890), daß er regelmäßig auf dem Herbst- und Frühlingszuge erscheine, ohne Beweise zu erbringen.

In der bedeutendsten Zugnacht im Frühling 1911 (1. April) hörte ich tiefziehende Vögel mit klappernden Schnabellauten, die dieser Art zugesprochen werden müssen.

96. **Gallinago gallinago (L.) — Bekassine.**

An passenden Stellen häufiger Brüter, häufiger Durchzügler.

Brütet an der Wakenitz häufig, z. B. im Gärtnermoor, Strecknitz, Falkenhusen, Kammerbruch, an der Untertrave auf den Tilgenkrugwiesen bei Gotmund, an der Obertrave bei Niendorf, außerdem im Kuhbrookmoor und Waldhusener Moor (Verf.), 1911 ein Paar auf dem Priwall (Dr. Frank 1912), bei Schretstaken (Hoffmann), Ritzerau (Nöhring), im Fürstentum z. B. im Wüstenfelder Revier (Burmeister), nach Tiedge überall in Moorgegenden, bei Woltersteich (Schlünz).

Im Jagdbezirk I des St. Johannisklosters (Travegebiet) sind in den Jahren 1842—48 240 Bekassinen geschossen, vom Jägermeister außerdem jährlich ca. 10 erlegt, macht ca. 310; im Jagdbezirk II (Wakenitzgebiet) 1842 11, 1843 5, 1844 4, 1845—47 je 1, 1848 5; bei Utecht-Schattin überhaupt keine. Die Bekassine muß damals daher wohl an der Trave viel häufiger gewesen sein als an der Wakenitz. Sie zieht im März und April und wieder im August bis Oktober, doch traf ich am 14. November 1909 trotz des Eises noch eine in den Tilgenkrugwiesen. Selbst im Winter ist sie beobachtet, z. B. im Moor bei Vorwerk 1899/1900, am 7. Januar 1901 bei —10° R. ein Stück, am 28. Dezember 1901 ein Stück bei Tauwetter, desgl. am 18. Januar 1909 (Hartwig). Als Merkwürdigkeit sei mitgeteilt, daß am 15. Oktober 1901 eine Bekassine im Gesträuch eines Gartens in der Schwartauer Allee in Lübeck beobachtet wurde (Hartwig).

Im Herbst sind Bekassinen an der Untertrave: Priwall, Stau bis Teerhof, außerordentlich häufig.

Brutzeit: April-Mai; doch noch in den ersten Morgenstunden des 7. Juli 1909 hörten Peckelhoff und Verf., unabhängig voneinander, an verschiedenen Stellen der Wakenitz das Meckern.

97. **Gallinago gallinula** (L.) — Kleine Sumpfschnepfe.

Sie zieht im September-Oktober und März-April regelmäßig durch unser Gebiet, oft außerordentlich zahlreich, und rastet viel an der Untertrave. Selbst im Dezember und Januar sind Exemplare eingebracht.

Bei Woltersteich (F.) ist sie ebenfalls auf dem Zuge zahlreich (Schlünz). Röhr erhielt im Frühling 1911 ein Exemplar aus Arfrade (F.). Dr. Gussmann besitzt ein am 16. Oktober 1904 am Schlutuper Strande gefundenes Stück. Ende Dezember 1910 fand Peckelhoffs Bruder beim Schlachthof zu Lübeck ein totes Stück, das dem M. übergeben ist. In der 3. Januarwoche erhielt Röhr eins aus Ahrensboeck (F.), im Januar 1912 eins aus Ratzeburg (L.). Nach Reichenow soll *gallinula* nur im April und September durchziehen.

In Ostholstein ist sie Mitte November beobachtet und erlegt (Eppelsheim 1906).

98. **Scolopax rusticola** L. — Waldschnepfe.

Als Durchzugsvogel im März-April und September-November überall, früher Brutvogel, der jetzt sich wieder ansiedelt.

In den 70er Jahren hat Heuer im Forstort Schwerin bei Lübeck Schnepfen in der Brutzeit als Seltenheit gesehen, einmal im Juni oder Juli. In der Nähe (Fuchsberg) hat sie 1896 noch gebrütet (Goßmann). Jetzt brütet sie nur noch bei Waldhusen. Im Mai 1909 flog abends, stets aus derselben Gegend kommend, eine Schnepfe laut puitzend durch den Forstgarten. 1911 nisteten im Revier einige Paare (Kluth). Im selben Jahr sind im Sommer einzelne in den nahen Pariner (F.) Büschen beobachtet. Nach Mitteilung von Jägern haben spät ziehende Schnepfen im Riesebusch schon mitunter genistet (Lampe).

Auf dem Zuge im März bis April, auch im Herbst, ist sie überall in Schonungen und Brüchen zu beobachten, so sind bei Waldhusen 1842 am 18. Oktober 1, 26. 3, 29. 2, 31. 3, 17. November 1 Exemplar, bei Wulfsdorf am 2. November 5, 8. 1 Exemplar, bei Schattin am 21. Oktober 5, 27. 3, 4. November 5 Exemplare, bei Schwinkenrade am 28. Oktober 1, 16. November 1 Exemplar erlegt. 1843 bei Waldhusen am 28. Oktober 2, bei Wulfsdorf am 12. Oktober 2, 18. 2, 26. 2, 30. 1, 3. November 3, 6. 2 Exemplare. Ein besonderer Zug findet beim Einsetzen der Kälte, November, alljährlich statt. 1910 war er besonders lebhaft.

In einer Jagdakta vom 9. Januar 1824 wird Tramm als das beste Schnepfenrevier genannt.

Im Jagdbezirk I des Johannisklosters sind 1842 36, 1843 28, 1844 29, 1845 19, 1846 7, 1847 58, 1848 16, 1849 22, 1850 26 geschossen, vom Jägermeister jährlich außerdem ca. 3, im Jagdbezirk II 1842 22, 1843 26, 1844 13, 1845 24, 1846 16, 1847 20, 1848 5, 1849 8, 1850 5, vom Jägermeister jährlich ca. 4, im Jagdbezirk III 1842 42, 1843 25, 1844 und 1845 je 15, 1846 8, 1847 20, 1848 9, 1849 14, 1850 14, bei Schwinkenrade 1842 7, 1843 17, 1845 43, 1846 5, 1847, 1848 und 1849 je 4.

Das sind zum Teil Strecken, die heute nicht mehr erzielt werden.

In der Enklave Ritzerau sind 1834 33, 1835 42 erlegt (Staats-Archiv).

Lagerschnepfen werden in manchen Wintern gefunden, z. B. im Dezember 1909 im Wesloer Moor (Lüders), im Winter 1910/11 an mehreren Orten bei Lübeck (Hasselbring). Am 11. Januar 1912 eine auf dem Torney (Schöss).

1898 hat die Waldschnepfe am Schaalsee bei Stintenburg (L.) genistet (Goßmann). Bei Mölln (L.) hat sie nach zuverlässiger Nachricht vor ca. 12—15 Jahren nicht selten gebrütet. Vielleicht geschieht das noch heute (Peckelhoff).

Familie: *Otididae.*

Otis tarda L. — Große Trappe.

Im M. steht eine Großtrappe, nahe der Grenze bei Dassow (M.) erlegt (Lenz 1895). In M. ist sie Brutvogel, hat in Schleswig-Holstein nach Rohweder einmal bei Ricklingen gebrütet und ist mehrfach beobachtet, z. B. bei Neumünster. 1909 ist von einem Knaben ein Nest mit zwei Eiern bei Roseburg (L.), dicht am Elbe-Trave-Kanal, gefunden und ausgenommen. Die Eier wurden durch Lehrer Feilcke Peckelhoff übergeben.

Am 30. Januar 1912 ist eine 17 Pfund schwere Großtrappe bei Dahme (H.) erlegt; sie hat mir bei Röhr vorgelegen. Nach Blohm (1912) ist je ein Stück an zwei Punkten in der Umgebung von Lübeck gesehen resp. erlegt. Das erste ist das oben genannte. Das zweite soll Ende Januar bei Klempau (L.) angeschossen sein. Genrich, der dort Jagdgelegenheit besitzt, bestätigt das.

Otis macqueeni Gr. — Kragentrappe.

In Mecklenburg und Schleswig-Holstein ist dieser asiatische Irrgast je einmal geschossen.

Otis tetrax L. — Zwergtrappe.

Hat sich mehrfach in Mecklenburg und Holstein gezeigt, ist am 19. November 1911 bei Kiel erlegt (Rohweder, Heimat 1905, p. 163). Am 1. Juli wurde Röhr eine Zwergtrappe aus Sterley (L.) zum Stopfen übergeben.

10. Familie: **Gruidae.**

99. **Grus grus** (L.) — Kranich.

Früher Brutvogel, jetzt unregelmäßig durchkommend beobachtet. „Kraniche brüten ständig im Kammerbruch zwischen Schattin und Utecht an der oberen Wakenitz" (Dr. Lenz 1890). „Der Kranich behauptet noch immer seinen alten Brutplatz am Ausflusse der Wakenitz aus dem Ratzeburger See, auch am See selbst sind weiter südlich solche Brutplätze" (Dr. Lenz 1895). „Der Kranich, eine der hervorragendsten und eigenartigsten Erscheinungen unserer Vogelwelt, nistet seit vielen Jahren im Kammerbruche nahe dem Ausfluß der Wakenitz aus dem Ratzeburger See" (Prof. Dr. Friederich 1906).

Alle drei Angaben sind irrig. Schon seit dem Herabsenken des Wasserspiegels der Wakenitz vor ca. 40—50 Jahren brütet der Kranich im Kammerbruche nicht mehr, da derselbe zu trocken wurde. Nach Angaben der Fischer sollen ca. 20—30 Paare in früherer Zeit genistet haben, später nur fünf Paare, dann zwei, zuletzt nur ein Paar. Wann sie ganz verschwanden, läßt sich nicht mehr genau feststellen. Lührs-Schattin will zwar noch vor ca. 20 Jahren zwei Junge gegriffen haben, doch ist die Angabe anzuzweifeln. Daß weiter südlich am See Brutplätze lagen (Dr. Lenz 1895), ist nach Angabe der Fischer Irrtum. Wohl aber nisteten am Flusse selbst einige Paare bei den Brandenbaumer Eichen (Lüthgens u. a.), wahrscheinlich auch in den noch heute unzugänglichen Brüchen bei Falkenhusen. Ein dort geschossener *G. grus* wurde 1846 vom M. gekauft (Lüb. Bl. 1847, p. 344). Im Herbst lagen in damaliger Zeit Hunderte auf den Stoppeläckern bei Brandenbaum (Lüthgens). 1856 erhielt das M. ein Stück aus Schwinkenrade vom Förster Brandt (Lüb. Bl. 1857, p. 216).

In neuerer Zeit sind Kraniche unregelmäßig zur Zug- und Brutzeit beobachtet.

Am 21. März 1911 ließen sich bei Falkenhusen zwölf Kraniche nieder und ästen (Vollert-Spieringhorst).

Am 1. April 1911 erhielt Röhr einen von Wulfsdorf (Wakenitzgebiet). Auf dem Felde bei Utecht und Schattin sollen in jedem Frühlinge Kraniche gesehen werden. „Vor mehreren Jahren wurde er noch beobachtet“ (Prof. Dr. Friedrich 1906). In der Nacht zum 2. April 1911, einer regen Zugnacht, hörte ich nachts gegen 12 h das „krau“ ziehender Kraniche. Am 12. April 1912 zogen auf der Wakenitz zwei nach SW.

Zur Brutzeit sollen mehrfach diese Vögel am Hemmelsdorfer See (F.) gesehen sein. Hartwig sah am 21. Mai (Jahr?) fünf Stück nach WSW bei Lübeck ziehen. Verf. traf am 6. Mai 1906 nachmittags bei Siems zwei Schwärme von sechs und neun Stück traveabwärtsfliegend. Am selben Abend fand Peckelhoff auf dem Priwall neun Stück rastend und den Flug traveaufwärts nehmend; wohl dieselben. Am 9. Mai 1911 beobachtete Verf. ein Stück bei der Teerhofsinsel ca. 100 m hoch von NO—SW ziehend. Anfang Juli 1911 erhielt Röhr ein Exemplar von Zarnewentz (Dassower See).

Am 3. Oktober 1885 zogen bei Pelzerhaken (H.) fünf Stück O—SW in der Lübecker Bucht (Blasius, Vogelleben a. d. deutschen Leuchttürmen 1886, p. 96).

Im Oktober 1907 störte G. Schröder einen Schwarm beim Bloomkoppelgehölz bei Niendorf (F.) auf. Mitte Oktober 1909 rasteten elf Stück auf dem Hoffelde beim Forsthaus Ritzerau (Nöhring).

In Ostholstein brütete *grus* nach Boie 1819 bei Seedorf und am Moorsee bei Kiel, nach Rohweder 1875 bei Tritau, Preetz und am Wardersee, vereinzelt 1893 im Wesseker See (Dr. Kretschmer), nach Krohn 1899 jedoch nicht mehr. Auf dem großen Warder im Gaarzer See hat er bis 1900 zahlreich gebrütet, jetzt zeigt er sich nur noch auf dem Zuge (Eppelsheim 1906). Röhr erhielt Mitte Juli 1912 ein Stück aus Oldenburg (H.). Nach der Arbeit von Baer-Tharandt (Orn. Monatsschr. 1907 Nr. 1—8) soll in Schleswig-Holstein kein Kranich mehr brüten.

11. Familie: **Rallidae.**

100. **Rallus aquaticus** L. — Wasserralle.

Häufiger Brut- und Durchzugsvogel, selten überwinternd.

Die Ralle ist am ganzen Lauf der Trave bis Schlutup abwärts sehr häufiger Brutvogel, desgl. überall an der Wakenitz und auch am Elbe-Trave-Kanal, am Tremser Teich, auf den Vorwerker Wiesen, nach Nöhring bei Ritzerau, nach Burmeister im Wüstenfelder Revier, nach Dürwald im Scharbeutzer. Röhr erhielt Ende April 1911 eine aus Wilmsdorf. Brutzeit: Ende April-Juni. Auf dem Zuge im Oktober bis Anfang November sind sie besonders häufig im Schilf der Untertrave bei Gotmund. Öfters überwintern sie. Am 12. Dezember 1906 an der Trave bei Lübeck gegriffen, am 15. Januar 1907 bei der Walkmühle am Kanal geschossen (Verf.), Anfang Dezember 1909 bei Cronsforde und bei Güldenitz (Röhr), Anfang Januar 1910 auf der Wakenitz gegriffen (Lüthgens). Mitte Januar 1910 erhielt Röhr ein Stück aus Cronsforde, Anfang Dezember 1910 eins aus Büssau, Mitte Januar 1912 eins. 1906 erhielt das M. eins vom Fischereiaufseher Gehl, im Herbst bei der Herrenfähre erlegt (Lüb. Bl. 1907, p. 456). Im MK. sind zwei Stück von Burmeister-Marly angegeben.

101. **Crex crex** (L.) — Wachtelkönig.

Periodischer Brut- und Durchzugsvogel.

Im Fürstentum ist dieser Vogel überall nur spärlicher Brutvogel, Muus-Pansdorf gibt ihn an und Dürwald-Scharbeutz, als selten Tiedge-Röbel. Im Herbst 1909 ist dort ein Stück erlegt, bei Woltersteich einige (Schlünz). Seit 1907 bei Rensefeld im Getreidefeld neben dem Rocksholz gehört (Lampe). Im Frühling 1911 bekam Röhr ein Stück aus Arfrade. Auch im Freistaat ist der Wiesenschnarrer selten. An der Obertrave fand Peckelhoff ihn zuerst 1892 bei Hohenstiege, 1903 auch bei Legan, Hamberge (H.), in den nächsten Jahren erscholl aus jedem Kleeacker der Ruf, auch bei der Lohtmühle. Dann plötzlich verschwanden alle, erst 1904 wurden sie wieder bei Hamberge, 1909 bei Reeke und Genin gehört, 1910 bei Legan. Anfang September 1910 ist ein Stück aus jener Gegend Röhr zugegangen. Fast alljährlich ist er auf dem Torney bei Lübeck (Schöss). 1910 sah und hörte Verf. ihn dort. Ein Stück von dort kam ins M. 1912 ließ er sich wieder hören. Vor 50 Jahren muß er auch an der Untertrave vorgekommen sein, in der Bökerschen Sammlung steht ein Stück. Er ist bei Schretstaken (Hoffmann und Dahl) und Ritzerau (Nöhring) heimisch. Im September-Oktober 1909 erhielt Röhr mehrere, je einen aus Curau, Stubben (H.), Fräuleinberg bei Reinfeld (H.). Ein Stück wurde im Bruch bei Oldenburg geschossen (Eppelsheim 1906). Am 8. Oktober 1910 ist ein Stück bei Siebenbäumen (H.) geschossen (Röhr).

102. **Ortygometra porzana** (L.) — Tüpfelsumpfhuhn.

Selten gefundener Brut- und Zugvogel.

Vor ca. acht Jahren wurde bei Müggenbusch an der Wakenitz eine *O. porzana* geschossen. Sie steht bei Vollert-Lübeck. Im Frühling 1909 erhielt Röhr zwei Exemplare aus Lübecks Umgebung, desgl. am 30. August und 13. September 1910. Das eine war an der Mecklenb. Bahnstrecke verunglückt. Anfang September 1910 bekam Röhr eins aus Travemünde, Anfang September 1911 eins von der Untertrave. Letztere sind wohl Durchzügler. Verf. hörte es am 19. August und am 5. September 1912 am Stau. Lampe beobachtete das Tüpfelsumpfhuhn im Sommer 1909 und 1910 in den Vorwerker Wiesen, an der Mündung der Schwartau, auf dem Malkendorfer Moor und am Hemmelsdorfer See (F.) und gibt es als nistend an. Mitte April 1910 wurde Röhr ein Stück aus Westerade (F.) zugeschickt. Dr. Biedermann-Imhoof gibt es ebenfalls als Brutvogel an, er hat Belegexemplare geschossen. Im M. befinden sich zwei Exemplare von Borckmann aus Lübeck. Am 16. April ein ♂ aus Kremsdorf (H.) erhalten (Eppelsheim 1906). Am 1. September 1908 bekam Verf. ein bei Lauenburg auf dem Zuge verunglücktes Stück.

103. **Ortygometra parva** (Scop.) — Kleines Sumpfhuhn.

Seltener Durchzügler.

Am 14. August 1910 hörte Verf. in den Tilgenkrugwiesen (Trave) in der Abenddämmerung ununterbrochen Laute, die Naumanns Angabe: ki-ki-ki, ähnelten und nur diesem Sümpfler zugesprochen werden konnten. Im September 1911 hörte hier Peckelhoff dieselben Laute. Auf der gegenüberliegenden Flußseite, auf den Dänischburger Wiesen, an der Mündung der Schwartau, will Lampe im Spätsommer 1909 abends beim Entenstrich diesen Sümpfler beobachtet haben (Durchzügler?). Im M. befinden sich ein gestopftes Stück und ein Balg von Borckmann, im MK. von Lübeck angegeben. Dr. Biedermann-Imhoof hat es im Fürstentum erlegt, z. B. am 21. Juni 1895, also in der Brutzeit. Es ist daher vielleicht als Brutvogel anzusehen, zumal die Art auch bei Hohenwestedt (H.) gebrütet hat (Rohweder 1875).

104. **Gallinula chloropus** (L.) — Grünfüßiges Teichhuhn.

Verbreiteter, aber spärlicher Brutvogel, öfters überwinternd, häufiger Durchzügler.

Das Teichhuhn nistet verstreut im Röhricht der Trave und Wakenitz, am Tremser Teich, außerdem auf einem verschilften Wasserloch beim Grönauerbaum, bei Padelügge und dem Wesloer Torfmoor, nach Schröder im Teich bei Altlauerhof, 1899 und 1904 im Vorwerker Moor (Hartwig), im Palinger Moor (Rodenberg und Verf.), bei Schretstaken (Dahl), bei Ritzerau (Nöhring). Am 10. September 1902 ein sehr vertrautes Stück auf dem Dorfteich in Brodten (Hartwig). 1852 wurde ein Teichhuhn dem M. aus hiesiger Gegend von Fr. Avé-Lallement geschenkt (Lüb. Bl. 1853, p. 125/26), 1880 von Möller aus Ober-Büssau (Lüb. Bl. 1881, p. 309). Auch im Fürstentum ist es Brutvogel auf allen Seen, z. B. Eutiner, Ahrensböker usw. Lampe fand es auch auf schilfbestandenen Weidetränken nistend.

Brutzeit: April-Juli, Zug: März, September-Oktober, manchmal innerhalb Lübecks gefunden. Öfters überwinternd: 1898/99 auf dem Mühlenteich von Lübeck (Dr. Biedermann 1899a), 11. Januar 1904 auf dem Mühlenteich, 5. Januar 1907 im Fehlingschen Park an der Trave; am 6. Februar 1909 wurde mir ein an der Burgtreppe gefundenes Stück gebracht, 1909/10 mehrfach auf der Wakenitz. Anfang Januar ein Stück dort erlegt (Röhr), 1908/09 ca. 20—30 auf der Trave bei Hamberge, es sollen bis 60 gewesen sein (Peckelhoff). Am Anfang Dezember 1910 bekam Röhr ein Teichhuhn aus Ahrensböck (F.), Mitte Februar 1911 von Reeke. Im Januar und Februar 1912 sind bei Lübeck zahlreiche umgekommen.

Auch im benachbarten Holstein nicht selten, bei Oldenburg (Eppelsheim 1906), Hamberger Brook (Peckelhoff), Juli 1909 am Hellbach zwischen Drüsen- und Krebssee (Verf.). Auf dem Zuge rasten viele auf Trave und Wakenitz.

105. **Fulica atra** L. — Bläßhuhn.

Häufiger Brut-, Durchzugs- und Wintervogel.

Überall auf den Gewässern, soweit nur Schilf vorhanden ist, äußerst zahlreich. Brutzeit: Mitte März bis Ende Juli. Die meisten gehen im Oktober, November. Auf den Buchten der Untertrave und an der Küste der See überwintern sie zu Hunderten. Selten bleiben auf der Wakenitz Scharen hinter Spiringshorst und im Kleinen See. Sie kehren je nach der Witterung im Februar oder März in die schilfbewachsenen Brutgebiete zurück und haben schon Ende März vollständiges Gelege, während nachts bis in den April nördlicher beheimatete in südwest-nordöstlicher Richtung bei Lübeck durchziehen. Einzelne bleiben auch im Winter auf dem Mühlenteiche in Lübeck.

Am 28. Mai 1898 fand Peckelhoff beim Fischerbuden ein Nest, das unter *Typha latifolia* stand und von den Blättern dieser Pflanze dachartig überbaut war.

Diejenigen Vögel, die tief im Schilf nisteten, bauen aus Seggen am Schilfrand für die Jungen große Schlafnester.

Porphyrio caerulens (Vandelli) — Sultanshuhn.

Am 12. November 1909 wurde ein Sultanshuhn bei Böbs (F.) totgeworfen, um dieselbe Zeit eins bei Glücksburg (Schl.-H.) und bei Dümmerhütte (M.) erbeutet. Sie sind gewiß bei Hagenbeck Ende August entflohen. Es ist dort eine Anzahl entwischt (Hagen 1910e). (Siehe auch Krohn, Orn. Monatsber. 1910, p. 112, und Dr. Heinroth, a. a. O., p. 177). Im November (!) 1862 wurde ein Exemplar tot im Schnee bei Segeberg (Wensien) gefunden (Rohweder 1875).

12. Familie: **Pteroclidae.**

106. **Syrrhaptes paradoxus** (Pall.) — Steppenhuhn.

Es ist bei den großen Invasionen 1863 und 1888 in den Nachbarstaaten angetroffen und hat im letztgenannten Jahr auch Lübeck berührt. Die erste Notiz darüber, mit der Aufforderung, Nachrichten an Dr. Reichenow in Berlin einzusenden, erschien am 6. Mai in der Lübecker Zeitung. Am 12. erließ Rohweder in derselben einen Aufruf. Daraufhin sind dieser Zeitung und dem Lübecker General-Anzeiger mehrere Nachrichten aus dem lübeckischen, dem schleswig-holsteinischen und mecklenburgischen Gebiet zugeschickt worden. Ich erwähne nur die lübeckischen Fälle. Darüber hat damals in keinem Fachblatt etwas gestanden. „Ein Exemplar dieser seltenen Jagdart wurde uns heute von dem Konservator Herrn Borckmann hierselbst vorgelegt, welchem dasselbe aus der mecklenburgischen Nachbarschaft zum Ausstopfen zugestellt ist. Wie uns mitgeteilt wird, ist das Steppenhuhn in unserer Gegend in diesen Tagen mehrfach gesehen und auch schon erlegt worden“ (Lübecker Zeitung 1888, Nr. 109, vom 9. Mai). „Der Inhaber eines Jagdreviers vor dem Mühlentor traf gestern (10. Mai) auf seiner Gemarkung ein acht Köpfe starkes Volk Steppenhühner und erlegte davon ein Exemplar (Hahn), welches Konservator Borckmann übergeben wurde“ (Lübecker Zeitung, Nr. 111, vom 11. Mai). Bei Sarkwitz (F.) erschienen am 12. Mai Flüge (E. v. Dombrowsky 1888). „In jüngster Zeit haben sich größere Mengen des Steppenhuhnes auch in der hiesigen Gegend eingefunden“ (Polizei-Verordnung, betr. des Schutzes d. St. vom 17. Mai 1888). „Auch in unserer Umgebung, in der Palinger Heide und bei Wesloe sind die eingewanderten Steppenhühner mehrfach gesehen worden“ (Lübecker General-Anzeiger 1888, Nr. 115, vom 17. Mai). „Nach den Mitteilungen über den Flug d. St. unterliegt es keinem Zweifel, daß wir in den letzten acht Tagen zweimal einen Zug von 12—20 Stück dieser neuen Jagdvögel gesehen haben. Beide Male kamen die Tiere von Osten (Seeretz) und flogen westlich gegen Schwartau (F.)“ (Lübecker General-Anzeiger, Nr, 121, vom 25. Mai). „Unfern Schwartau ein Paar am 6. Juni“ (E. v. Dombrowsky 1888). Infolge der Schutzverordnung scheint das Interesse erkaltet zu sein.

Dr. Lenz erwähnt es (1890) als mehrfach in der Umgebung beobachtet.

Aus dem benachbarten Stormarn wird unter dem 18. Mai im Lübecker General-Anzeiger geschrieben: „In diesem Frühling wurden im Kirchspiel Eichede mehrfach Steppenhühner in Scharen gesehen. Allem Anzeichen nach scheinen sie Lust zu haben, hier zu brüten." „Bei Bargteheide zwischen Hamburg und Lübeck 25—26 Stück am 17. Mai" (E. v. Dombrowsky 1888). Eine sehr bestimmt lautende Brutnachricht (zwei bis drei Eier) wird unterm 31. Mai im Lübecker General-Anzeiger aus Flensburg (H.) geschrieben.

Syrrhaptes alchata (L.) — Spießflughuhn.

Das einzige für Deutschland sichere Stück soll 1875 bei Gr. Grabow (M.) erlegt sein (Wüstnei & Clodius 1900). Von Reichenow ist diese Angabe (1902) nicht aufgenommen, wohl weil sie zu unsicher ist.

VI. Ordnung: **Gressores.**

13. Familie: **Ibidae.**

107. **Plegadis autumnalis** (Hasselq.) — Brauner Sichler.

Von dieser südlichen Art steht ein Exemplar im M. mit der Angabe: Lübeck. Es ist nach Röhr, der dasselbe gestopft hat, 1905 an der Göldenitz (Düchelsdorf-Sircksrade) erlegt.

Platalea leucorodia L. — Löffler.

In Mecklenburg und Schleswig-Holstein erlegt. Bei Poel haben sich 1874 sieben Stück gezeigt, die durch Nachstellung am Bruten gehindert wurden, im Frühling 1877 ist ein Exemplar in der Wohlenberger Wiek gesehen, im Frühling 1879 auf der Nordseite von Poel eins (Wüstnei & Clodius 1900, nach Schmidt). Sie könnten sich damals auch in der benachbarten lübeckischen Bucht aufgehalten haben. Vor ca. 20 Jahren hielten sich im September zwei Stück auf der Insel Lieps auf (Vogelwärter Schwartz).

14. Familie: **Ciconiidae.**

108. **Ciconia ciconia** (L.) — Weißer Storch.

Im Norden unseres Vaterlandes brütet bekanntlich der Storch am häufigsten. Bei Lübeck nimmt er immer mehr ab. Im Jahre 1909 ließ der Lüb. Heimatschutzverein eine Umfrage bei den Gemeindevorstehern des Freistaates, den Storch betreffend, veranstalten. Leider sind nicht alle Fragebogen zurückgelangt, einige ohne Ortsangabe gelassen, einige auch nicht richtig ausgefüllt, da anscheinend manche nur die im Dorfe, nicht in der Gemeinde befindlichen Nester gezählt haben. Die Reihenfolge der nachstehenden Gemeinden ist die nord-südliche. Nr. 1—4 liegen in den nördlichen Enklaven (im Fürstentum Lübeck), Nr. 5—19 im Hauptgebiet, nördlich von Lübeck, Nr. 20—35 südlich von Lübeck, Nr. 36—47 in den südlichen Enklaven (Herzogtum Lauenburg).

Gemeinde:	Zahl der Nester 1909 besetzt:	un-besetzt:	Zahl der Jungen 1908	1909	Bemerkungen:
1. Malkendorf.	3	0	0	5	1 Paar hat nicht gebrütet.
2. Curau . . .	1	1	6	0	Vor ca. 10 Jahren 7 besetzte Nester.
3. Dissau . . .	1	1	4	0	
4. Krumbeck .	1	0	3	0	Wegen Deckung des Daches Brut gestört.
5. Brodten . .	0	1	0	0	1908 besetzt, ohne Brut. Bis 1907 stets gebrütet.
6. Gneversdorf	1	1	0	0	Früher Brut in beiden Nestern.
7. Teutendorf.	1	1	4	3	
8. Travemünde	0	0	0	0	
9. Ivendorf . .	1	0	?	?	
10. Pöppendorf	2	0	5	5	
11. Kücknitz . .	0	0	0	0	
12. Dummersdorf . . .	2	2	4	4	
13. Dänischburg	0	0	0	0	
14. Gothmund .	0	0	0	0	
15. Herrenwyk .	0	0	0	0	
16. Israelsdorf .	1	0	(2)	2	1908 ♀ verschwunden, Junge verhungert, 1911 durch Feuer zerstört.
17. Vorwerk . .	1	0	4	3	
18. Schlutup .	0	0	0	0	
19. Wesloe . .	0	0	0	0	
20. Schönböcken . .	3	0	8	4	
21. Genin . . .	2	0	6?	6	Früher 4 besetzte Nester. (Feuer, Dachdeckung.)
22. Moisling . .	2	0	0	0	
23. Strecknitz .	1	0	3	3	
24. Niendorf . .	1	0	3	3	
25. Reeke . . .	1	0	3	0	
26. Nieder-Büssau . .	1	0	4	3	4 Nester weniger als vor 10 Jahren.
27. Ober-Büssau . .	0	1	0	0	
28. Vorrade . .	2	2	2	0	Ein Nest außerdem von einem St. bewohnt.
29. Wulfsdorf .	1	0	2	2	Vor ca. 6 Jahren ein 2. Paar, blieb nachher aus.
30. Moorgarten	0	0	0	0	
31. Cronsforde .	0	0	0	0	Bis 1905 waren 2 Nester vorhanden.
32. Schattin . .	0	1	0	0	Seit 1905 unbesetzt.
33. Blankensee .	1	0	3	0	

Gemeinde:	Zahl der Nester 1909 besetzt:	un-besetzt:	Zahl der Jungen 1908	1909	Bemerkungen:
34. Beidendorf .	1	0	0	0	
35. Crummesse .	1	0	0	0	Von 1905 bis 1909 nur 2 Junge. Abnahme in 10 Jahren 5 Stück.
36. Düchelsdorf	1	0	1	0	
37. Sircksrade .	1	0	2	2	
38. Hollenbeck	1	0	4	2	
39. Harmsdorf .	1	0	3	2	
40. Behlendorf .	1	0	?	2	
41. Albsfelde .	1	0	0	0	Vor 20 Jahren 3 juv., sonst nicht.
42. Giesendorf .	0	0	0	0	
43. Ritzerau . .	2	1	6	3	
44. Nusse . . .	1	0	?	0	
45. Poggensee .	2	0	5	1	
46. Gr.-Schretstaken . .	5	0	12—14	10—12	
47. Tramm . .	1	0	3	2	
Summe	49	12	102	67	Abnahme: 35 Stück in einem Jahr.

Es besitzt jedoch die Gemeinde Wesloe in Brandenbaum, Schattin in Utecht ein besetztes Nest.

Hinzu kommen noch sieben Nester in Lübecks Vorstädten: Kirchhofskapelle, Ratzeburger Allee, Vogelsang, Krankenhaus, V. St. Lorentzschule, Mönckhof, Rothebeck.

Leider ist eine Rubrik vergessen: Befindet sich in Ihrer Gemeinde ein Storchpaar, das nicht zur Brut geschritten ist? Aus den Listen geht das nicht immer genau hervor. Und doch ist das der Fall. Ganz besonders war es im Sommer 1910 Tatsache, daß eigentlich alle Nester wohl angenommen, aber nicht belegt waren (Hagen 1910 f und 1911 a). Als Grund kann ich nur den kalten Frühling, den daher späten Zug und den nassen Sommer ansehen. Auch von den Landleuten wurde mir dieser Grund genannt. Das ist um so mehr zu bedauern, da der Vogel sowieso abnimmt. Jagd und Dachreparatur wird meistens die Schuld gegeben, selten dem Haarraubzeug oder dem Feuer. 1911 sind viele Nester unbesetzt geblieben.

In den nördlichen Enklaven hat jede Gemeinde ein besetztes Nest, Malkendorf gar drei. Im Ostseegebiet Lübecks besitzen einige eins, einige keins, trotzdem der berühmte „Travemünder Winkel" sehr fruchtbares Ackerland ist. Im Gebiet der westöstlich verlaufenden Untertrave sind die meisten Dörfer ohne Nest. Einen Grund vermag ich nicht anzugeben. Nur Pöppendorf und Dummersdorf besitzen zwei, Israelsdorf und Vorwerk ein. Dann kommt die Stadt Lübeck*) mit sieben Nestern. Östlich der Stadt sind die Dörfer ohne Nest (Wakenitzgelände) bis auf Utecht und Brandenbaum, dagegen hat der Storch im Westen (Obertrave) nur

*) Im Stadtgebiet Hamburgs stehen 8 Nester (Dr. Dietrich 1901).

im Moorgarten kein Nest inne, sonst eins, Schönbecken drei, Genin und Moisling zwei. Im Süden besitzt nur Vorrade zwei, Cronsforde und Ober-Büssau haben keins, die übrigen eins. In den südlichen Enklaven ist Giesendorf ohne Nest, die meisten zeigen eins, Ritzerau und Poggensee zwei, Gr.-Schretstaken sogar fünf. Es haben also nicht einmal alle Gemeinden ein Nest, d. h., einer ganzen Anzahl von Dörfern und Gehöften fehlt dieser „volkstümliche" Vogel. Die Stadt Lübeck hat mit sieben die meisten Nester. Man kann daher fast von einer „Landflucht" des Storches sprechen. Nach den Fragebogen besaß 1909 der Freistaat Lübeck 56 Storchpaare. Soweit zu ersehen, haben davon 18 Paare nicht gebrütet.

Vergleicht man unser Gebiet mit dem anstoßenden Mecklenburg: dort nimmt die Zahl der Storchpaare nach Westen zu. Etwa ein Viertel aller Ortschaften hat mehr als ein Storchnest aufzuweisen, 13 sind mit über 20 bedacht, einige mit über 30; je eine hat 41, 45, 49, 55. Das reichste Dorf hat 77 Nester! (Wüstnei und Clodius: der weiße Storch, *Ciconia alba* Bechst., in Mecklenburg. Eine Statistik seiner Niststätten im Jahre 1901. Meckl. Archiv LX, 1902, p. 1—57). Unser ganzes Gebiet hat demnach nicht einmal so viele Störche wie das eine Dorf in Mecklenburg. Auffällig ist es auch, daß die Untertrave auf lübeckischem Gebiet sehr storcharm ist, während die mecklenburgische Seite in jedem Dorfe und Gehöft mindestens ein Nest aufweist. Klima und Bodenbeschaffenheit können den großen Sprung natürlich nicht bedingen; sollte doch die Jagd schuld sein? Ich will es nicht entscheiden. Gewiß ist der Storch der Jagd schädlich, aber der Landwirtschaft ist er sehr nützlich. Deswegen sei der Abschuß mäßig!

Auch im Fürstentum hat der Storch sehr abgenommen. Schon 1888 wird darüber in der Lüb. Zeitung geklagt. „Selten ist ein Storchnest bewohnt anzutreffen." „Zum Schluß will ich einer Grausamkeit Erwähnung tun, die auf den Großherzoglich Oldenburgischen Gütern geschieht, daß nämlich im Frühling von jedem Storchnest einer der Störche erschossen wird, damit sie nicht brüten. Wie es heißt, müssen die Förster das auf Befehl des Großherzogs tun. Wir glauben, da die Großherzogl. Güter hier angrenzen, daß dadurch die Störche immer seltener werden." (Ein ungenannter Gewährsmann in: Peckelhoff 1911 b.)

Der Storch kommt Ende März, Anfang April zu uns. 1904 erschienen schon im Februar Exemplare. Im Januar 1910 hat sich öfters ein Storch, vollständig flugfähig, beim benachbarten Warsow (M.) gezeigt, was glaubwürdige Leute versicherten. Es ziehen noch bis Mai Schwärme durch, darunter Brutpaare unserer Gegend. 1905 sah ich am 4. Juni, 1908 am 31. Mai noch Zügler; wohl noch nicht fortpflanzungsfähige Stücke. Ende Juli, meist im August bis Anfang September findet der Abzug statt. Brutzeit: Mai-Juni. Selten nistet er auf Bäumen. Vor ca. 40—50 Jahren stand ein Nest beim Galgenbrook b. Lübeck (Böker), vor vielen Jahren soll eins im Rocksholz bei Rensefeld (F.) gestanden haben. In den 90er Jahren befand sich eins nach Revierförster Krüger auf einer Eiche im Glindbruch bei Vorrade, vor ca. 10—15 Jahren eins auf einer alten Eiche bei Cronsforde (Kluth), zur selben Zeit etwa eins in St. Lorenz bei Lübeck (Verf.). Zurzeit steht eins auf der Weberkoppel bei Lübeck.

109. **Ciconia nigra** (L.) — Schwarzer Storch.

Als Seltenheit zuweilen im Gebiete angetroffen, früher auch als **Brutvogel.**

Nach Borckmann ist der Schwarzstorch vor vielen Jahren bei Wesloe fliegend gesehen und bei Travemünde erlegt. Die erste Angabe stützt sich vielleicht auf einer Mitteilung von Heuer, der vor 1884 im Forstort Hainbuchenkoppel (Israelsdorfer Revier) ein Stück fliegend beobachtete. Im MK. ist ein im August 1878 bei Kl. Timmendorf a. O. erlegtes Exemplar angegeben, das von Schliemann geschossen ist (Lüb. Bl. 1879, p. 259). Vermutlich bezieht sich hierauf die Nachricht von Dr. Lenz: der Schwarzstorch wurde ganz vereinzelt in der Nähe der Küste herumziehend beobachtet (Dr. L. 1895).

Zu Ende der 80er Jahre stand an einem Frühlingsmorgen auf einer Randbuche im Wahlsdorfer Holz bei Ahrenboeck (F.) ein Exemplar (Forstrat Krito).

Im Mai 1910 ist ein einzelnes Stück von Peckelhoffs Vetter, dem dortigen Jagdvorsteher, im Kammerbruch bei Schattin mehrfach gesehen. Blohm erwähnt dasselbe 1910 b und 1912.

Bis 1873 oder 1874 hat im Riepenholz bei Schretstaken ein Paar genistet, ist dann von einem benachbarten Jäger abgeschossen (Hoffmann).

Am 11. November(!) 1885 ist bei Wahrsow (M.) ein Schwarzstorch geschossen und von Nevermann dem M. geschenkt (Lüb. Bl. 1886, p. 557). 1899 sind bei Lassahn (L.) zwei Stück gesehen (Goßmann). Bei Eppendorf ist er einmal erlegt (Krohn 1901). Nördlich von Hamburg soll er in den 70er Jahren bei Garstedt und bei Havighorst genistet haben (Krohn 1903). Prof. Eckstein kennt in Schleswig-Holstein noch elf Horste! (V. Intern. Ornith. Kongr. 1911). In Mecklenburg muß er ausgestorben sein (Dr. Detmers 1912b).

Familie: *Phoenicopteridae.*

Phoenicopterus roseus Pall. — Flamingo.

Im November 1909 ist in Mecklenburg ein sterbender Flamingo gefunden, der vermutlich bei Fockelmann-Hamburg entflogen ist. Im Juni 1910 ist auf Poel einer geflügelt und in Gefangenschaft gekommen (Hagen 1910 e). Wahrscheinlich ist auch dieser ein entwichenes Exemplar, obgleich es in jenem äußerst heißen Monat nicht unmöglich war, daß ein Stück über seine Brutheimat hinausschoß. Auch bei Naumburg a. S. ist im Mai 1910 ein Flamingo erlegt (C. Lindner, Orn. Monatsber. 1911, p. 54). In Wöhrden (H.) ist im Oktober 1908 ein Exemplar beobachtet (Dr. Guenther 1910).

15. Familie: **Ardeidae.**

110. **Nycticorax nycticorax** (L.) — Nachtreiher.

1856 wurde im Garten zu Crummesser Hof eine *„Ardea Nyctocarax"* von Dühring geschossen und dem M. übergeben (Lüb. Bl. 1857, p. 215/16). Im MK. steht aus alter Zeit ohne Angabe ein so bezeichneter Nachtreiher, der ganz bestimmt auf dieses Exemplar zurückzuführen ist.

In Schleswig-Holstein wurde der Nachtreiher mehrfach, z. B. bei Neumünster, noch öfter in Mecklenburg erlegt.

111. **Botaurus stellaris** (L.) — Rohrdommel.

Die große Rohrdommel ist früher im ganzen Gebiet häufiger Brutvogel gewesen, brütet zurzeit wieder an einigen Stellen.

Im Freistaat bewohnte sie den Lauf der Untertrave bis Schlutup und das ganze Gebiet der Wakenitz.

Oberförster Haug-Waldhusen schenkte 1841 dem M. ein Exemplar (Lüb. Bl. 1842, p. 228). 1843 ist eine „*Ardea stellaris*", bei Lübeck gefangen, vom M. gekauft (Lüb. Bl. 1844, p. 292). 1846 ist eine von v. Borries geschenkt (Lüb. Bl. 1847, p. 344), 1873 von Dillner-Schlutup (Lüb. Bl. 1874, p. 323). Nach Borckmann sind beim Forsthaus Alt-Lauerhof zwei Stück geschossen. Das eine wurde vor 1884 von Heuer im Prinzenmoor erlegt und kam ins M.; das andere ist 1895 oder 1896 erbeutet (Buchholz). Förster Schröder hörte sie einmal in den Tilgenkrugwiesen bei Gotmund, Bruns hat sie bei Alt-Lübeck gehört. „Die große Rohrdommel ist an den reichlich mit Schilf und Rohr bewachsenen Uferstrecken der Untertrave, namentlich bei Gotmund und der Herrenfähre nicht selten" (Dr. Lenz 1895). Am Anfang dieses Jahrhunderts verschwand sie am Lauf der Trave.

Auf der Wakenitz soll die Rohrdommel früher außerordentlich häufig gewesen sein, und zwar im ganzen Gebiet. Prof. Lenz führt sie nur vom Oberlauf auf (Dr. L. 1895). Nach Borckmann, Böker u. a. kam sie sehr zahlreich auf der Falkenwiese bei Lübeck vor. Verf. hörte sie vor ca. 15 Jahren bei der früheren Prahlschen Badeanstalt. Lüthgens fand bei Spieringshorst Nester. Heuer hat sie gegenüber von Herrenburg gehört. Bis 1906 kam sie noch bei Müggenbusch und Falkenhusen, 1906 im Kammerbruch bei Schattin vor. 1907 war sie auf dem ganzen Lauf der Wakenitz verschwunden (Peckelhoff). Nur bei Gr.-Sarau (L.) am Ratzeburger See soll stets noch ein Paar gewesen sein (Kaufmann Blohm).

Der eigenartige späte Frühling 1909, der uns außerordentlich viel Nachtigallen und Trauerfliegenschnäpper brachte und die Reiherente ansiedelte, hat auch die Rohrdommel auf Trave und Wakenitz wieder heimisch gemacht. An der Trave hörte der Bruder des Verf. sie im Stau und Kattegatt. Ein Stück von dort wurde Röhr Mitte November 1909 eingeliefert. An der Wakenitz hat sie Lüthgens im Kammerbrook und Kleinen See, Peckelhoff bei Falkenhusen und im Gärtnermoor gehört. Auch das Paar im Ratzeburger See wurde festgestellt. 1910 wurde der Balzlaut auf der Wakenitz nicht wieder vernommen. Verf. hörte ihn 1910 im Stau (Trave). Goßmann sah dort zweimal ein Stück. Ende August erhielt Röhr eins aus Dänischburg. 1911 sind sie auf der Wakenitz nur vom März bis Mitte April gehört. Es waren anscheinend nur Durchzügler, desgl. 1912.

Die große Rohrdommel ist außerdem von Heuer vor vielen Jahren im Deepemoor (Wesloe) während der Balz erlegt. Im Dassower See werden alljährlich einige geschossen (Klatt). Sie ist am Behlendorfer See gehört (Buchholz) und am Tremser Teich (Wulf). Röhr erhielt Anfang Juli 1910 ein Stück aus Curau.

Vom August an sind auf dem Priwall fischende Rohrdommeln (Durchzügler) beobachtet (Klatt). 1897 schenkte Dillner ein Exemplar dem M. (Lüb. Bl. 1899, p. 2), das nach Mitteilung des Schützen im Herbst an der Großen Holzwiek erlegt ist.

Im Fürstentum ist sie festgestellt am Hemmelsdorfer See (Dürwald, Muus, G. Schröder), Kellersee (Röhr) und Eutiner See (Dr. Biedermann-Imhoof, Burmeister, Tiedge). Letzterer schoß ein Stück auf dem Süseler See und beobachtete sie auch am Redingsdorfer See. Am 24. September 1912 ist eine von Heyer am Barkauer See geschossen (Lübecker General-Anzeiger).

In Ostholstein nistet sie am Wesseker See (Kretschmer 1893), bei Gaarz (Eppelsheim 1906), geschossen ist sie bei Oldenburg (Eppelsheim 1906); viel wird sie auf Fehmarn erbeutet (Röhr).

Manche Stücke werden im Winter beobachtet. Röhr hat ein Stück Anfang Dezember 1909 aus Preetz (H.), Anfang Januar 1910 eins aus Schwochel (F.) erhalten. Im Dezember 1906 ist ein flugunfähiges Stück auf dem Eutiner See gegriffen (Stichnot), bei Lübbersdorf (H.) am 7. Januar 1904 erbeutet (Eppelsheim 1906).

112. **Ardetta minuta** (L.) — Zwergrohrdommel.

Brutvogel, vermutlich überall.

Sie haust im Rohrgebiet der Trave und Wakenitz, wird wohl meistens übersehen. Verf. beobachtete sie bei der Herrenfähre am 12. Juli 1903. Von dort steht ein Exemplar im M., außerdem ein mit „Jerusalemsberg 1895" angegebenes Stück, das aber auch an der Untertrave in der Gegend der Herrenfähre geschossen ist (Goßmann). Der Wirt der Herrenfähre war im Besitze eines dort erlegten Stückes. Peckelhoff hat sie dort auch gesehen, Dr. Lenz gibt sie 1895 von da an. Goßmann sah 1911 zweimal ein Stück dort. Regierungsbauführer Lange und Bruns sahen sie in der Gegend von Alt-Lübeck. Im September 1908 und im Juli 1909 soll je ein Stück am Kattegatt erlegt sein. Am 8. September 1910 erhielt Röhr eine aus Dänischburg. Verf. hörte sie 1912 am Stau und Kattegatt mehrfach, Röhr erhielt Ende September 1912 von dort zwei Stück. Nach Borckmann ist sie früher auch beim Jerusalemsberg (?) und bei der Walkmühle vorgekommen. „Ende der 70er Jahre wurde ein Exemplar in einem Wassertümpel nahe vor dem Burgtor (Lübeck) erlegt" (Dr. Lenz 1895).

Ein auf der Wakenitz erlegtes Exemplar steht bei Lüthgens-Spieringshorst. Gesehen ist sie im Mittellauf mehrfach. Im Juni 1912 hat ein Paar am Kaninchenberg genistet. Zwei Eier sind als Beleg gesammelt (Hagen 1912 e). Sie kommt auch am Tremser Teich vor (Peckelhoff). Im Fürstentum ist sie am Eutiner und Hemmelsdorfer See beobachtet (Muus, Dürwald und Dr. Lenz 1895).

In Schleswig-Holstein ist sie als Brutvogel noch nicht festgestellt (Rohweder, Heimat XV, 1905, p. 164).

Ardeola ralloides (Scop.) — Schopfreiher.

Zweimal in Mecklenburg und nach einer kaum zuverlässigen Angabe einmal in Holstein geschossen.

113. **Ardea cinerea** (L.) — Fischreiher.

Brutvogel und nicht seltener Durchzugsvogel, selten überwinternd.

Um 1830 stand in den alten Eichen vor Genin, von denen einige jetzt noch stehen, eine sehr große Kolonie, die jedoch um 1860 schon gänzlich verlassen war (Böker).

„Ein Brutplatz von ziemlicher Ausdehnung findet sich seit Jahren in den hohen Buchen der Reiherberge bei Ritzerau" (Dr. Lenz 1890). „Im Forstort Radeland bei Ritzerau befand sich seit vielen Jahren eine Reiherkolonie. Als bei einem Sturm vor etwa 12 Jahren der alte Buchenbestand stark gelichtet wurde, ließen sich die Reiher in dem aus alten Buchen bestehenden, benachbarten lübeckischen Forstort Manau nieder. Die aus etwa 50 Horsten bestehende Kolonie befindet sich ausschließlich auf lübeckischem Gebiet, hart an der lauenburgischen Grenze. Um den immer seltener werdenden stattlichen Vogel auf lübeckischem Gebiet zu erhalten, hat das Finanzdepartement in den Jagdvertrag die Bestimmung aufgenommen, daß der Reiherstand in jedem Jahr nur einmal im ganzen beschossen werden darf, und zwar nicht vor dem 15. Juni. Im letzten Sommer wurden bei der Jagd am 16. Juni etwa 40 Reiher erlegt" (Prof. Dr. Friedrich 1906). „Die Reiherkolonie im Forstort Manau bei Nusse ist durch einen Vertrag mit dem Jagdpächter gegen zu starken Abschuß geschützt" (Prof. Dr. Conwentz 1907). „In dem aus alten Buchen bestehenden Forstort Manau bei Nusse befindet sich eine von etwa 50 Horsten gebildete Reiherkolonie. Um den immer seltener werdenden Vogel — im ganzen Lauenburg fehlen anscheinend Reiherhorste — auf lübeckischem Gebiete zu erhalten, hat das Finanzdepartement auf Vorschlag des verstorbenen Oberförsters Elle in den Jagdvertrag die Bestimmung aufgenommen, daß der Reiherbestand in jedem Jahre nur einmal im ganzen beschossen werden darf, und zwar nicht vor dem 15. Juni" (Prof. Dr. Friedrich 1908). „Die einzige Kolonie auf Lübecker Gebiet bei Nusse, 50 Horste enthaltend, darf einer schützenden Verordnung zufolge nur einmal jährlich beschossen werden" (Hagen 1909c). „Wir haben im lübeckischen Gebiet noch eine Reiherkolonie im Manau" (Peckelhoff 1910a). Der jährliche Abschuß beträgt 30—50 Stück (Kluth).

1899—1903 standen zuerst zwei, später vier Horste im Glindbruch bei Vorrade, zwei Eier wurden als Beleg genommen. Durch Windbruch ist die Kolonie zerstört (Peckelhoff, Knapp). 1908 befand sich ein Horst in den Brandenbaumer Eichen (Vollert-Lübeck): „Im Vorjahre fand sich ein Nest in den Brandenbaumer Eichen" (Peckelhoff 1910a).

Brutzeit: April-Juni.

„Der graue Reiher ist an der Wakenitz und Untertrave recht häufig" (Dr. Lenz 1895). Er stellt sich auf allen Flüssen, Seen, Teichen und Moorwässern, auch im Fürstentum, wo ein Brüten nicht konstatiert ist, zum Fischen ein, jetzt nur noch vereinzelt. Häufiger ist er nur während der Zugzeit im März-April und besonders im September bis Anfang Oktober. Im Herbst hält er sich viel auf dem Priwall auf. Am 19. Dezember 1906 lag auf dem Markt ein auf der Untertrave geschossener Reiher. Mitte Januar 1912 erhielt Röhr je einen aus Curau, Travemünde, Dassow, Kleverhof (F.) und vom Ratzeburger See. Das sind wohl dänische Reiher. Im Februar 1912 ist nämlich ein gezeichnetes Exemplar in Schleswig-Holstein, Anfang März bei Lüneburg erbeutet.

In Ostholstein befinden sich vereinzelte Horste im Kreise Plön, ein größerer Horststand im Kreis Segeberg und bei Futterkamp (H. Krohn, Der Fischreiher und seine Verbreitung in Deutschland. Leipzig 1913). Bei Futterkamp große Kolonie (Dr. Kretschmer 1893). Horste stehen bei Elmshorn und Itzehoe (Dr. Dietrich 1912).

Ardea purpurea L. — Purpurreiher.

In Mecklenburg und Holstein je einer geschossen.

Herodias alba (L.) — Silberreiher.

In Mecklenburg einmal erlegt.

14. **Herodias garzetta** (L.) — Seidenreiher.

1901 ist ein Seidenreiher bei Flörkendorf (F.) erbeutet. Er steht beim Mühlenbesitzer Schiller daselbst (Röhr).

Weder in Mecklenburg noch Schleswig-Holstein festgestellt.

VII. Ordnung: **Gyrantes.**

16. Familie: **Columbidae.**

115. **Columba palumbus** L. — Ringeltaube.

Überall in Laub- und Nadelwäldern als Brutvgoel. Sie kommt Ende Februar bis Mitte März, bleibt in milden Wintern: 1899/1900, 1902/03, 1908/09, sehr viel 1909/10, 1910/11, selbst 1911/12. In schneereichen Nachwintern kommen sie wegen Nahrungsmangel in die Gärten, so besonders im Februar 1907, wo viele mit Knüppeln erschlagen sein sollen. Selbst die Fischfrauen verkauften neben den „Antvageln" derartige höchst abgemagerte Tiere. Eingegangene fand man viel im Wald. Sonst meiden bei Lübeck diese in manchen deutschen Städten schon zum Parkbewohner gewordenen Vögel die Nähe des Menschen. Erst 1909 ließ sich ein Pärchen nistend bei der Mühlenbrücke feststellen, desgleichen im Eschenburgschen Garten (Burgtor) und im Fehlingschen Park. In letzterem hat sie seitdem in jedem Jahr genistet (Verf.). In Eutin nisten sie (Dr. Biedermann).

Vor dem Abzuge im Oktober liegen auf den Feldern (Kohl) und in den Wäldern (Eichen) große Schwärme.

Anfang August 1909 lockte im kl. Hasselbruch und Buchenberg (Israelsdorfer Revier) noch ein Täuber anhaltend im Nest, am 29. August 1912 rucksten zwei beim Buchenberg, am 9. September eine auf dem Priwall. Am 24. August 1908 fand Schöss jr. im Schellbruch ein Nest mit Dunenjungen. Am 11. Oktober 1909 fand Dr. Biedermann-Imhoof in Eutin ein Nest mit zwei eben flüggen Jungen (D. B.-I. 1909). Am 2. Oktober 1904 bei Putlos (H.) ein Nest mit zwei frischen Eiern, acht Tage vorher ein ebensolches (Eppelsheim 1906). Am 4. Oktober 1911 ruckste bei Israelsdorf eine Taube vollständige Touren (Prof. Dr. Voigt briefl.). Förster Schröder schoß einmal bei Wesloe im November eine junge Taube, die erst ca. acht Tage flügge war.

Brutzeit: Ende März-Juni.

116. **Columba oenans** L. — Hohltaube.

Im allgemeinen seltener, stellenweise, besonders im Fürstentum häufiger Brüter, so im Wüstenfelder Revier (Burmeister). Im Scharbeutzer ist sie geschossen (Dürwald), Tiedge-Röbel gibt sie als selten an. Sie nistet bei Schwartau, hat 1905—06 in einer alten Buche am Pariner Steg gebrütet (Lampe). Im Freistaat ist sie früher in Schwerin (Israelsdorfer Revier) beobachtet, zuletzt 1901 (Nöhring).

Vom Verf. wurde sie in jener Zeit beim Behnturm gesehen. Sie hat sich in den letzten Jahren im Forstort Buchenberg und Lustholz (Israelsdorfer Revier) angesiedelt. 1912 nistete sie außerdem im Forstort Steinkrug und Neukoppel (Schröder), wieder im Lustholz (Schröder u. Verf.). Sie nistet auch im Behlendorfer Revier und in den Trammer Stubben (Hoffmann).

117. **Turtur turtur** (L.) — Turteltaube.

Sie ist nach Dr. Lenz (1890) selten, kam nach Nöhring vor 20 Jahren im Forstort Schwerin bei Lübeck in vielen Exemplaren vor. Hartwig schoß eine im August 1895 in Vorwerk. Auch Schöss hat sie in jener Zeit auf dem Torney erlegt. Im Fürstentum nistete sie am Hemmelsdorfer See (Dr. Biedermann-Imhoff) und in den Niendorfer Kiefern (Prof. Dr. Schmidt); sie ist im Revier erlegt, jedoch nicht alljährlich (Dürwald). Im Freistaat ist sie zurzeit nicht mehr beobachtet.

Vom Präparator Borckmann sind im MK. drei Stück aufgeführt, von Warncke eins, der Angabe nach von „Lübeck“.

Am 16. Mai 1897 ist ein Exemplar bei Küren (H.) geschossen (Peckelhoff).

VIII. Ordnung: **Rasores.**

17. Familie: **Phasianidae.**

118. **Phasianus colchicus** L. — Fasan.

Nach einem im Staatsarchiv befindlichen Brief, der vom Landdrosten v. Alvensleben in Ratzeburg am 24. März 1755 an den Rat der Stadt Lübeck gerichtet ist, sind im selben Frühling bei Ratzeburg zuerst als Versuch Fasanen ausgesetzt. Im Antwortschreiben wurde den ins Lübeckische streichenden Vögeln zwei Jahre Schonzeit zugebilligt (Dr. Brehmer 1892). Sie sind jetzt überall in Schonungen, Brüchen, auch Schilfdickichten heimisch.

119. **Perdix perdix** (L.) — Rebhuhn.

Nistet auf allen größeren Feldern, geht von dort aus in die Gärten. Oftmals traf ich es inmitten von Waldungen, auch nistend, z. B. in der Kiefernschonung „Triangel“ bei der Jahneiche. Peckelhoff fand es nistend in den Strecknitzer Tannen. Auch im Schilf des Staues und Kattegatts sah ich es, vom Ufergelände einwechselnd.

In den letzten Jahrzehnten sollen die Rebhühner wegen der intensiveren Ausnutzung der Felder und wegen der Maschinen abgenommen haben. In den Jahren 1842—48 sind im Jagdbezirk I des St. Johannisklosters 69, 47, 60, 23, 45, 66, 22, im Bezirk II 57, 18, 16, 20, 57, 49, 30, im Bezirk III 23, 16, 27, 7, 11, 10, 21 geschossen.

120. **Coturnix coturnix** (L.) — Wachtel.

In der Notifikation über die verbotene Jagdzeit vom 11. Februar 1815 heißt es: „Das Fangen der Wachtel auf Garn, jedoch ohne Schießgewehr und Hunde dabei mitzunehmen, bleibt auch während der Brutzeit mit gestattet.“ Die Wachtel muß damals also recht häufig gewesen sein. Lenz führt sie 1890 noch als nicht selten an. Zurzeit scheint sich ihr Bestand wieder etwas zu heben, nachdem sie fast verschwunden war.

Peckelhoff hat sie bei Padelügge stets gehört, auch beim nahen Hansfelde (H.) und Hamberge (H.). Von hier besitzt P. Eier. Am 3. August 1898 wurde hier ein Nest mit zehn Eiern gefunden, am 8. Juli 1896 eins bei Ratzbeck (H.). Auch beim Fischerbuden (Lüthgens) und auf dem Torney (Schöss) ist sie bis 1908 fast alljährlich festgestellt. 1906 ist sie von Nöhring auf dem Crummesser Hoffeld erlegt, 1908 auf Marly konstatiert (Hagen 1909c). Blohm traf sie am 16. Juni an zwei Punkten bei Lübeck (Blohm 1908), wohl bei Padelügge. Rodenberg fand dicht beim Grönauer Baum (1907 oder 1908) ein Nest. Eier als Beleg in seiner Sammlung. Im Travemünder Winkel sind 1844 1, 1846 3, 1847 9 erlegt, außerdem vom Jägermeister in den Jahren 1842—48 jährlich durchschnittlich 4; im Gebiet Wulfsdorf, Beidendorf, Blankensee 1842 4

(27. August 3, 10. September 1), 1844 1, 1846 2; bei Utecht-Schattin 1843 1 (29. September), 1846 1, 1848 2; bei Schwinkenrade 1842, 9. September 1, 14. 2, 4. Oktober 1, 1843, 30. September 1, 1845 8, 1847 6. Am 1. September 1761 ist auf dem Rönnauer Feld eine Wachtel geschossen.

Auch im Fürstentum scheint sie jetzt selten zu sein, z. B. im Revier Wüstenfelde (Burmeister). Bei Rodensande sind 1909 fünf bis sechs Stück angetroffen. Im allgemeinen dort selten (Tiedge). Im Scharbeutzer Revier sind sie häufiger (Dürwald) und werden in jedem Jahre geschossen (Muus). Bei Rensefeld in Wiesen und Getreidefeldern am Rocksholz hört man sie häufig (Lampe).

18. Familie: **Tetraonidae.**

Tetrao urogallus L. — Auerhuhn.

Von unserm Gebiete konnte ich im Staatsarchiv keine Angabe auffinden. In Mecklenburg ist es bis vor ca. 100 Jahren vorgekommen. Eine Sammlung Notizen darüber von Held findet sich im Meckl. Archiv 1902, p. 71—75.

121. **Tetrao tetrix** L. — Birkhuhn.

Den alten Schriften im Staatsarchiv nach scheint es früher auch bei uns heimisch gewesen, aber schon am Anfang des vorigen Jahrhunderts ausgestorben zu sein. In den Jahren 1862—84 ist ein Exemplar an der Palinger Heide von Warncke geschossen und ins M. gelangt (Heuer). Vor sechs Jahren wurde eins, das wohl von Mecklenburg oder Schleswig-Holstein verstrich, im Moor bei Wesloe geschossen (Hasselbring). 1911 hat dort ein Paar gebrütet. Ein Volk ist gesehen (Buchholz). Am 17. April 1911 ist auch bei Strecknitz ein Paar beobachtet (Peckelhoff). Im Fürstentum ist es Brutvogel des Ahrensböker Reviers (Oberförster Otto). Auch von Schwartau wird es aufgeführt (Dr. Detmers 1912 b).

Rohweder gibt es nur von der Umgebung von Neumünster (H.) an. Röhr erhielt im April 1911 ein ♂ aus dem Hollenbecker Holz bei Bockhorst (H.), eins aus Mölln (L.). 1909 hatte er zwei aus Schmilau (L.) bekommen. Hier brüten sie (Dr. Detmers 1912 b). Es scheint sich demnach auszubreiten und ist sicher von dort her wieder bei uns heimisch geworden. In dem an das Ritzerauer Revier angrenzenden Duvenseer Moor (L.) sind seit Jahren Birkhühner beobachtet. Es steht fest, daß dieses Wild auch dort gebrütet hat (Nöhring). 1912 hat das Paar bei Wesloe nicht wieder gebrütet, da im Herbst 1911 im Nachbarrevier etliche geschossen wurden. Mitte Februar 1912 bekam Röhr ein ♂ aus der Gegend von Cronsforde.

122. **Tetrao bonasia** L. — Haselhuhn.

Im Freistaat war es wie in Mecklenburg und Holstein vor einigen hundert Jahren Brutvogel und durfte vor dem 25. Juli nicht erlegt werden (Mandatum Senates 1483). Im Entwurf der Notifikation über die verbotene Jagdzeit vom 11. Februar 1815 ist der die Bestimmung über Birk- und Haselhuhn enthaltende Paragraph gestrichen, da diese wohl nicht mehr brüteten. Im Schonzeitgesetz von 1873 und den Jagderöffnungsverordnungen bis 1889 sind Auer-, Birk- und Haselhuhn aufgeführt. Dieses Gesetz ist nach dem mecklenburgischen von 1706, erneuert 1824, gemacht, hat also für uns keinen wissenschaftlichen Wert.

In Holstein muß das Haselhuhn noch in der Mitte des vorigen Jahrhunderts vorgekommen sein. Im Zool. Garten (1865, p. 78) führt v. Willemoes-Suhm nach Boie an, daß es in „Berlingske Tidende Nr. 62, 1851, bei Strafe verboten sei, die Haselhuhns aller Hjerpen (*Tetr. bonasia*) in Holstein vor dem 1. August zu schießen“, daß es aber in Südholstein fehle. Im M. steht das Skelett einer *bonasia*, von Milde 1855 präpariert. Dieser Vogel dürfte von Holstein verstrichen sein, desgl. ein nach Zander 1856 bei Dobbertin i. M. erlegter.

IX. Ordnung: **Raptatores.**

Familie: *Vulturidae.*

Vultur monachus L. — Mönchsgeier.

In Schleswig-Holstein mehrfach, in Mecklenburg einmal erlegt.

Gyps fulvus (Gm.) — Gänsegeier.

Im Mai 1879 bei Ehlersdorf i. H. erlegt (E. F. v. Homeyer 1880, p. 14). In Mecklenburg aus einem Schwarm von fünf einer erlegt (W. u. Cl. 1900).

19. Familie: **Falconidae.**

123. **Circus aeruginosus** (L.) — Rohrweihe.

Früher im Freistaat Brutvogel, jetzt nur noch im Fürstentum; auf dem Zuge vereinzelt.

In den Rohrgebieten der Trave und Wakenitz war die Rohrweihe früher ein ganz gemeiner Brutvogel, während sie heute hier nur noch auf dem Zuge erscheint, auf der Wakenitz besonders im März-April, auf der Trave und an der See im August bis Anfang Oktober, hauptsächlich auf dem Stau und Kattegatt (Verf.), nach Förster Schröder in den Tilgenkrugwiesen. Auf dem Dassower See (Untertrave) soll sie (1908) brüten (?), auf dem Zuge häufig sein (Radbruch). Auf der Wakenitz horstete sie am Anfang dieses Jahrhunderts noch bei Spieringshorst, Kleinensee, Müggenbusch und Falkenhusen, seit 1906 nicht mehr (Peckelhoff). P. besitzt Eier von Falkenhusen (6. Mai 1899), fand mit Lüthgens am 7. Mai 1898 beim Fischerbuden zwei Nester ohne Gelege, am 6. Mai 1900 drei Nester. Auf dem Ratzeburger See nistet sie noch bei Sarau (Peckelhoff). Vor ca. 15 Jahren stand ein besetzter Horst bei Hohewarte (Wakenitz) (Meier-Torney). Ein im Juli vor ca. 30 Jahren gegenüber von Herrenburg geschossenes Exemplar hat Heuer im Besitz. In den Tilgenkrugwiesen (Untertrave) hat sie vor ca. 30 Jahren genistet (Schöss). Es bekam das M. ein Stück 1879 von Burmeister-Marly (Lüb. Bl. 1880, p. 300).

Ziemlich häufiger Brutvogel ist sie an schwer zugänglichen Stellen schilfreicher Brüche, Sümpfe und Seen im Fürstentum (Rich. Biedermann 1898), z. B. am Hemmelsdorfer See (Dürwald, Rodenberg), selten im Wüstenfelder Revier nistend (Burmeister). Lampe fand zwei Gelege an der Aalbeek (1909—10). Im großen Raubvogelzug war sie vertreten (Biedermann 1896). Sie erscheint auf dem Herbstzuge auch an der oldenburgischen Küste. Schröder besitzt ein Exemplar (♂) von 1901 aus Niendorf. Am 28. August ist eins bei Timmendorf geschossen (Röhr).

In Ostholstein brütet diese Weihe am Wesseker See (Kretschmer 1893), Gaarzer See (Eppelsheim 1906), Lankener See (Peckelhoff 1908), im M. stehen zwei Männchen aus Bliestorf (L.). Am Drüsensee nistete der Rohrweih noch vor 20 Jahren, im Frühling werden noch jetzt einzelne Exemplare gesehen (Fischer Ries).
Brutzeit: Mai-Juni.

124. **Circus cyaneus** (L.) — Kornweihe.

Im M. steht ein Stück aus „Lübeck", ein ♀ aus Curau. Hier sollen alljährlich Kornweihen nisten. Blohm erhält von Curau in jedem Jahr ein Stück zum Stopfen. Bei Wesloe ist vor sechs Jahren ein Paar beobachtet (Peckelhoff). In der dortigen Wirtschaft „Arnimsruh" steht ein altes ♂, das wohl vom Besitzer, dem Jagdpächter dort, erlegt ist. Vor zehn bis zwölf Jahren sind mehrere Paare auf dem Torney bei Lübeck beobachtet, am 14. Mai 1911 strich ein ♂ nordost-südwestlich über den Torney (Schöss). Auch bei Trems war die Kornweihe heimisch. Wulf besitzt ein dort 1886 geschossenes Exemplar. Röhr erhielt Ende März 1912 ein ♀ aus Krummesse.

Nach Muus-Pansdorf kommt diese Weihe im Fürstentum vor. Dr. Biedermann hat einmal um Mitte Mai ein schönes altes ♂ in west-östlicher Richtung streichen gesehen (Biedermann 1898). G. Schröder besitzt ein ♀ juv. aus Niendorf (F.) von 1901. Bei Putlos (H.) am 15. September 1906 ein ♂ juv. geschossen (Eppelsheim 1906).

125. **Circus macrourus** (Gm.) — Steppenweihe.

„Ein Exemplar, altes ♂, aus unserer Gegend im Lübecker M. Ein nach Beschreibung als Steppenweihe vermutetes Stück wurde 1896 in Damlos (H.) auf dem Herbstzuge aus einem ganzen Trupp herausgeschossen, aber leider nach Abschneiden der Fänge weggeworfen" (Biedermann 1898). „Nach einer Mitteilung in den Orn. Monatsber. 1898, p. 130, ist im Jahre 1896 ein altes ♂ bei Dalmos(!) in der Nähe von Lübeck erlegt. Ein ausgestopftes männliches Exemplar befindet sich im Lübecker M. Vermutlich ist es dasselbe" (Rohweder, Heimat 1905, p. 162). Eine merkwürdige Verstellung!

Mitte Oktober 1909 erhielt Röhr ein ♀ aus Arfrade (F.), Ende Dezember 1909 eins aus Fehmarn (H.), Ende Oktober 1911 ein ♂ juv. und ein ♀ aus Neuhof bei Ahrensboeck (F.). Ein ♂ ad. wurde am 28. Oktober 1881 bei Ahrensburg (H.) erlegt (Boeckmann 1882).

126. **Circus pygargus** (L.) — Wiesenweihe.

„Die Wiesenweihe läßt sich selten sehen" (Dr. Lenz 1890). Der Beschreibung nach ist diese Weihe früher in den Tilgenkrugwiesen zur Brutzeit von Schöss gesehen. Im M. steht ein ♂ juv. aus Lübeck. Am Tremser Teich hat sie früher genistet (Bruns). „Im Fürstentum mehrfach Exemplare auf öden Heiden und großen Wiesenflächen beobachtet. Im preußischen Kreis Oldenburg jedenfalls Brutvogel. Am 22. Juli ein Paar mit sehr großem Brutfleck erlegt" (Biedermann 1898).

127. **Astur palumbarius** (L.) — Hühnerhabicht.

Sehr seltener Brutvogel, der unter Schutz genommen werden müßte.

Im April 1851 erhielt das M. vom Oberförster Haug-Waldhusen ein Stück (Lüb. Bl. 1852, p. 103), desgl. 1854 (Lüb. Bl. 1855, p. 260) und 1855 (Lüb. Bl. 1856, p. 336). Er wird damals dort wohl gebrütet haben, da er 1862—84 auch im Israelsdorfer Revier horstete (Heuer). Im nördlichen Teil des Freistaats wird er jetzt meistens nur im Winter gesehen. In den 80er und 90er Jahren wurde er häufiger beobachtet (Goßmann). Auf den Kirchen Lübecks erscheint er einzeln, so 1900, 1901, 1902, 1904. 1908 ist einer bei Kücknitz erlegt (Goßmann). Am Anfang November 1909 befand sich einer am Stau (Schröder). Im Winter 1909/10 schlug ein Habicht auf dem Torney eine Taube (Schöss.) Am 20. Juni 1910 bekam Röhr ein in der Stadt erbeutetes Stück. 1910/11 ist eins wieder auf dem Torney bei Lübeck gesehen (Schöss). Ende Oktober 1911 erhielt Röhr ein bei Lübeck erlegtes Exemplar.

Im Gebiet südlich von Lübeck hat der Hühnerhabicht noch Horste inne. Im Revier Cronsforde ist *palumbarius* ständiger Gast, nistet entweder dort oder im angrenzenden Lauenburg (Mewes). Im Revier Ritzerau ist er Brutvogel (Nöhring).

Dr. Biedermann kannte im Fürstentum drei Horststellen, eine mit drei, eine mit zwei Wechselhorsten, eine mit einem Horst (Biedermann 1898). Im M. stehen von ihm ein ♀ juv. und ein pullus aus Kassedorf, Juni 1896, und ein ♂ aus Eutin. Sie sind zwar in den letzten Jahren seltener geworden, aber man sieht sie doch noch (Dürwald). Bei Pansdorf kommen sie selten vor (Muus), nisten aber noch in größeren Waldungen, z. B. im Hobbersdorfer Holz (Lampe). Während des großen Raubvogelzuges am 26. September 1896 sind Habichte mehrfach beobachtet (Biedermann 1896b).

1872 erhielt das M. ein Exemplar aus Bliestorf (L.) von Förster Otte (Lüb. Bl. 1873, p. 262).

Im Hamberger (H.) Brookbusch horstete 1898 ein Paar. Das Nest wurde, da es nur ca. 10 m hoch in einer Eiche stand, von Knaben zerstört. Die zerschlagenen Eier lagen am andern Tage unter dem Nest (Peckelhoff).

128. **Accipiter nisus** (L.) — Sperber.

Abnehmender, zurzeit noch häufiger Brutvogel.

Die Zahl der Horste nimmt in den meisten Gegenden ab. In den ausgedehnten Wäldern im N. und O. von Lübeck nistet er sehr selten. Mir ist nur ein Horst bekannt. Er horstet außerdem an der Wakenitz, nach Peckelhoff im Padelügger Gehölz und in der Reeker Heide, auch im Behlendorfer Revier (Hoffmann), bei Schretstaken (Hoffmann und Dahl), bei Ritzerau (Nöhring), im Cronsforder Revier (Mewes), Waldhusen, 1910 vermutlich im Stadtgebiet.

Im Fürstentum ist der Sperber ziemlich häufiger Brutvogel (Biedermann 1898). Im Wüstenfelder Revier häufiger nistend (Burmeister), bei Pansdorf (Muus), Röbel (Tiedge), Rensefeld (Lampe), im Scharbeutzer Revier jedoch in letzten Jahren seltener werdend (Dürwald). Schröder besitzt ein ♀ vom 25. August 1904 aus Niendorf.

Am 18. April 1909 ein Paar am Drüsensee (L.), Finken schlagend (Lange).

Zugzeit: März-April, September-Oktober.

Circaetus gallicus (Gm.) — Schlangenadler.

Hat in Mecklenburg einigemal genistet, auch in Schleswig-Holstein, besonders in waldigen Gegenden des östlichen Holsteins (Fürstentum Lübeck?). Das dürfte jetzt wohl schwerlich noch der Fall sein.

129. **Buteo buteo** (L.) — Mäusebussard.

„Der Mäusebussard ist hier häufig" (Dr. Lenz 1890). „Im Fürstentum der häufigste der Tagraubvögel" (Rich. Biedermann 1898). Im Freistaat scheint sein Bestand sehr abzunehmen. Brütet jedoch noch in allen Revieren. Im März bis April findet bei Lübeck in manchen Jahren ein großer Zug statt, bei dem die Richtung OSO—WNW innegehalten wird. Von Hartwig erhielt ich mehrere Angaben über Bussardzüge im September und Oktober, bei denen leider die Richtung fehlt. Im Herbst zieht der Bussard fast immer N—S, sehr hoch, von August an. Im September 1898 beobachtete Verf. in Lübeck bei der Katharinenkirche einen großartigen Raubvogelzug, der west-östlich über die Stadt ging. Es waren besonders *buteo*. Im Fürstentum zogen 1896 schon von Mitte August an bis Anfang November zahlreiche Raubvögel, hauptsächlich Bussarde durch, am 26. September innerhalb zwei Stunden ca. 2500 *buteo*, mittlere Zugrichtung NNO—SSW. Auch im Herbst 1894 war der Zug sehr lebhaft (Rich. Biedermann 1896). Einige bleiben im Winter, z. B. 1909/10.

Unsere Bussarde sind in der Regel dunkel, auf dem Zuge sieht man auch helle, aber auch fast schwarze. 1909 nistete bei Schretstaken ein fast weißes Paar (Dahl). Im M. steht ein fast weißes Stück, Lübeck. In dem im Herbst 1910 stattfindenden, Ende Juli schon beginnenden Zuge, der wieder sehr lebhaft war, befanden sich fast weiße, aber auch sehr einfarbig dunkle Exemplare, letztere erhielt Röhr besonders aus Ritzerau.

Brutzeit: April-Mai.

130. **Archibuteo lagopus** (Brünn.) — Rauhfußbussard.

Er ist regelmäßiger Wintergast von September, Oktober bis März, April, jedoch nicht in jedem Jahr in gleicher Anzahl. Sehr häufig waren Rauhfußbussarde von Anfang November bis Mitte Dezember 1911 in Lübecks Umgebung. Röhr erhielt eine größere Zahl, desgl. im Januar 1912.

131. **Aquila chrysaëtos** (L.) — Steinadler.

Seltener Wintergast. Im M. stehen zwei Weibchen aus Waldhusen (Revier an der Untertrave), nach Dr. Biedermann-Imhoof vor Jahrzehnten erlegt (Rich. Biedermann 1898), demnach wohl vom Oberförster Haug stammend. Im Frühjahr 1896 wurde ein ganz ermattetes Stück bei Waldhusen durch einen Steinwurf, der den Schnabel traf, betäubt, eine Zeitlang in der dortigen Wirtschaft gefangen gehalten und, nachdem es eingegangen, gestopft. Es steht bei Frau Konsul Marty (Goßmann). 1873 ist eins bei Cronsforde erbeutet worden (Dr. Lenz 1890).

Der Steinadler ist einmal bei Hamburg erlegt (Krohn 1901).

1899 wurde im Winter ein Exemplar bei Lensahn (H.) erlegt (Biedermann 1898). Nach Konservator Borckmann ist der Steinadler bei Bliestorf (L.) erbeutet. Im Februar 1903 sollen in drei Tagen fünf Stück beim Gute Nehmten bei Ascheberg (H.) geschossen sein (Heimat 1903, p. 239). Es liegt sicher eine Verwechslung mit *Haliaëtos albicilla* vor.

Aquila orientalis Cab. — Steppenadler.

Am 1. Juli 1909 ist ein ♀ ad. dieses seltenen Gastes in Mecklenburg erlegt (Orn. Monatsschr. 1909, p. 141, meckl. Archiv 1910, p. 126 bis 128).

Aquila clanga Pall. — Schelladler.

1898 ist ein Paar bei Malchow i. M., 1903 ein einzelnes Stück erbeutet (Wüstnei u. Clodius). Am 2. Mai 1900 wurde bei Eiderstedt i. H. ein ♂ ad. erlegt, im August 1899 ein ♀ juv. bei Hohenwestedt (Rohweder, Heimat 1905, p. 141).

132. **Aquila pomarina** Brehm — Schreiadler.

Früher Brutvogel, jetzt vollständig verschwunden.

Er kam früher bei Lübeck öfter vor (E. F. v. Hohmeyer 1880), hat vor ca. 40—50 Jahren in den Wäldern nördlich von Lübeck (Israelsdorfer Revier) gehorstet, z. B. im Forstort „Lustholz" (Heuer). 1853 wurde ein „*Falco naevius*" vom Jägermeister Hebich dem M. geschenkt (Lüb. Bl. 1854, p. 166), 1854 von Hempel (Lüb. Bl. 1855, p. 260). Im M. steht ein ♀ aus Schretstaken, das von Haug jun. 1876 geschossen ist (Lüb. Bl. 1877, p. 244). „Im Frühjahr 1878 fand der Förster E. Haug in Schretstaken in seinem Forstgange Stubben (also bei Tramm, Hg.) einen frischen Horst; nach mehrmaligem Besuche desselben entdeckte H., daß es der Horst des kl. Schreiadlers war, und hatte am 5. Mai das Glück, das ♂ zu erlegen. Hierauf wurde der Horst erstiegen und fand sich ein frisches Ei in demselben. Der Horst war in einer $^3/_4$ m dicken Eiche, 10 m vom Boden angelegt. Das ♀ hielt sich noch ein paar Tage in der Nähe des Horstes auf, ehe es fortzog. Vogel und Ei befinden sich in der Sammlung Gebr. Wiebke" [in Hamburg, Dr. le Roi] (Boeckmann 1882).

„Zwei hiesige Exemplare, leider auch ohne Datum, anscheinend ein ♀ und ein ♂ befinden sich im lüb. M." (Biedermann 1898). Nach dem MK. sind sie vom Oberförster Haug eingeliefert, stammen also aus Waldhusen. Dr. Biedermann fand 1897 im Fürstentum einen frisch verlassenen Horst, den er nur ihm zuschreiben möchte (Biedermann 1898).

In Mecklenburg nistet *naevia* noch, zurzeit scheinbar nur in der Rostocker Heide (Dr. Detmers 1912b). In Schleswig-Holstein brütet er sogar noch häufig (Rohweder, Heimat 1905, p. 141). Das scheint mir sehr fraglich zu sein. Im Juli 1911 wurde ein junges Exemplar bei Damlos geschossen (Dr. Detmers 1912 b).

133. **Pernis apivorus** (L.) — Wespenbussard.

„Er horstet gelegentlich überall" (Dr. Lenz 1895). Im M. stehen fünf Stück mit der Angabe Lübeck, darunter ein von Burmeister-Marly 1876 geschenktes ♀ (Lüb. Bl. 1877, p. 244), außerdem ein am 18. Juni 1894 bei Curau erlegtes ♀. 1867 wurde von Ernst Haug ein Stück geschenkt (Lüb. Bl. 1868, p. 350). Es stammt also vermutlich aus Schretstaken. Oberförster Kluth besitzt ein 1902 bei Cronsforde erbeutetes Exemplar. 1898—1903 horstete ein Paar im Forstort Schwerin bei Lübeck (Peckelhoff). Ein Ei als Beleg ist in seiner Sammlung. Im Klosterforst bei Schattin sind 1906 mehrere Wespenbussarde beobachtet (Nöhring). Im Frühling 1909 ist ein krankes Stück bei Alt-Lauerhof gegriffen, in jedem Jahr ist dieser Raubvogel gesehen (Schröder), auch auf dem Torney (Schöss). 1910 ist dort von Schöss und Verf. mehrfach *apivorus* festgestellt. Er horstet in Schretstaken. Belege sind vorhanden (Hoffmann).

Im Fürstentum hat Dr. Biedermann Horste in bedeutender Höhe auf alten Eichen und Buchen gefunden. Am 1. August wurde einem Horste noch ein völlig weißbeflaumtes Junge entnommen (Biedermann 1898). Bei Niendorf soll er häufiger als *buteo* sein (G. Schröder), Belegexemplare besitzt Dürwald-Scharbeutz. Mitte

September 1909 erhielt Röhr eins aus Rensefeld. In der Umgebung dieses Dorfes nistet der Wespenbussard. 1910 ist in Techau einer geschossen (Lampe).

Am 4. September 1897 sind im Herzogtum Lauenburg 50 ziehende Wespenbussarde gesehen (Haase, Orn. Monatsber. 1899, p. 156).

134. **Milvus milvus** (L.) — Gabelweihe.

Die Gabelweihe war früher im Gebiet häufiger Brutvogel, ist jetzt ganz ausgerottet.

Dr. Walbaum bekam am 5. Juni 1780 und am 25. August 1789 je einen „*Falco milvus regalis*".

1872 erhielt das M. von Warncke ein nördlich von Lübeck geschossenes Stück (Lüb. Bl. 1873, p. 262). In jener Zeit ist von ihm im Israelsdorfer Revier, Forstort Triangel, ein Horstpaar abgeschossen, zehn Jahre später ein Stück am Horst erlegt. Vor 20 bis 30 Jahren stand ein Horst im Lustholz bei Israelsdorf (Schöss). Heuer hat damals ein Exemplar im Forstort Neukoppel am Horst geschossen. Es ist noch in seinem Besitz.

Zur Zugzeit wurden damals viele gesehen (Schöss), nach Peckelhoff allherbstlich Hunderte, von denen einzelne dann und wann geschossen sind. Später fand starke Abnahme bis zum gänzlichen Ausbleiben statt.

Im M. stehen zwei Stück mit „Lübeck", wohl von Warncke stammend. Prof. Dr. Lenz erwähnt die Gabelweihe 1890 noch als häufig, 1895 als nicht ganz selten. Bei Alt-Lauerhof horstete bis 1895 stets ein Paar. 1895 wurde das ♀ am Horst erlegt. Es ist gestopft, aber verdorben (Goßmann). Vor ca. zehn Jahren sah Verf. auf der Untertrave vor Travemünde öfters Milane, die anscheinend vom südlich am Travelauf liegenden mecklenburgischen Forst herüberkamen, wo sie nach Forstgehilfen Radbruch horsten sollten. Radbruch vermutete noch 1908 das Brüten dortselbst. Blohm aber teilte mir mit, daß dort, Forstort Hohemeile, 1903 das letzte ♀ von ihm am Horst erlegt ist (siehe auch Blohm 1910c). Die mit meinem Namen gebrachte Notiz im 6. meckl. Jahresbericht (Archiv 1909, p. 94) beruht auf der Mitteilung von Radbruch, dessen Name ich anführte, von Clodius jedoch nicht angegeben ist. Am 8. September 1911 zog ein einzelnes Stück bei Pöppendorf NO—SW (Peckelhoff).

Im Fürstentum hat Dr. Biedermann nur einen bezogenen Horst gefunden. „Man sieht den Vogel nicht mehr häufig, aber doch dann und wann vom Frühjahre bis zum Spätherbste — selten auch im Winter" (Biedermann 1898). Von Anfang September bis 10. November wurde er 1896 auf dem Zuge beobachtet (Biedermann 1896b). Im Wüstenfelder Revier sind sie nur selten gesehen (Burmeister), im Scharbeutzer in den letzten zwölf Jahren nur einmal (Dürwald).

Im M. steht ein ♀ vom Juli 1896 (im MK. 5. Juli 1894) aus Pansdorf.

Bei Mölln (L.) werden noch jetzt im Sommer Exemplare gesehen (Hering); bis 1910 ist der Gabelweih beim Drüsensee gesehen und hat im Laubwald genistet (Fischer Ries). In Hamburgs Umgebung hat sie am 23. April 1884 bei Reinbeck (H.) zuletzt genistet (Krohn 1903).

135. **Milvus korschun** (Gm.) — Schwarzer Milan.

Früher Brutvogel, jetzt nur noch unregelmäßig auf dem Zuge.

Dieser Milan hat in den 70er und 80er Jahren auf der Falkenwiese an der Wakenitz bei Lübeck gehorstet; 1890 wurde ein Stück am Horst beim Wesloer Moor erlegt, durch Kugelschuß jedoch unbrauchbar gemacht (Goßmann). Dr. Lenz gibt ihn 1895 noch als ganz seltenen Brutvogel an. Im Spätsommer 1907 und 1908 sah Verf. über Lübeck zur Mittagszeit bei klarer Luft in großer Höhe einen starken Zug Raubvögel, die nach der Schwanzform als Schwarzmilane anzusprechen waren, in nordöstlich-südwestlicher Richtung. Dr. Biedermann hat ihn nicht selten im Sommer (bis September) fischend oder Mäuse jagend am Ostseestrande angetroffen, so bei Travemünde (21. Juli 1895) und auf der Colberger (H.) Heide (Biedermann 1898), außerdem auch beim Raubvogelzug im Herbst 1896, besonders am 26. September (Biedermann 1896 b). Vor Jahren ist ein Exemplar bei der Herrenbrücke gefangen (Knapp). Auf der Untertrave zeigt er sich selten auf dem Zuge (Radbruch). Die mit meinem Namen von Clodius gebrachte Angabe im 6. meckl. Bericht (Archiv 1909, p. 94): „Bei Sülsdorf selten auf dem Zuge", bezieht sich auf diese Nachricht. Der Name meines Gewährsmannes war angegeben, wurde von Clodius aber nicht mitaufgeführt. Blohm glaubt sich berufen zu fühlen, wohl weil er viel an der Untertrave gejagt hat, diese Angabe berichtigen zu müssen: „Daß er bei Lübeck vorkommt, ist unsicher" (7. meckl. Ber., Archiv 1910, p. 125). Ein Kommentar ist wohl überflüssig.

Ende Mai 1910 ist ein angeschossenes Exemplar bei Niendorf (Freistaat) frisch verendet gefunden (Röhr). Es hat mir vorgelegen.

„Im Fürstentum Horst nicht bekannt. Einmal Ende Mai ist ein kreisendes Paar am Ugleisee beobachtet" (Biedermann 1898).

In Holstein ist diese Art gefunden (Rohweder 1875). Am 26. Mai 1911 sah ich bei Röhr ein von Heringsdorf b. Oldenburg i. H. eingeschicktes Exemplar. Im Museum Kiel ein Stück (v. Homeyer 1880, p. 16). Am 26. April 1882 nistete bei Reinbeck (H.) ein Paar (Krohn 1903). In Mecklenburg ist sie Brutvogel, z. B. beim benachbarten Wismar (Wüstnei und Clodius 1900). Im Juni 1909 beobachtete Verf. sie in dieser Gegend.

136. **Haliaëtus albicilla** (L.) — Seeadler.

Dieser königliche Vogel horstete an holsteinischen Waldseen regelmäßig (Rohweder 1875), nach Borggreve (1869) im ganzen Ostseelitoralgebiet, also auch sicherlich bei uns im ganzen Fürstentum an den großen Seen, die Rohweder zu den holsteinischen zählte. 1878 führt er Beobachtungen aus dem Fürstentum als schleswig-holsteinische auf.

„Der Seeadler zeigt sich nicht ganz selten auf seinen Streifzügen" (Dr. Lenz 1890).

„Als Wintergast ist er bei uns relativ häufig, selbst in ganz milden Wintern, und zwar werden sowohl sehr alte als auch (häufiger) jüngere Exemplare fast jedes Jahr erlegt" (Rich. Biedermann 1898). Hauptsächlich erscheinen die Adler an der See, der Untertrave und den Seen, seltener an der Wakenitz.

Im an der Ostsee gelegenen Scharbeutzer Revier ist *albicilla* häufig. Eine Eiche im Buchenbestand, als Überhälter belassen, führt den Namen Adlereiche, da die Adler sie als Schlafbaum benutzten. Es sind mehrere dort geschossen (Dürwald). Am 5. November 1892 schoß G. Schröder am Brodtner Ufer auf einen Seeadler fehl. Am 14. März zogen zwei über Travemünde SW—NO (Bl. 1903). Im November 1909 fiel ein ermattetes Stück auf einen Segler und wurde längere Zeit gekäfigt (Lehrer Peters). Blohm erwähnt es 1910 c. Im Januar 1910 ist eins bei Travemünde geschossen, wegen des Nebels nicht gefunden, mehrere sind gesehen

(Röhr). In Dassow erschlug 1893 ein Fischer einen Seeadler, der sich derart in eine Seemöwe verkrallt hatte, daß er nicht abstreichen konnte (Haase 1895). An der Untertrave überwinterten 1905/06 nach Blohm zwei Stück (Hagen 1906 b), 1908/09 vier Stück (Blohm 1909), 1909/10 zwei Stück (Blohm 1910 c). Im Februar 1851 wurde eins bei Schlutup geschossen (Lüb. Bl. 1852, p. 102), 1876 eins von Bade (Lüb. Bl. 1877, p. 263). Im M. steht eins aus Schlutup. Es ist gewiß eins dieser Stücke. In den 60er und 70er Jahren sind vielfach Seeadler im Israelsdorfer Revier gesehen. Ein Stück ist beim Kleiberg geschossen (Heuer). In den 80er und 90er Jahren trat *albicilla* dort häufiger auf, besonders in den Travetannen und beim Kleiberg. Exemplare sind mehrfach geschossen und gestopft worden (Goßmann). Nöhring schoß z. B. vor 25 Jahren eins bei der Jahneiche. Im M. steht eins aus „Lübeck", das wohl aus diesem Revier stammt. Außerdem besitzt das M. eins aus Waldhusen. Vor ca. 24 Jahren schoß Schöss eins am Schellbruch.

„Am 18. Mai 1910 zogen zehn Adler morgens gegen 10 h in wechselnder Höhe (200—100 m) von W—O über den Schellbrook, eine halbe Stunde später ein einzelner in 30 m Höhe. Es war ein Seeadler" (Hagen 1910 d). Am 30. Juni 1910 zog ein einzelner SW—NO über Lübeck, desgl. Ende Februar 1911 und am 12. März 1911 (Verf.).

Holzvogt Hafemann schoß 1908 an der Wakenitz bei Falkenhusen einen vorbei (Goßmann). Im M. befindet sich ein 1896 am Plöner See erlegtes ♀. Er soll hier alljährlich vorkommen (Krohn 1902). 1893 sind am 17. Januar zwei Stück (ad. et juv.) bei Mölln (L.) per Doublette erlegt (Haase 1895). Vor ca. 18 Jahren schoß Ries einen am Drüsensee. Er steht in Hamburg. In den Lüb. Bl. sind in den 50er Jahren mehrere dem M. geschenkte Exemplare erwähnt, bei denen die Provenienz fehlt, die aber wohl aus unserem Gebiet stammen. Dr. Walbaum erhielt am 22. September 1781 und am 23. Februar 1788 je eins von der Trave (Adversaria . . .).

In Ostholstein wurde Anfang Februar 1904 am Seestrand ein Exemplar gesehen, am 9. Februar 1906 bei Seegalendorf eins verwundet (Eppelsheim 1906). Am 22. Dezember 1909 sah Verf. auf dem Lübecker Markt ein junges Stück aus Dahme. Leverkühn beobachtete junge Exemplare 1886 und 1887 häufiger bei Kiel (Heimat 1905, p. 198).

137. **Pandion haliaëtus** (L.) — Fischadler.

Der Fischadler muß früher in unserer Gegend, die ja für ihn wie geschaffen ist, häufig gewesen sein. Jetzt werden nur als große Seltenheit einzelne ab und zu gesehen. Zander gibt (1837) von ihm an: Sehr oft am Ratzeburger See. Auch im Fürstentum soll er regelmäßig gebrütet haben (Rich. Biedermann 1898). Dr. Lenz nennt ihn 1890 schon selten. Von Revierförster Dürwald-Scharbeutz ist er wiederholt gesehen, einmal geschossen. Beobachtet wurde er dort auch von Schröder-Niendorf. Nach Dr. Biedermann wird er bisweilen auf dem Herbstzuge (Oktober) beobachtet und erlegt (Rich. Biedermann 1898). Anfang Oktober 1896 zogen mehrfach Exemplare durch (Rich. Biedermann 1896 b). Mitte Oktober 1910 ist Röhr ein Stück aus Ahrensböck zugegangen.

An der Untertrave sind beim Bretling und Stau früher häufig Fischadler gesehen worden, aber nicht erlegt (Goßmann). Vor ca. zehn Jahren wurde einer auf der Wakenitz angeschossen, nahm sich jedoch wieder auf und entkam (Köppen). Ende März 1910 ist einer auf demselben Fluß beobachtet (Köppen und Peter Lüthgens), Ende März 1911 wieder in Schußnähe fischend gesehen (Peter

Lüthgens). Im M. stehen zwei Exemplare aus „Lübeck", von Warncke stammend, also im Gebiet der Untertrave oder der Wakenitz erbeutet. 1901 wurde ein Stück bei Lassahn (L.) am Schaalsee erlegt (Goßmann). Es steht jetzt im M. Vor ca. 20 Jahren schoß Ries am Drüsensee (L.) zwei Exemplare. Bei Wuschow b. Wittenburg (M.) ist 1903 und 1904 je ein Exemplar gefangen (Goßmann). Im Februar 1908 flog ein Stück auf dem Seelenter See bei Neuhaus (H.). Es sollen dort immer einzelne sich zeigen (Kluth). Mitte September 1910 erhielt Röhr ein Stück vom Fehmarn (H.), am 20. September eins aus Schenkenberg (L.). Krohn gibt ihn (1902) vom Plöner See an. In Schleswig-Holstein nistet nach den Erkundigungen des Jagdinstitutes nur noch ein Paar, in Mecklenburg zwei Paare! (Dr. Detmars 1912 b).

Falco rusticolus L. — Norwegischer Jagdfalk.

Selten in Schleswig-Holstein und Mecklenburg konstatiert, im Januar 1864 z. B. bei Ahrensburg (v. Willemoes-Suhm, Zool. Garten 1864, p. 268), einmal (12. Januar 1908) bei Poel (M.) von Schwartz geschossen. Bei Oldenburg (H.) soll im Winter 1909/10 nach einer mir zugegangenen Mitteilung ein weißer Raubvogel von Bussardgröße mit schwarzem Schwanzende gesehen sein.

Falco rusticolus islandus Gm. — Isländischer Jagdfalk.

Ein *Falco hierofalco islandus* (Brünn.) wurde am 12. Februar 1908 bei Labö (H.) erlegt (Falco 1908, p. 13).

138. **Falco peregrinus** Tunst. — Wanderfalk.

Fast ausgestorbener Brutvogel, nicht seltener Strichvogel.

Dieser Falk wird zu allen Jahreszeiten, besonders im Winter, gar nicht selten beobachtet. Des öfteren erscheint er in Lübeck selbst. Vor Jahren soll er nach Goßmann noch häufiger gesehen sein und nach Heuer früher in den Forsten nördlich von Lübeck gehorstet haben. Bei Wesloe, an der Untertrave und bei Lübeck sah Verf. öfters ost-westlich streichende Zügler im Herbst und Winter. Auch im Fürstentum ist er öfters beobachtet, besonders an den Seen hinter Enten jagend (Rich. Biedermann 1898 und Burmeister). In den Fragekarten des Jagdkundeinstituts in Neudamm gibt für das Scharbeutzer Revier Förster Dürwald ihn noch als nistend an. Anfang Dezember 1909 erhielt Röhr ein Exemplar aus Pohnsdorf.

1908 ist ein Stück in den Siemser Tannen an der Untertrave erlegt (Goßmann). Im M. steht ein auffallend kleines Stück von der unteren Trave, das Radbruch im Oktober 1909 tot auffand.

Vor ca. 20 Jahren hat Schöss ein mit einem Ringe versehenes Stück bei Lübeck geschossen, weiß aber die Zeichen nicht mehr.

139. **Falco subbuteo** L. — Baumfalk.

Stellenweise seltener, stellenweise häufiger Brutvogel, auf dem Zuge nicht häufig beobachtet.

„Im Fürstentum in der wärmeren Jahreszeit an Laubholzrändern, in niederen Dickungen in freiem Felde und in zusammenhängenden Schonungen, alte und junge, gar nicht selten, ab und zu alte auch mitten im Winter. Ein Horst stand in dürftigem, mittelgroßem Kiefernbestand" (Rich. Biedermann 1898). „Anfang Oktober 1896 zogen öfters Exemplare durch" (Rich Biedermann

1896). Im Scharbeutzer Revier reichlich vorhanden und auch geschossen (Dürwald), z. B. bei Rensefeld (Lampe).

Im Freistaat ist er mitunter als Brutvogel beobachtet worden (Dr. Lenz 1895). In den letzten Jahren wurde ein Horst nicht gefunden. Der Baumfalk ist außerordentlich selten. Verf. sah 1908 öfters ein Stück am Wesloer Moor vom benachbarten mecklenburgischen Forst herüberkommen. Im selben Sommer hat dort ein Paar gebrütet (Radbruch). Leider sind mehrere geschossen, daher wurde auch 1909 bei Wesloe keiner wieder beobachtet. 1910 hat Holzvogt Hafemann ihn dort einige Male wieder gesehen. Verf. beobachtete ihn auf dem Priwall. Bei Padelügge soll 1911 eine Brut gemacht sein (Peckelhoff).

Im M. stehen zwei Stück aus „Lübeck", eins aus Waldhusen, wo ein Brüten nicht unwahrscheinlich ist, eins in der Böckerschen Sammlung. Im MK. sind drei Exemplare von Waldhusen (Oberförster Haug) angegeben. Eins ist 1853 von dort geschenkt (Lüb. Bl. 1854, p. 166). Zur Zugzeit sah ich ihn im März-April und August-September einzeln bei Lübeck in südwest-nordöstlicher (und umgekehrter) Richtung.

Im August 1906 erhielt Röhr eins aus Neustadt (H.). Im lauenburgischen Gebiet kommt er häufiger vor und nistet auch dort, vielleicht also auch hier und da in den südlichen Enklaven.

140. **Cerchneis merilla** (Gerini) — Merlinfalk.

„Er ist zuweilen auf dem Zuge gesehen" (Dr. Lenz 1895). Verf. beobachtete ihn von Anfang September an in einigen Wintern bei Lübeck. Im M. steht ein Stück von 1906, erwähnt Lüb. Bl. 1907, p. 456. „Im Fürstentum jedoch vom Spätsommer an bis zum Frühjahr, namentlich bei mildem Winterwetter; geradezu auffallend häufig aber um Mitte Mai" (Rich. Biedermann 1898). Derselbe Autor glaubt auch mit Sicherheit einige wenige Male im Hochsommer alte Exemplare erkannt zu haben.

141. **Cerchneis vespertinus** (L.) — Rotfußfalk.

Das M. besitzt ein ♂ ad. vom Jahre 1903. Es ist nach den Lüb. Bl. 1904, p. 221, von Dr. Struck geschenkt und stammt aus der Umgebung von Lübeck. Das Stück ist nach Präparator Röhr, der es stopfte, vom Holzvogt Hafemann in Falkenhusen erlegt. Am 26. April 1902 ist ein ♂ bei Kiel (H.) erbeutet (Rohweder, Heimat XV, 1905, p. 142).

142. **Cerchneis naumanni** (Fleisch.) — Rötelfalk.

Herr Revierförster Dürwald teilte mir freundlichst mit, daß er diesen in Deutschland seltenen südlichen Gast, der in Mecklenburg erst einmal erlegt ist, während seiner vierzehnjährigen Dienstzeit im Scharbeutzer Revier zweimal geschossen habe. Ich vermutete zuerst eine Verwechslung mit *vespertinus*, was ja im Jugendkleid leicht möglich ist — siehe Mecklenburg —, erhielt aber die Antwort: „Die Bestimmungen sind nach Riesenthal sehr genau vorgenommen." Schon vorher schrieb mir der Herr, daß er jeden weniger oft geschossenen Raubvogel nach R. stets bestimme. Herr D. wurde mir von verschiedenen Seiten als sehr vogelkundig geschildert. Ich habe deshalb nicht Abstand genommen, diesen Vogel in die lübeckische Avifauna aufzunehmen, tue es jedoch nur mit Vorbehalt, da ein Belegexemplar nicht mehr vorliegt. Bei einer solchen Seltenheit sind Belegstücke stets erwünscht. Dr. Biedermann hat kleine Falken, die die Größe und den Habitus von *F. cenchris* und *vespertinus* hatten, im Fürstentum angetroffen, ohne die Spezies sicher bestimmen zu können (Rich. Biedermann 1898).

143. **Cerchneis tinnuncula** (L.) — Turmfalk.

Der Turmfalk ist im Fürstentum „noch ziemlich häufiger Brutvogel" (Rich. Biedermann 1898), im Freistaat ist er der häufigste Raubvogel, der in jedem Revier nistet, im Laubwald sowohl als im Nadelwald.

Einzelne bleiben im Winter bei uns. Gewöhnlich kommt er Mitte März und geht im Oktober. Er brütet von April bis Juni.

20. Familie: **Strigidae.**

144. **Bubo bubo** (L.) — Uhu.

Früher Brutvogel, jetzt Ausnahmeerscheinung.

Schon Rohweder schreibt 1875, daß der Uhu wahrscheinlich in Schleswig-Holstein bereits ausgerottet sei. Im Herbst 1901 ist das ♀ des letzten Paares in Mecklenburg geschossen. Auch in Pommern brütet diese Eule nicht mehr. Wann sie im lübeckischen Gebiet, wo sie früher ebenfalls genistet hat, ausgestorben ist, läßt sich wohl kaum genau angeben. In den Jahren 1850—60 ist sie von Lüders beim Fuchsberg (Israelsdorfer Revier) noch stets gehört, nach Heuer bis 1864 oder 1865 regelmäßig vorgekommen. Sie verschwanden, trotzdem sie nicht beschossen wurden. Sie haben daher in dem alten Eichenhorst, dessen Reste jetzt unter Schutz stehen, sicher gehorstet.

Im Juni 1851 bekam das M. ein ♀ vom Apotheker Kindt (Lüb. Bl. 1852, p. 103).

Prof. Dr. Lenz erwähnt 1890, daß der Uhu von Lauenburg aus, wo er stellenweis niste, durch die südlichen Enklaven schweift. Das muß entschieden ein Irrtum sein. Ich konnte auf Erkundigungen keine Bestätigung bekommen.

Vor ca. 20 Jahren hat Böker bei Wilhelmshof ein Stück gesehen, es jedoch nicht abgeschossen, da er vermutete, daß es einem benachbarten Jagdpächter entflohen sei. Auf Nachfrage stellte sich das als Irrtum heraus.

Am 11. Dezember 1910 ist nach einer Notiz im Lübecker General-Anzeiger ein Uhu im Tangstedter Moor bei Segeberg (H.) erlegt. Vor Jahren wurde einer im Eppendorfer Moor erbeutet (Krohn 1901).

145. **Asio otus** (L.) — Waldohreule.

Nicht seltener Brutvogel.

Die Waldohreule bewohnt besonders unsere Nadelwälder. Häufiger ist sie in den Kiefernwäldern an der Palinger Heide und bei Wesloe. Sie kommt auch in kleinen Feldgehölzen horstend vor, z. B. auf dem Torney und am Avelund bei Lübeck. Peckelhoff fand sie im Großen Padelügger Holz und im Strecknitzer Holz. Bei Waldhusen ist sie geschossen. Sie ist auch im Behlendorfer, Schretstakener (Hoffmann) und Ritzerauer Revier (Nöhring) gefunden.

Im Fürstentum ist sie fast überall in Nadelholzbeständen Brutvogel (Rich. Biedermann 1898), neuerdings im Scharbeutzer gesehen (Dürwald). Tiedge-Röbel gibt sie als sehr selten an. Hoyer fand ein Nest mit Jungen zwischen Aalbeck und Dwerbeck, häufig ist sie bei Schwartau (Rodenberg). Ende April 1911 erhielt Röhr ein Exemplar aus Sarkwitz. Im M. ein Horst mit Jungen, „Lübeck“, ein pullus aus Schwartau (F.).

146. **Asio accipitrinus** (Pall.) — Sumpfohreule.

Seltener Brut- und Zugvogel. Auf dem Priwall wird sie zur Zugzeit und im Winter öfters gesehen. Röhr hat mehrfach Exemplare von dort erhalten.

Anfang November 1905 schoß Radbruch zwei am Dassower See. Am 31. Oktober 1905 wurde eine bei Padelügge erlegt (Blohm). Am 20. September 1908 sah Hering im Wesloer Moor eine helle Eule mit kleinen Ohrbüscheln in kurzer Entfernung vor sich. Vor ca. sechs bis sieben Jahren ist ein Stück beim Fischerbuden auf der Wakenitz erlegt, es steht bei Stoffer; am 23. Oktober 1910 eins in der Gegend von Grönau. Ende April 1911 bei Israelsdorf, Mitte Dezember 1910 bei Mölln (L.) und Schönberg (M.), Anfang November 1911 mehrere bei Lübeck (Röhr). „Sie ist in Mooren und Heiden nicht selten“ (Dr. Lenz 1895). Das gilt für den Freistaat, wo sie im Sommer noch nie gesehen wurde, nicht.

„In sandigen und moorigen Heiden, in Sümpfen und am Seestrand im Fürstentum, wo sie Brutvogel ist, vom Frühling bis in den Dezember hinein nicht selten beobachtet“ (Rich. Biedermann 1898). Aus Kleverhof steht im M. ein Stück, März 1907, von Krüger (Lüb. Bl. 1907, p. 456). 1909 ist ein Gelege am Hemmelsdorfer See gefunden (Lampe).

Am 3. Mai 1898 sah Peckelhoff bei Neustadt (H.) ein Exemplar. Nach einer mir zugegangenen Nachricht soll sie auch in der Nähe von Oldenburg (H.) nisten.

147. **Pisorhina scops** (L.) — Zwergohreule.

1894 ist eine Zwergohreule im Forstgarten bei Wulfsdorf vom Holzvogt Hafemann geschossen (Röhr). Das Stück ist noch im Besitz des Präparators. Revierförster Dürwald will dieses seltene Eulchen im Scharbeutzer Revier gesehen haben.

148. **Syrnium aluco** (L.) — Waldkauz.

Häufiger Brutvogel.

Der Waldkauz ist unsere häufigste Eule, die vor 30—40 Jahren sogar auf den alten Kornböden in Lübeck hauste. In den Vorstädten nisten sie noch heute, z. B. in den Eichen des Jerusalemsberges und bis vor wenigen Jahren in der Luisenstraße. Im Winter geht der Kauz öfters auf die Stadtwälle, ja bis auf den Museumshof. Er nistet in allen Revieren, bevorzugt zwar den Laubwald, läßt sich aber auch nicht selten im Nadelwald hören. In den Dörfern und einzelnen Häusern sowohl des Freistaates, als auch des Fürstentums (Biedermann 1898) und des Herzogtums Lauenburg brütet er ebenfalls. Schröder besitzt ein juv. vom 8. Juni 1908 aus Niendorf (F.). Rodenberg fand ihn viel bei Schwartau. Am 22. April 1912 rief im Forstort Schwerin ein Waldkauz seinen Balzlaut vormittags um $^1/_4$ 11 Uhr, am 25. Mai 1912 bei Schwartau um $^1/_4$ 6 Uhr nachmittags!

Brutzeit: Ende März-Mai.

Im M. mehrere „Lübeck“, eins Waldhusen.

149. **Nyctea nivea** (Thnbg.) — Schneeeule.

Ausnahmeerscheinung.

Im M. steht ein Stück, 1853 bei Lauen b. Schlutup erlegt. Vor vielen Jahren erbeutete Oberförster Stockmann im Israelsdorfer

Revier ein Exemplar, das bei ihm gestopft stand (Schöss und Reppenhagen). Im selben Revier, beim Forstort Lauerhöfer Feld, sah Schöss vor ca. 27 Jahren eine Schneeeule, auf die von seiten der Forstbeamten eifrig, aber vergeblich, gefahndet wurde. 1890 ist wieder bei Schlutup diese Eule erlegt. Sie ist im Besitz von Frau Konsul Marty (Goßmann). Anfang der 90er Jahre wurde bei der Lohmühle bei Lübeck von einer Knabenschar, unter der sich Verf. mit seinem Bruder befand, eine frisch verendete Schneeeule gefunden, die gestopft wurde. 1896 ist eine fast ungezeichnete am Plöner See erbeutet (Rich. Biedermann 1898).

Biedermann schreibt 1898, es befänden sich mehrere im Lüb. M. Im MK. sind einige erwähnt, die nicht mehr in der lübeckischen Sammlung stehen. Da aber 1869 von Helsingfors mehrere geschenkt sind (Lüb. Bl. 1870, p. 210), so kann man wohl auf diese schließen. Im MH. befinden sich zwei mit „Nördl. Europa", die gewiß gemeint sind.

150. **Surnia ulula** (L.) — Sperbereule.

Ausnahmeerscheinung.

Aus älterer Zeit befindet sich eine Sperbereule ohne Angabe im M., im MK. mit Lübeck bezeichnet. Im Herbst 1907 ist ein prächtiges Exemplar im Scharbeutzer (F.) Revier, Gehege Haide, von Muus erlegt. Es steht in Lübeck und ist durch die Liebenswürdigkeit des Besitzers, Herrn Feuerbaum, auf Artzugehörigkeit vom Verf. untersucht.

Nyctala tengmalmi (Gm.) — Rauhfußkauz.

Ist in Mecklenburg und Schleswig-Holstein mehrfach erkannt. Kann also auf dem Zuge aus Nordeuropa im März-April und Oktober (Schnepfen!) unser Gebiet durchqueren. Da der Steinkauz, mit dem diese Eule leicht verwechselt wird, bei uns äußerst selten ist, bitte ich die Herren Jagdpächter, zur Zeit des Schnepfenstriches auf kleine Eulen zu achten.

151. **Athene noctua** (Retz.) — Steinkauz.

Seltener Brutvogel.

Dieser in Mecklenburg sehr häufige Kauz ist bei uns selten. 1908 wurde bei Strecknitz ein Nest mit drei Jungen und einem Alten ausgenommen und Röhr gebracht. 1909 und 1910 ist der Steinkauz dort wieder gehört. Peckelhoff fand ihn außerdem bei Hohewarte und Moisling, am 11. April 1897 bei Padelügge, Mewes bei Cronsforde, Röhr erhielt ihn am 3. Oktober 1910 aus Nieder-Büssau, am 11. und 22. Dezember 1910 aus Stockelsdorf (F.), Ende Oktober 1911 aus Crummesse. Verf. bekam Mitte Juni 1911 ein fast flügges Stück aus Kücknitz, das jetzt im M. steht.

Dr. Biedermann hat im Fürstentum mehrfach in warmen Sommernächten kleine Eulen gesehen und gehört, ohne die Spezies sicher bestimmen zu können (R. B. 1898). Es werden gewiß Steinkäuze gewesen sein, da *tengmalmi* und *passerinum* schwerlich bei uns im Sommer sich zeigen. Dürwald hat *noctua* im Scharbeutzer Revier beobachtet. Nach Erkundigungen in den Dörfern des östlichen Fürstentums ist die „kleine Eule" dort häufig (Verf.). Sie nistet bei Rensefeld (Lampe). Im M. zwei Stück „Lübeck", im MK. ein Stück „Lübeck". Einmal im Winter aus der Umgebung von Kiel (H.) erhalten (Dr. B.-J. 1898). Röhr bekam Mitte Oktober 1910 einen Steinkauz aus Oldesloe (H.).

Glaucidium passerinum (L.) — Sperlingskauz.

In Mecklenburg und Schleswig-Holstein festgestellt, so im April 1903 bei Bovenau (Heimat 1903, p. 239). Vielleicht gelingt das im Herbst oder Frühling auch bei Lübeck.

152. **Strix flammea** (L.) — Schleiereule.

Nicht seltener Brutvogel.

Sie ist im Fürstentum nicht übermäßig häufig (Rich. Biedermann 1898), bei Scharbeutz gesehen (Dürwald). Sie nistet im südöstlichen Fürstentum in jedem Dorfe (Lampe). 1903 und 1906 hörte Verf. bei der Marienkirche in Lübeck zwei Stück. Mitte Oktober 1910 erhielt Röhr eine vom Hüxtertor. Im Freistaat haust sie in vielen Dörfern: Israelsdorf (Verf.), Reeke, Schönböken, Cronsforde, Stockelsdorf, Crummesse (Röhr), Albsfelde, Schretstaken (Hoffmann), Ritzerau (Nöhring). 1843 erhielt das M. eine *flammea* vom Förster Brandt aus Cronsforde (Lüb. Bl. 1844, p. 292).

Brutzeit beginnt zweite Hälfte März.

Im Winter 1909/10 sind ca. ein Dutzend bei Röhr eingeliefert, Anfang September 1910 ebenfalls, dann wieder Mitte Oktober. In den strengen Monaten Januar und Februar 1912 ist eine große Anzahl bei Lübeck eingegangen. Bei Röhr sah ich ca. 150 Stück, unverletzt. Nicht Kälte, sondern Nahrungsmangel muß die Ursache gewesen sein, denn noch bis April erhielt er 51 Exemplare, das können unmöglich alles Brutvögel gewesen sein. Unzweifelhaft scheint die Schleiereule manchmal zu streichen.

X. Ordnung: **Scansores.**

21. Familie: **Cuculidae.**

153. **Cuculus canorus** (L.) — Kuckuck.

Zwar über das ganze Gebiet, aber sehr unregelmäßig verteilt. In großen geschlossenen Waldungen sehr spärlich: Israelsdorfer Revier, Waldhusen (Verf.), Behlendorfer (Hoffmann), Cronsforder (Mewes), Ritzerauer (Nöhring). Selten auch beim Stau und Kattegatt an der Trave. Häufig dagegen in den Brüchen der Wakenitz. Doch scheint mir seit 1905 die Zahl ziemlich abgenommen zu haben. Häufig auch bei Schretstaken (Dahl), desgleichen nach mehreren Angaben im Fürstentum, besonders auch in Wassergebieten, z. B. den Retwardern des Hemmelsdorfer Sees (Dürwald, Schröder) und bei Woltersteich (Schlünz). Auch an den lauenburgischen Seen ist er häufig (Verf.). Peckelhoff und Verf. fanden als Pfleger an der Wakenitz *Acrocephalus*-Arten, und zwar *arundinaceus, streperus, schoenobaenus* und *palustris.*

Erwähnenswert ist, daß dieser sonst so scheue Vogel bei Lübeck (aber nur da) ganz seine Scheu ablegt. So kommt er bei der Lachswehr vor und geht auch auf den zweiten Wall, wo er zu Häupten der Spaziergänger 1902 ungeniert sein Wesen trieb, 1903 hausten drei Stück auf der Falkenwiese und in den angrenzenden Gärten. Im Fehlingschen Park stellt sich seit langer Zeit alljährlich einer ein, von wo aus er bis nahe der inneren Stadt streift. Auf der Wakenitz läßt er sich sehr nahe anfahren.

Der Kuckuck kommt in der ersten Maiwoche und geht Ende Juli, doch am 4. September 1910 traf Schöss einen einzelnen bei der Teerhofsinsel, am 20. September 1912 sah er ein junges Exemplar auf dem Torney. Röhr erhielt Mitte September 1912 einen Jungen aus Stockelsdorf. Förster Schröder schoß noch Mitte Oktober 1904 einen beim Behnturm. Am 23. Oktober 1909 sah Peckelhoff vier Stück nordost-südwestlich über Lübeck ziehen.

22. Familie: **Picidae.**

154. **Iynx torquilla** (L.) — Wendehals.

Seltener Brutvogel.

Mehrfach gesehen wurde er bei Lübeck am Wall bei der Wielandsbrücke, früher war er auf dem Allgemeinen Kirchhof in St. Gertrud heimisch (Knapp). Nach Peckelhoff hat er 1906 in der alten Eiche bei der Herrenbrücke genistet und soll in der Obstbaumallee bei Padelügge in jedem Jahr anzutreffen sein. Ein Stück steht in der Böckerschen Sammlung, eins im. M. Er nistet auch im Fürstentum. Ein Stück von Eutin befindet sich im M. Bei Niendorf ist er selten (Schröder). Lehrer Albers sah ihn am 27. April und 8. Mai 1912 an zwei Stellen bei Gronenberg.

155. **Dryocopus martius** (L.) — Schwarzspecht.

Zunehmender Brutvogel.

Der Bestand dieses Vogels hat auch in unserm Gebiet, wie in ganz Deutschland, zugenommen. Seit Jahren nistet er im Israelsdorfer Revier bei Altlauerhof. Er kommt jetzt dort, vom Buchenberg bis zur Palinger Heide, in mehreren Paaren vor. Verf. sah ihn einzeln und paarweise öfters, am 27. März 1907 zwei Stück auch im Lustholz bei Israelsdorf, wo er sich wahrscheinlich ebenfalls angesiedelt hat, hörte am 13. Juni 1912 dort die feine Stimme, die er am Nest erschallen läßt, konnte aber bei der Scheu des Vogels die Nesthöhle nicht bestimmt finden. Förster Schröder, der den Bestand bei Altlauerhof auf drei Paare angibt, hat Schwarzspechte sich begatten gesehen, im Mai 1912 im Torfmoorholz ein Nest gefunden. Im Juli 1909 beobachtete Verf. längere Zeit ein Exemplar bei Grönau auf lübeckischem Gebiet. Im September 1905 sah Blohm eins im Padelügger Gehölz auf dem Striche. Im Behlendorfer Revier nistet der Schwarzspecht in zwei Paaren (Hoffmann), desgleichen bei Cronsforde (Nöhring und Mewes), Blohm erwähnt das 1910b. Bei Schretstaken ist er nicht ganz selten (Dahl), beobachtet wurde er auch bei Waldhusen und Ritzerau (Kluth) und bei Blankensee (Strunck). Im M. stehen zwei vom früheren Oberförster Stockmann im Staatsgebiet erlegte Schwarzspechte, vermutlich bei Israelsdorf, dem Wohnsitze St.'s, außerdem ein ♀ „Lübeck". Am 15. Mai 1912 flog ein Stück durch die Vorstadt St. Gertrud, gewiß ein Unikum.

In den alten Buchenwaldungen des Fürstentums ist er sicher häufiger Brutvogel. Muus-Pansdorf hat von 1908 an ein Paar gesehen. 1906 wurde im Scharbeutzer Revier an derselben Stelle wiederholt ein Schwarzspecht beobachtet (Dürwald). In den Tannen bei Neumeierei-Sandfeld ist in jedem Frühjahr ein Paar (Burmeister). 1909 und 1910 hat eins im Riesebusch bei der Blüchereiche genistet, eins ist bei Hobbersdorf beobachtet (Lampe).

Am 18. Oktober 1899 schoß Oberförster Bunnies, der ihn häufiger im Fürstentum beobachtet hat, wie er mir freundlichst mitteilt, in den Seeretzer Tannen ein junges ♀. Röhr erhielt am 22. April 1910 ein Stück aus Parin.

Am 25. Mai 1912 besuchte ich ein Nest bei Schwartau, das mir von Böttger angegeben war. Es hat dieselbe Form wie die von Dr. Hesse bei Berlin gefundenen Nester.

Im benachbarten Lauenburg kommt dieser Specht im an das Behlendorfer Revier grenzenden Forst vor (Hoffmann), beim Drüsensee (Verf.), zwischen Drüsen- und Lottsee, am Kinnsee (Lange), im Sachsenwald und in der Haake (Dr. Dietrich 1912). Im Mai 1909 wurde er in den an der Untertrave liegenden mecklenburgischen Hohemeiler Tannen gesehen (Lange), wo er brüten soll (Radbruch).

Außer den bekannten Lauten hörte ich ein in der Literatur noch nicht aufgezeichnetes gagagaga gigigigiga . . .

156. **Dendrocopus maior** (L.) — Großer Buntspecht.

Er ist unser häufigster Specht, der in Laub- und Nadelwäldern nistet und im Winter bis auf die Stadtwälle Lübecks streicht, besonders 1901/02. Erstes Trommeln: 1904, 20. III.; 1908, 29. III.; 1909, 28. III.

157. **Dendrocopus medius** (L.) — Mittelspecht.

Recht selten. Verf. sah ihn im Israelsdorfer Revier und auf den Stadtwällen vereinzelt: 16. Februar 1902 und 30. Juli 1910 im Schellbruch, 14. August 1902 am Pferdebruch, 29. April 1903 im Schwerin, 5. November 1903 im Tilgenkrug, 23. Oktober und 30. Dezember 1902 auf dem 2. Wall, 30. September 1910 auf dem Torney. Mitte September schoß Böker dort ein Exemplar. Förster Schröder sah ihn ebenfalls mehrfach im Israelsdorfer Revier, besonders bei der Jahneiche. Im Frühling und Sommer 1910 und 1911 beobachtete Verf. ein Paar in einem Park bei Lübeck. Es wird dort sicher genistet haben. Am 26. Dezember 1911 befand sich ein Stück in der Luisenstr. in Lübeck. Röhr bekam am 8. Dezember 1910 einen Mittelspecht aus der Gegend von Grönau, Mitte Februar 1911 einen von der Palinger Heide. Nach Förster Hoffmann kommt der Mittelspecht bei Schretstaken vor. Nach Revierförster Burmeister ist er im Revier Wüstenfelde (F.) nicht selten. Im Scharbeutzer Revier ist er geschossen (Dürwald), am 26. Dezember 1910 bei Hemmelsdorf, im Januar 1912 bei Gleschendorf (Röhr).

Im M. steht ein Stück: Berkentin, Dezember 1909.

v. Willemoes-Suhm bekam einmal einen von Ratzeburg (M. u. L.) (Zool. Garten 1865, p. 76).

158. **Dendrocopus minor** (L.) — Kleinspecht.

Seltener Brutvogel.

Er meidet die großen Waldungen und liebt lichte Bestände am Wasser. Er brütet bei Lübeck auf den Wällen und kommt im Herbst bis Frühling überall einzeln in den Anlagen vor. Er nistet im Schellbruch, bei Niendorf und Strecknitz, nach Peckelhoff auch im Glindbruch und bei Padelügge, nach Lampe bei Rensefeld (F.). Auffälliges Trommeln: 17. Januar 1904.

159. **Picus viridis** (L.) — Grünspecht.

Sehr häufig, besonders in den Eichen- und Buchenwaldungen des ganzen Gebietes, doch kommt er auch im reinen Nadelwald nicht selten vor, z. B. in den Kiefernforsten an der Palinger Heide. Im Winter streift er weit umher und gelangt bis nahe den Mauern der inneren Stadt Lübeck.

160. Picus canus viridicanus (Wolf) — Grauspecht.

Sowohl aus Mecklenburg und Schleswig-Holstein bekannt, im lübeckischen Gebiet bisher noch nie nachgewiesen. Lampe hat 1909 ein Paar an der Pariner Aubrücke (F.) im Riesebusch beobachtet. Es wird vermutlich gebrütet haben.

XI. Ordnung: **Insessores.**

23. Familie: **Alcedinidae.**

161. Alcedo ispida L. — Eisvogel.

Im ganzen Gebiete, auch als Brutvogel, verbreitet.

Er nistet an der Trave gegenüber von Niendorf, auch an der Untertrave bei Gotmund, wo er von der Tilgenkrugwiese bis zum Dovensee bei Schlutup und auf den Schwartauer Wiesen häufig ist. Außerdem fand Verf. das Nest auf dem ersten Walle bei Lübeck. Er brütet auch in der Enklave Schretstaken im Riepenholz an der Schiebenitz (Hoffmann und Dahl), vermutlich auch am Medebek. Heuer hat ein Stück bei Hainbuchenkoppel geschossen (M.), Verf. ihn häufiger angetroffen. Vorkommen tut er fast an jedem Gewässer, selbst im Moor: Wesloer, Deepemoor, Wakenitz, nach Hartwig im Moor bei Vorwerk, am Medebek, ja ab und zu auf dem Teich im Stadtpark bei Lübeck. Rodenberg sah ihn vielfach an der Aue bei Schwartau und an der bei Grönau. In den Enklaven ist er bei Ritzerau (Nöhring) und am Behlendorfer See (Buchholz) gesehen, im Fürstentum häufig im Revier Wüstenfelde (Burmeister) und Revier Scharbeutz (Dürwald). Schröder besitzt vom Tatergraben bei Niendorf zwei Stück vom 5. Oktober 1907 und 30. Oktober 1908. 1908 fand Fischer Ries ein Nest am Drüsensee (L.).

Im M. steht ein Stück, Oktober 1887. 1852 erhielt dasselbe ein Stück von Stockmann aus Cronsforde (Lüb. Bl. 1853, p. 125), Dr. Walbaum erhielt eins am 1. Januar 1780 vom Mühlendamm b. Lübeck (Adversaria . . .).

Nur wenn das Eis alles Wasser bedeckt, zieht er im Winter fort, erhält aber im Oktober Zuzug von nördlichen Gegenden, ist im Januar und Februar 1912 in großer Anzahl eingegangen. Der erste wurde erst am 10. April auf der Wakenitz wieder gesehen (P. Lüthgens).

Familie: *Meropidae.*

Merops apiaster L. — Bienenfresser.

Mehrfach nach Holstein, einmal nach Mecklenburg von seiner südlichen Heimat verflogen.

24. Familie: **Coraciidae.**

162. Coracias garrulus L. — Blaurake.

Als Seltenheit unregelmäßig auftretend.

Im östlichen Schleswig-Holstein soll sie früher spärlich gebrütet haben (Rohweder). Vermutlich geschieht das noch jetzt. Bei Kiel will man sie wieder ansiedeln. Die unser Gebiet Durchstreichenden sind gewiß schleswig-holsteinische Brutvögel.

In M. steht ein Stück ohne Angabe, auf das sich Dr. Lenz (1895) sicher bei seiner Angabe: „Zeigt sich äußerst selten," bezieht. 1908 wurde bei Scharbeutz eins geschossen (Dürwald), Anfang September 1909 eins bei Timmendorf (Röhr). Bei Schlutup sind im Herbst öfters einzelne Stücke beobachtet (Hasselbring). Am 30. April 1911 ist dort eins von Vogler in 10 m Entfernung gesehen und gehört, desgleichen am 9. Juli 1911.

25. Familie: **Upupidae.**

163. **Upupa epops** L. — Wiedehopf.

Früher im Gebiete häufiger Brutvogel im Mai-Juli, jetzt fast ausgestorben. Ein Stück steht in der vor 50 Jahren im Fehlingschen Park zusammengebrachten Sammlung von Böker. Vor 30 bis 50 Jahren überall nördlich von Lübeck (Heuer), besonders häufig auf der damaligen Schlachterkoppel (Böker). „Den letzten Wiedehopf sah ich vor ca. 22 Jahren. Ich fand im Israelsdorfer Revier in einem alten Holzstoß ein stinkendes Nest mit fünf stinkenden Jungen. Die Alten habe ich in den Jahren häufig beobachtet, seitdem keinen Wiedehopf mehr, trotzdem mein Dienst mich in acht Gemarkungen herumführte“ (Nöhring). Vor ca. zwölf Jahren sah Verf. ein Stück auf dem Torney bei Lübeck. Schöss will dort und im Sturbusch (Israelsd. Rev.) noch später Hopfe gehört haben. 1904 beobachtete Hauptlehrer Henschen einen bei Schwartau. 1900 brütete *epops* im Wesloer Moor. Ein Stück lag eines Morgens tot im Forstgarten (Kluth). Vor einigen Jahren hauste im Gebiet der Wakenitz beim 2. Fischerbuden (bis 1907), bei Mönchshof (bis 1908), bei Falkenhusen (bis 1908) und Strecknitz (bis 1900) je ein Paar, beim 3. Fischerbuden waren bis 1908 zwei Paare. Bei Strecknitz siedelte er sich 1909 wieder an (Peckelhoff). 1910 wurde dort von einem Bauernjungen ein Nest ausgenommen (Rodenberg). 1907 hat er nach Blohm bei Utecht, am Ausfluß der Wakenitz aus dem Ratzeburger See, wieder genistet (Blohm 1908). Es wurden für ihn mehrere geschossen. Doch soll er jetzt noch dort brüten (Blohm 1910b). Vor ca. 15 Jahren hielt sich ständig ein Paar bei Brandenbaum auf (Meier-Torney). Nach Peckelhoff kam dieser Vogel früher auch bei Waldhusen häufig vor.

Vor ca. acht Jahren lag auf einem Acker bei Falkenhusen eine ganze Schar, aus der ein Stück geschossen wurde, das gestopft ist (Behncke).

In der zweiten Hälfte September 1909 (spätes Datum!) wurde bei Curau ein Exemplar erlegt, ein anderes dort noch Mitte Oktober. Ende September 1911 wurde bei Stockelsdorf eins erbeutet. Alle drei sind Röhr zugegangen.

Aus dem Fürstentum liegen mir keine positiven Nachrichten vor. Im Scharbeutzer Revier noch nie gesehen (Dürwald), in einigen Jahren nicht mehr gesehen (Muus).

Im benachbarten Lauenburg hat ein Paar 1909 am Drüsensee genistet (Lange). Dasselbe hat auch noch 1910 gebrütet (Fischer Ries), ist 1911 ausgeblieben (Verf.).

XII. Ordnung: **Strisores.**

26. Familie: **Caprimulgidae.**

164. **Caprimulgus europaeus** L. — Nachtschwalbe.

Sie kam nach Peckelhoff in früheren Jahren im SW von Lübeck sehr häufig vor, später verschwand sie überall. 1908 fand Verf.

sie in den östlich von Lübeck gelegenen Mooren: Kuhbrook-, Deepe-, Wesloer und Speckmoor (Hagen 1909 b und c). Sie ist auch im Israelsdorfer Revier im Forstort Triangel und beim Forsthaus Altlauerhof beobachtet (Schröder), desgleichen beim Schellbruch (Schöss) und auf dem Torney (Verf.) Nachgewiesen wurde sie außerdem von den Albsfelder Tannen und von Schretstaken (Hoffmann), Cronsforde (Mewes) und Ritzerau (Kluth und Nöhring). 1857 ist ein Stück von Kelling-Mönkhof dem M. geschenkt (Lüb. Bl. 1858, p. 263). Im Fürstentum ist sie nach Peckelhoffs Erkundigungen bei Schwartau und Stockelsdorf nicht selten, im Scharbeutzer Revier spärlich (Dürwald). Bei Rensefeld wurde sie oft beobachtet (Lampe).

Sie geht schon im August; jedoch ist noch am 4. Oktober 1909 ein Stück auf den einkommenden Dampfer Deutschland bei Travemünde aufgeflogen. Es wurde von Röhr für den Kapitän gestopft.

27. Familie: **Macropterygidae.**

165. **Apus apus (L.) — Mauersegler.**

Er findet sich in den wenigen Städten in größerer Zahl ein und nistet hier auf den Kirchböden und unter Dachgiebeln. Man trifft ihn jedoch auch häufig über Wäldern. Vielleicht nistet er hier wie anderorts in Baumhöhlen. Anfang Juni 1910 traf ich in Timmendorf drei Stück an. Auch in Mecklenburg siedeln sie sich auf den Dörfern an. 1876 erhielt das M. zwei Stück vom Schüler Hugo Meier-Schwartau (F.) (Lüb. Bl. 1877, p. 244). Er kommt Anfang Mai und verschwindet in heißen Jahren kurz vor den meistens Anfang August ausbrechenden heftigen Gewittern, in nassen Jahren wie 1906, 1909, 1912 jedoch schon Mitte Juli. Man sieht dann aber noch öfters durchziehende oder rastende Scharen aus nördlichen Gegenden, Richtung NW—SO, 1909 bis zum 22. August. 1912 sah ich noch am 4. September eins beim Stau.

Auf älteren lübeckischen Bildern (vor ca. 30 Jahren) sieht man nur Rauchschwalben um unsere Türme, jedoch schreibt Zander schon: „Nirgends habe ich ihn in so großer Menge bemerkt, als im Jahre 1836 in Ratzeburg“ (Zander 1837—52, p. 199).

Anfügen möchte ich hier, obgleich es nicht zur lübeckischen Avifauna gehört, daß ich in der ersten Hälfte Juli 1907 auf einer Seefahrt nach Danzig auf offener Ostsee Mauersegler gar nicht selten spielen sah, jedoch nur an den beiden ruhigen Tagen der Hin- und Rückreise. Die Schiffer kannten den Vogel unter dem Namen Seeschwalbe und gaben an, daß sie ihn im Sommer immer auf offener See beobachteten. Sie wollten absolut nicht glauben, daß dieselbe Art in Lübeck vorkomme und auf den Kirchen niste.

Apus melba (L.) — Alpensegler.

In Mecklenburg erlegt (Held, Meckl. Archiv 1902, p. 59—64).

XIII. Ordnung: **Oscines.**

28. Familie: **Hirundinidae.**

166. **Hirundo rustica** L. — Rauchschwalbe.

Sie nistet überall in Dörfern und Städten, in Lübeck nur noch ganz selten an der Peripherie. Sie kommt um Mitte April und geht von Anfang August bis Anfang Oktober; 1905 sah Verf. jedoch noch am 22. Oktober ein altes und ein junges Stück, trotzdem am 21. schon Schneefall herrschte. Brutzeit: Mai-Juli.

Ein im Herbst 1910 mit den Jungen markiertes Paar erschien 1911 am Nest wieder. Leider wurde ein Exemplar von einer Katze gerissen. Der 2. Ringvogel erschien nach einigen Wochen mit einem Artgenossen am Nest wieder. Es wurde jedoch nicht mehr gebrütet. 1912 brachte dieser Ringvogel zwei Bruten groß. Leider konnten wir ihn nicht erwischen, wohl aber das ♀, ein Junges der 1. Brut, zwei der 2., die alle beringt wurden.

Die Rauchschwalben halten bei Lübeck im Herbst eine durchschnittlich südwest-nordöstliche Richtung zur See ein (Hagen 1906c und 1910b). Im August und September 1911 fanden bei Lübeck große Ansammlungen statt.

167. **Riparia riparia** (L.) — Uferschwalbe.

Sie nistet im allgemeinen sehr spärlich bei uns, z. B. in den Abhängen an der Teerhofsinsel bei Dänischburg, am Kliff bei Brodten, in Sandausschachtungen bei Brandenbaum, bei Schwartau (F.) und beim Kattegatt und Stau, wo 1909 eine stärkere Besiedelung stattfand. 1910 bildete sich in Israelsdorf eine neue Kolonie von 30 Nestern. Die Sandschwalbe nistet auch im Waldhusener und Herrenburger Moor und nach Rodenberg an der Wakenitz kurz hinter Nöltingshof. Sie kommt Ende April und geht im August, beginnt jedoch schon im Juli zu streichen und findet sich an sonst nicht von ihnen besiedelten Stellen ein. 1909 blieben beim Brodtner Ufer einzelne noch bis Anfang September, 1912 beim Stau bis zum 11. d. M. Zugrichtung im Herbst NO—SW, selten im Schwarm mit andern und dann auch SW—NO. Am 29. August 1912 wurden am Stau noch Junge in der Luft gefüttert.

168. **Delichon urbica** (L.) — Hausschwalbe.

Sie nistet auf den Dörfern und in Städten noch häufig, vielleicht etwas weniger zahlreich als *rustica*, fehlt jedoch in den Dörfern am oldenburgischen Strand, wo nur letztere brütet. In Lübeck war sie vor 20 Jahren nicht selten (Dr. Lenz 1890), 1897 befanden sich einige Nester noch an der Burgschule. Jetzt ist sie aus dieser Stadt verschwunden. Sie kommt etwas später (Ende April bis Anfang Mai) und geht früher (August bis Mitte September) als die Rauchschwalbe, deren Zugstraße sie bei Lübeck teilt (Hagen 1910 b).

29. Familie: **Bombycillidae.**

169. **Bombycilla garrulus** (L.) — Seidenschwanz.

Unregelmäßiger Wintergast, der jedoch in den letzten Jahren einzeln und in kleinen Trupps bis zu 20 Stück öfters erschien, meistens Ende November bis Anfang Dezember, manchmal noch bis Februar, selten im April.

In der Skelettsammlung des M. stehen zwei von Milde 1851 präparierte Exemplare. In der Bökerschen Sammlung befinden sich zwei Stück, vor ca. 50 Jahren bei Lübeck erlegt. Dr. Biedermann-Imhoof beobachtete Ende Dezember 1894 ein kleines Trüppchen in Pansdorf. Blohm hat sie 1896, 1903 und 1907 bei Lübeck festgestellt (Blohm 1903 c und 1908), Röhr 1897 oder 1898 häufig vom Wohld bei Niendorf (F.) erhalten. 1901/02, 1903/04, 1905/06, 1907/08,

1909/10, 1910/11, 1911/12 hat Verf. sie bei Lübeck in Anlagen, im Israelsdorfer und Waldhusener Revier angetroffen, im Januar 1909 Lange ein Stück bei der Navigationsschule (Lübeck). Rodenberg sah sie bei Wesloe. Röhr bekam am 25. Januar 1911 ein Exemplar aus der Gegend von Sülsdorf (M.).

30. Familie: **Muscicapidae.**

170. **Muscicapa striata** (Pall.) — Grauer Fliegenschnäpper.

Häufig in Anlagen, Dorfgärten, Alleen und an Waldrändern. Nistet vom Mai bis Juli jetzt nur in offenen Nestern, besonders hinter Weinspalieren und in Wasserreisern geköpfter Weiden, Linden u. a., vor ca. 12—15 Jahren noch öfters in Höhlen. Er kommt um Mitte Mai und geht bis Mitte September.

171. **Muscicapa hypoleuca** (Pall.) — Trauerfliegenschnäpper.

Seltener Brutvogel, der Ende April, Anfang Mai kommt und im August bis September geht. Er nistet von Mai bis Juli. Im Frühling 1901 und 1909 war er bei Lübeck ganz außerordentlich häufig. Einzelne Paare nisten bei Lübeck, in einzelnen Dörfern und in Eichen- und Buchenwäldern fast jedes Jahr. Im Jahre 1909, als der starke Zug des langen Winters wegen stockte, siedelten sich viele an, auch in Alleelinden und in von Berlepschen Nistkästen. 1912 war er in den Wäldern nördlich von Lübeck besonders häufig. 1864 war er vom 1. bis 18. April in Südholstein sehr häufig (v. Willemoes-Suhm, Zool. Garten 1864, p. 267).

Muscicapa collaris Bchst. — Halsbandfliegenschnäpper.

In Mecklenburg und bei Hamburg je einmal mit Sicherheit festgestellt.

172. **Muscicapa parva** Bchst. — Zwergfliegenschnäpper.

Ausnahmsweiser Brutvogel.

Clodius gibt Camin als den wahrscheinlich nordwestlichsten Punkt des Brütens an, Rohweder führt ihn jedoch als Brutvogel der südholsteinischen Buchenwälder auf. Peckelhoff fand 1902 im Großen Padelügger Holz (Mischwald) in der Halbhöhle eines Buchenastes ein Nest mit vier Jungen. ♂ und ♀ waren deutlich zu beobachten. Verf. fand am 30. Juli 1909 in dem inmitten des Israelsdorfer Reviers gelegenen Forstort Buchenberg (ca. 50 m hohe alte Buchen) ein Pärchen. Unverkennbar war die charakteristische Warnstimme „zerr". Beide Vögel fütterten anscheinend Junge. Sie entfernten sich öfter (einer blieb warnend meistens über mir) und verschwanden dann stets an einer Stelle im Laub, ca. 30 m hoch. Ich hörte Stimmen von Jungvögeln, die nur ihnen gehören konnten, da ich während der halbstündigen Beobachtung keinen andern Vogel hier im Hochwalde sah (Hagen 1910 h).

31. Familie: **Laniidae.**

173. **Lanius excubitor** L. — **Raubwürger.**

Seltener Brutvogel und Wintergast, im Freistaat seltener als im Fürstentum. Ist vor ca. 50 Jahren von Böker als Seltenheit bei Lübeck beobachtet. Lehrer Heyck will ihn vor Jahren im

Winter bei Buntekuh gesehen haben. 1908 und im Herbst 1911 erhielt Röhr ein Stück aus Curau, im Dezember 1909 eins aus Cronsforde. Im November 1911 sah Schöss eins auf dem Torney. Im M. befindet sich ein 1905 bei Lübeck erlegtes Exemplar. Es stehen aus älterer Zeit dort drei von Schön bei Lübeck erbeutete Stücke. 1853 wurde ein Excubitor von Haug-Waldhusen geschenkt (Lüb. Bl. 1854, p. 166). Er kommt bei Schretstaken vor (Hoffmann) und nistet bei Curau und Dissau (Peckelhoff 1908).

Der Raubwürger soll im Fürstentum alljährlich erscheinen. Dr. Biedermann-Imhoof erlegte ihn am 13. November 1902, 7. Dezember 1903, 21. Januar 1903 (♂♂), 14. Dezember 1904 (♀).

Ein Exemplar, das 1906 von Muus bei Scharbeutz erlegt wurde und in Lübeck steht, gehört, wie auch das 1905 bei Lübeck erbeutete, zu der zweispiegeligen Varietät.

Der Raubwürger erscheint bei Schönkirchen bei Kiel (H.) im Winter einzeln als Strichvogel (Wiese, Schr. d. Nat. V. f. Schl.-H., 1884, p. 111—121).

174. **Lanius minor** Gm. — Grauer Würger.

Im M. steht ein hiesiges Stück, im MK. sind zwei angegeben. Lehrer Strunck hat im Sommer 1909 je eins bei Wesloe und bei Rondeshagen (H.) gesehen. Sonst bei uns noch nicht konstatiert.

175. **Lanius collurio** L. — Rotrückiger Würger.

Im ganzen Gebiet häufig. Nistet meistens in Feldhecken (Buntekuh) bei Wulfsdorf und zwischen Niendorf (F.) und Brodten nach Rodenberg sehr zahlreich, an Waldrändern (Wesloe, Padelügge, Waldhusen), doch auch in einzelnen Dornbüschen der Flußauen (Hohenstiege, Gotmund), im Fürstentum besonders in den großen Knicks. Er kommt Mitte Mai, brütet bis Juli, geht im August.

Es wird viel behauptet, dieser Würger lebe mit der Dorngrasmücke ungestört zusammen. Ich traf jedoch 1902 bei Wesloe ein Pärchen dieser Grasmücke, das nur noch einen Jungen fütterte und von einem Dorndreherpaar umlagert war. Hartwig jagte im Juli 1902 einem Neuntöter eine junge, doch völlig ausgewachsene Dorngrasmücke ab, deren Schädel vom Würger eingehackt war.

176. **Lanius senator** L. — Rotköpfiger Würger.

Dieser Würger hat in den letzten Jahrzehnten in Norddeutschland bedeutend abgenommen, wurde im letzten Jahrzehnt weder in Mecklenburg noch in Holstein gesehen. Vor ca. 33 Jahren fand Peckelhoff in einer Fichtenhecke zwischen Einsiedelfähre und Trems drei oder vier Nester dieses Würgers. Im MK. ist ein ♂ aus Lübeck aufgeführt. Im Juli 1907 oder 1908 fand Rodenberg im 4. Niendorfer Gehölz am Hemmelsdorfer See ein Nest. Die Eier finden sich als Beleg in seiner Sammlung.

32. Familie: **Corvidae.**

177. **Corvus corax** L. — Kolkrabe.

Im Freistaat als Brutvogel fast verschwunden, im Fürstentum seltener Brüter.

In einem der Entwürfe zum Jagdgesetz 1856 ist der Rabe mit Elster und Krähe als Schädling genannt. Er muß damals noch häufig gewesen sein. 1858 schenkte Hebich dem M. ein Stück. Dort steht ein von Milde 1860 präpariertes Skelett, außerdem sind im MK. zwei Exemplare, vor ca. 40—50 Jahren vom Oberförster Haug in Waldhusen erlegt, und eins von Warncke stammend, genannt. Letzteres stammt jedenfalls aus dem Israelsdorfer Revier (Tilgenkrug oder Lustholz), wo Warncke eins am Horst vor ca. 30 Jahren erlegte (Schöss); 1876 schenkte Warncke einen Raben (Lüb. Bl. 1877, p. 244). Im selben Revier nistete er damals auch im Torfmoorholz und Steinkrug (Heuer). Bis in die Mitte der 70er Jahre soll der Kolkrabe auch bei Schretstaken gehorstet haben (Hoffmann). Vor ca. 20 Jahren brütete ein Paar im letzten Garten der Luisenstraße in Lübeck (Schöss). Nach Oberförster Kluth hat der Rabe früher im Stüv bei Waldhusen genistet. Der Horst wurde um das Jahr 1894—96 mutwillig zerstört (Goßmann). 1901 sah Förster Schröder beim Wirt in Waldhusen ein gestopftes Stück, das vermutlich von diesem Horste stammt. Bis 1908 nistete ein Paar im Forstort Steinbalken-Schmiedebusch (Wechselhorste) bei Ritzerau, verzog sich aber scheinbar ins lauenburgische Gebiet. Das Paar ist 1909 noch öfters im Revier gesehen (Nöhring). 1905 hat es fünf Junge gezogen (Prof. Dr. Friedrich 1906). Es muß sich wieder angesiedelt haben, da 1911 in den Fragebogen des Instituts für Jagdkunde in Neudamm, die durch meine Hände gingen, der Kolkrabe als Brutvogel aufgeführt ist.

Im Fürstentum kennt Tiedge-Röbel einen Horst, in dem 1909 drei Junge erbrütet wurden, von denen eins als Beleg geschossen ist. Auch Oberförster Otto führt ihn für das Ahrensböcker Revier als Brutvogel auf. Dr. Biedermann berichtet von einem bezogenen Horst bei Ahrensböck (R. B. 1896 a). Zwischen Eutin und Segeberg (H.) sollen noch mehrere besetzte Horste sein (Blohm 1910 c). Nach Lampe nistet er noch in den Eutiner Waldungen und bei Bosau. Vor ein paar Jahren nistete *corax* noch im Revier Liensfeld (Burmeister).

Einzelne Exemplare sieht man ab und zu, meistens im Winter. Goßmann, Peckelhoff, Verf. haben ihn bei Lübeck, Förster Schröder bei Altlauerhof, Hoffmann bei Schretstaken, G. Schröder über der Lübecker Bucht bei Timmendorf, Lampe bei Rensefeld, Burmeister im Wüstenfelder Revier gehört, Dr. Biedermann einmal im Sommer über Eutin, im Herbst bei Pansdorf, im Spätherbst am Behler See, im Winter 1895/96 dort ein Paar (R. B. 1896 a). Im Winter 1908/09 sind in der Eutiner Gegend fünf Stück vergiftet (Blohm 1910 c). Schade! Diese Seltenheit sollte geschützt werden.

In Ostholstein hat bei Damlos ein Rabenpaar gebrütet (Biedermann 1896 a, Eppelsheim 1906). Es ist jedoch vergiftet (Eppelsheim brieflich). Im Mai 1893 wurde ein Rabenpaar beim Bläßhühnerrauben am Wesseker See beobachtet, am Seestrand in einer Buche der Horst gefunden (Dr. Kretschmer 1893). 1887 soll bei Oppendorf (Schwentine) nach Wiese ein Horst gestanden haben (Leverkühn, Heimat 1905, p. 173—181). Am 23. September 1910 erhielt Röhr ein Exemplar aus Nehritz bei Oldesloe. Krohn nennt 1902 ein bei Ascheberg am Horst erlegtes Exemplar. Er nistet bei Kaltenkirchen und Segeberg (Dr. Dietrich 1912). Bei Hamburg hat der Kolkrabe bis Anfang der 80er Jahre gehorstet, bei Reinbeck (H.) bis 1902 (Krohn 1903).

178. **Corvus corone** L. — Rabenkrähe.

Die Rabenkrähe nistet überall häufig an Waldrändern, in Brüchen (im Schellbruch besonders häufig), in Gärten und Anlagen, selbst inmitten von Lübeck. In der zweiten Hälfte März beginnt sie zu bauen. Brutzeit: Ende März bis Mai. Ende August, Anfang September scharen sie sich, einzelne werden fortstreichen. Aus nördlichen Gegenden erfolgt im Winter Zuzug. Verf. beobachtete auf dem Burgfeld bei Lübeck vom 13. Dezember 1907 bis 3. Januar 1908 zwei Krähen, von denen die eine weiße Federn in den Armschwingen und im Rücken hatte, im Dezember 1908 wieder eine genau so gefärbte (Hagen 1909 c).

„Zwei Stationen vor Lübeck verschwand mehr und mehr die Nebelkrähe und trat an deren Stelle die Rabenkrähe" (v. Homeyer 1880, p. 14). „Alle Krähen, welche ich von Lübeck an sah, waren Rabenkrähen, nicht eine einzige Nebelkrähe" (v. Homeyer 1880, p. 17). Das ist noch heute so (Hagen). Das Brutgebiet beider hat sich demnach in den 32 Jahren nicht verschoben.

Am 7. Mai 1909 störten Peckelhoff und Verf. im Großen Padelügger Holz zwei Rabenkrähen auf, während es schon stark dunkelte. Die eine hielt öfters plötzlich im Fluge auf und „klappte", ähnlich wie die Ringeltaube bei der Balz.

179. **Corvus cornix** L. — Nebelkrähe.

Wintervogel, der in der Regel in der zweiten Hälfte Oktober erscheint. 1912 sah ich jedoch schon am 28. September zwei Exemplare. Sie müssen aus nördlichen Gegenden kommen, da fast niemals Bastardkrähen, die im angrenzenden Mecklenburg doch so häufig sind, im Winter beobachtet sind. Mitte März verschwinden sie gewöhnlich, doch sind im langen Winter 1909 noch am 10. April einige vom Verf. beobachtet. Am 22. April 1912 zog noch eine beim Sandberg nach NO, Zugrichtung ist durchschnittlich NO—SW und umgekehrt. Am 3. April 1912 traf ich bei den Brandenbaumer Eichen viele Bastardkrähen, wohl rückziehende Mecklenburger.

„Im östlichen Holstein (Land Oldenburg) befindet sich ein Bestand reiner Nebelkrähenpaare, an den Rändern kommen Bastardierungen vor" (Rohweder, Schr. d. Nat. Ver. f. Schl.-H. 1878). Das scheint jetzt nicht mehr der Fall zu sein. Eppelsheim erwähnt in seinen „Tagebuchnotizen aus Ostholstein" (1906) nichts davon, sondern gibt an: bei Putlos am 16. September 1904 die ersten beobachtet, am 3. Mai 1904 in Cismar ein Bastard, 4. Mai 1906 zwei Bastardkrähen mit Brutfleck aus Putlos. Auf Fehmarn nisteten 1884—86 reine Paare. Peckelhoff besitzt Eier aus Lemkenhofen.

Im Freistaat nistet sie nur selten (Dr. Lenz 1895). Es bleibt nur ausnahmsweise eine Nebelkrähe oder Bastardkrähe im Sommer und paart sich mit einer Rabenkrähe. Dem Benehmen nach scheinen es meistens ♀♀ zu sein. 1903, 1910 und 1911 nistete eine auf dem zweiten Walle, 1908—10 eine im Fehlingschen Park bei Lübeck, 1910 und 1911 eine beim ersten Fischerbuden und auf dem Torney (Verf.), 1909 bei Ritzerau (Nöhring) und bei Schretstaken (Hoffmann), 1911 auf dem Seminarhof zu Lübeck (Lampe). Am 1. Oktober 1912 sah ich eine Bastardkrähe mit einer Rabenkrähe auf dem Heiligengeistfeld bei Lübeck.

Tiedge-Röbel sah im Fürstentum im Sommer einzelne *cornix*. Lampe beobachtete im Mai 1911 ein angepaartes Stück zwischen Rensefeld und Kl.-Parin. Im Wüstenfelder Revier nur im Winter (Burmeister).

Auf der von Lübeck nach Osten führenden Mecklenburger Bahn sieht man in manchen Jahren bei Grevesmühlen die ersten Bastard- und Nebelkrähen. Nach Böker nannte man vor 50 Jahren bei Lübeck die Nebelkrähen „Grevesmühlener Tauben". Sie haben in der Zeit also ihr Brutgebiet nicht verändert (siehe bei Rabenkrähe). Jedenfalls sind sie nicht weiter westlich gewandert. Es scheint mir, als ob sie nach Osten zurückgedrängt würden: 1909 sah ich sie noch bei Grevesmühlen, 1910, 1911, 1912 bis Kleinen nicht mehr; 1912 erst etwa mitten zwischen Kleinen und Bützow die ersten. Wenn Dr. Dietrich (1912) also angibt, die Grenze verlaufe von der Havelmündung bis Lübeck, so ist das falsch. Es muß heißen: Vom Schaalsee bis Wismar, resp. bis Warnemünde; denn in Wismar sah ich bisher nur Rabenkrähen, in Warnemünde nur Nebelkrähen.

Die bei Lübeck erbrüteten Bastardkrähen sieht man merkwürdigerweise meistens nur einen Sommer lang, dann sind sie verschwunden. Ob sie früh umkommen oder auswandern? Sie weisen nicht die bunte Scheckung der mecklenburgischen Grenzkrähen auf, sondern haben reine Nebelkrähenzeichnung, nur sehr dunkel.

Einige Nebelkrähen bleiben auch im Sommer bei Hamburg; bei Uhlenhorst und im Botanischen Garten brüteten Mischpaare (Dr. Dietrich 1901). Auch Krohn zählt sie zu den Brutvögeln Hamburgs (Krohn 1903).

180. **Corvus frugilegus** L. — Saatkrähe.

Jetzt seltener Brut-, häufiger Durchzugs- und Wintervogel.

Prof. Röhrig erwähnt 1900, daß sich in bezug auf die Häufigkeit der Kolonien und die Zahl der Nester von den außerpreußischen Staaten Lübeck neben Mecklenburg, Anhalt, Lippe-Detmold und Hamburg an erster Stelle befindet. Die Zahl der 1898 beobachteten Nester wird auf 1950 angegeben, die sich auf vier Kolonien, zwei im Laub- und zwei im Nadelwald, verteilen. Hiervon wurden 1200 Krähen abgeschossen. Für die Reviere Cronsforde und Weißenrode werden je eine Kolonie mit je 1000 Nestern angegeben. In letzterer, Forstort Lehmbeck, wurde 1908 durch Schießen am Tag und Holzfeuer bei Nacht die Brut vertilgt und die Alten verscheucht (Bericht der Landwirtschaftskammer i. d. Lüb. Bl.). Eine sehr große stand 1899 in der Reeker Heide, sie ist durch Abholzen zerstört (Peckelhoff). Es wurden alljährlich ca. 1000 Stück abgeschossen (Lüb. Gen.-Anz. 1888, Nr. 130). Eine verlassene steht bei Niendorf. Vor ca. 10—15 Jahren zogen allmorgendlich und allabendlich im Sommer große, im Winter kleine Schwärme über Lübeck, die etwa bei Herrenburg (M.) ihr Standquartier haben mußten. Jetzt sind sie nahezu verschwunden. Vor ca. 20 Jahren befand sich in den Sandbergstannen eine Kolonie, die zerstört wurde (Schöss). Zurzeit befindet sich eine besetzte bei Moisling, ca. 1000 Nester umfassend (Mewes). An der Untertrave steht auf mecklenburgischem Gebiet je eine in den Hohemeiler Tannen und am Dassower See.

1841 schenkte Senator Dr. Brehmer „ein Exemplar einer bei uns nicht häufigen Krähe (*C. frug.*)“ (Lüb. Bl. 1842, p. 228), 1852 Schmidt-Strecknitz zwei Stück (Lüb. Bl. 1853, p. 125). Sie scheint damals also selten gewesen zu sein.

Im Fürstentum sind im Wüstenfelder Revier mehrere Kolonien (Burmeister), im Revier Neudorf-Liensfeld steht eine (Kripp). Früher war eine beim Hof Redingsdorf und bei Rodensande (Tiedge). Vor ca. 20 Jahren stand eine bei Schwartau (Schöss). Im Frühling 1887 wurde gegen sie eingeschritten (Lüb. Gen.-Anz. 1888, Nr. 85). Die im Pastorenholz bei Gleschendorf sich wieder ansiedelnden Krähen, allerdings weniger zahlreich als früher, wurden 1888 verscheucht (Lüb. Gen.-Anz. 1888, Nr. 104). Am

10. August 1912 traf ich sie bei Gleschendorf auf Feldern häufig. Vielleicht nistet sie in der Nähe wieder.

In Ostholstein befinden sich Kolonien in der Hohwachter Bucht (Dr. Kretschmer 1893), bei Sahms (Dahl) u. a. O. Am Drüsensee (L.) nisten in den Kiefern einige Paare (Verf.). Bei Seegran bei Gudow (L.) steht eine größere Kolonie (Fischer Ries). Bis 1901 hat sie innerhalb Hamburgs genistet (Dr. Dietrich 1901).

Von Ende August bis Dezember kommen zahlreiche Schwärme in Begleitung von Dohlen bei uns in durchschnittlich nordost-südwestlicher Richtung durch, im März umgekehrt.

Brutzeit: April-Mai.

181. **Colaeus monedula spermologus** (Vieill.) — Dohle.

Sie nisten in den Städten in Türmen, unter Dächern und in Schornsteinen, in Dörfern in Kirchen, doch auch in Baumhöhlen der Waldungen (Israelsdorfer Revier, Waldhusen, Lauenburger Seen), nach Peckelhoff bei Niendorf in Saatkrähennestern häufig. Rodenberg fand bei Strecknitz im lichten Gehölz ein offenes Nest. Sie überwintern zahlreich. Durchziehende rücken mit Saatkrähen zusammen in die Winterquartiere.

Brutzeit: zweite Hälfte April-Mai, jedoch beginnt das Zunestetragen schon Ende März.

Sehr wahrscheinlich streicht die schwedische Dohle, *C. m. monedula* (L.), im Winter zu uns, was durch Belegexemplare festzustellen ist.

182. **Pica pica** (L.) — Elster.

Der Vogel war früher häufig, nahm dann, wohl infolge der Verfolgung, sehr ab, scheint sich jetzt aber überall zu vermehren. Er nistet gern in kleinen Kieferngehölzen (Torney, Avelund, Teerhof, Grönau), öfters auch in Alleebäumen: Pöppendorf, Grönauer Baum, auch in Brüchen (Wakenitz), doch auch sonst nicht selten: Priwall, Kücknitz, Waldhusen, Strecknitz, nach Peckelhoff beim Krummesser Baum, u. a. a. O. Im Fürstentum liebt die Elster, wie bei Lauenburg, die großen „Knicks" im Felde, nach Peckelhoff auch bei Curau und Dissau. Sie ist bei Niendorf sehr häufig (Schröder). An den lauenburgischen Seen ist sie selten, bei der Stadt Lauenburg sehr häufig (Verf.). Peckelhoff fand 1902 ein Nest ohne Decke bei Müggenbusch mit sieben Jungen. 1908 stand auf dem Torney bei Lübeck ein Nest im dichten Schwarzdorn, daher ohne Schutzdach (Verf.).

Am 3. März 1912 wurde eine Elster bei Lübeck von einem Sperberweibchen im Fluge geschlagen, schüttelte jedoch dasselbe mit Leichtigkeit ab.

183. **Garrulus glandarius** (L.) — Eichelhäher.

Brütet überall in unsern Wäldern sehr zahlreich. Zuweilen erscheinen im Herbst große Scharen, so 1900, 1907 und 1910. Am 20. September 1912 zogen morgens 16 Exemplare über den Torney direkt S—N, am 21. 20 Exemplare, am 24. von $^1/_2$6—10 h a ca. 1000 Exemplare! (Schöss). Das sind wohl Stücke, die der Stadt auswichen. Am 28. September zogen ca. 200 NO—SW über Lübeck, kehrten aber immer wieder zurück zu den Bäumen, bis sie es endlich wagten, über die freie Innenstadt zu streichen. Viele Schwärme zogen nach W um die Stadt herum.

184. Nucifraga caryocatactes macrorhynchos Brehm — Tannenhäher.

Die schlankschnäblige, sibirische Form des Tannenhähers erscheint manchmal im Herbst oft zahlreich, selten im Frühling im Gebiete. Dr. Walbaum bekam am 14. September 1780 einen „*Corvus caryocatactes*" (Adversaria . . .), das M. erhielt 1844 vom Förster Bilderbeck aus Behlendorf zwei Exemplare (Lüb. Bl. 1845, p. 253), 1864 eins von F. Stockmann-Israelsdorf (Lüb. Bl. 1865, p. 233), 1871 eins von Dr. Meier (Lüb. Bl. 1872, p. 246), 1887 eins vom Förster v. Großheim, am 16. Oktober im Garten geschossen (Lüb. Bl. 1888, p. 417). Im M. steht ein Stück von Goßmann, Oktober 1887, eins von Schön und ein von Milde 1854 präpariertes Skelett. Ende der neunziger Jahre wurden mehrfach bei Wesloe Tannenhäher gesehen und geschossen (Kluth). 1903 wurden bei Waldhusen fünf Stück beobachtet, davon ist eins geschossen (Peckelhoff). Nach Revierförster Buchholz wurden in den letzten Jahren mehrfach bei Albsfelde im November diese Vögel gesehen. Die Vögel waren so wenig scheu, daß sie die Holzarbeiter umhüpften und sich fast greifen ließen. Vom Revierförster Nöhring sind sie mehrere Male im Spätherbst gesehen. Eine größere Einwanderung brachte das Jahr 1907. Bei Elswigshof sind ca. 50 Stück gesehen (Röhr). Röhr erhielt aus der Umgebung ca. 30 Stück zum Stopfen. Im Herbst 1907 wurde ein Stück bei Wesloe gesehen (Hering), eins im Riepenholz bei Schretstaken (Dahl), eins im Oktober beim Brodtener Ufer (Schröder). Vor zwei bis drei Jahren (wohl 1907) ist ein Stück in Lübeck (Friedrich-Wilhelm-Straße) geschossen (Nöhring). Im Mai 1908 beobachtete Dr. Biedermann-Immhoof ein Stück in Eutin (F.). Im Oktober 1908 ist ein Stück in den Wesloer Kiefern erlegt, im Frühling 1909 sind mehrere Exemplare in den Albsfelder Tannen beobachtet (Hoffmann), im Herbst 1910 eins auf dem Torney (Schöss). Der bedeutende Zug 1911 hat Lübeck stark berührt. Das erste Stück ist am 17. September geschossen. Am 24. hielt sich eins in den Gärten bei meiner Wohnung auf. Ich konnte die Stimme studieren. Bis Anfang November sind ca. 40—50 eingeliefert (Röhr). Bei Scharbeutz (F.) ist er zur selben Zeit mehrfach gesehen (Dürwald), bei Eutin am 6. Oktober ein Stück (Dr. Biedermann 1911), desgleichen am 27. Dezember (Dr. B. 1912 a) und am 2. und 25. Januar 1912 (Dr. B. 1912 b).

Im Fürstentum sind Tannenhäher im Scharbeutzer Revier selten beobachtet (Dürwald), auch von Tiedge-Röbel sehr selten gesehen. Muus-Pansdorf will sie sehr viel angetroffen haben.

33. Familie: **Oriolidae.**

185. **Oriolus oriolus** (L.) — Pirol.

Er nistet überall in den Buchenwäldern unseres Gebietes, außerdem zahlreich in den Erlenbüschen der Wakenitz und der Trave zwischen Strecknitz und Wulfsdorf (Rodenberg), beim Schellbrook, auf dem Priwall, 1909 einmal vom Verf. beim Kuhbrook gehört, im Juli 1902 bei Wesloe (Nadelwald) gesehen. Bei Niendorf ist er ziemlich selten (Schröder). Im M. steht ein Stück aus Waldhusen, in der Bökerschen Sammlung befinden sich zwei Stück vom Fehlingschen Park bei Lübeck.

Der Pirol kommt Anfang Mai und geht im August. Röhr erhielt ausnahmsweise ein Stück in der zweiten Hälfte September 1909 aus Schattin. Die Brutzeit dauert von Ende Mai bis Juni.

Am 23. Mai 1909 wurde ein ♂ von zwei ♀♀ etwa eine halbe Stunde unermüdlich verfolgt. Beide Weibchen gerieten sich oft in die Federn (im Journal f. O. 1910 heißt es p. 95 irrtümlich: zwei ♂♂ hinter 1 ♀). Das war gerade das Auffällige, daß die Weibchen das Männchen „bewarben", während doch sonst das Umgekehrte der Fall ist.

34. Familie: **Sturnidae.**

186. **Sturnus vulgaris** L. — Star.

Überall in Städten, Dörfern und in Wäldern nistend. Bei Lübeck geradezu übermäßig häufig. Schon vor 400 Jahren muß der Star sehr zahlreich gewesen sein; denn es heißt im Mandatum Senates 1483, in dem das Fangen von wilden Vögeln vor dem Jakobstag verboten wird: „uthgenamen de Spreen mach me vangen to rechte tyden". Im Herbst liegen sie zu Tausenden in den Feldern und Gärten. Der Hauptschlafplatz liegt bei Lübeck im Kattegatt, doch übernächtigen kleine Schwärme auch auf der Wakenitz. Der Star kommt Anfang Februar, die Hauptmasse Mitte März. Er geht Ende Oktober, Anfang November, selten bis Mitte d. M. Einige überwintern fast alljährlich: 1899/1900 bei Vorwerk (Hartwig), 1900/01 bei Lübeck, desgl. 1907/08 (Blohm 1908), 1908/09 und 1909/10 bei Lübeck, 1906/07 bei Travemünde. Am 1. Januar 1911 sah Peckelhoff 14 Stück an der Wakenitz. Bei Hamberge (H.) haben sie zahlreich überwintert (P.). Am 25. Dezember 1911 zogen drei Stück über den Torney nach SW (Schöss). Brutzeit: April-Juli.

Auf einer Wanderung Anfang Juni 1910 fiel mir das gänzliche Fehlen des Stares im Ostseegebiet des Fürstentums auf. Schröder besitzt jedoch je ein Stück vom 28. März 1901 und 28. September 1904 aus Niendorf.

Pastor roseus (L.) — Amselstar.

In Mecklenburg (Wismar 1836) und Holstein (Kiel 1899) erbeutet.

35. Familie: **Fringillidae.**

187. **Passer domesticus** (L.) — Haussperling.

Gemein in Städten und Dörfern, im Juli bis September auf allen Feldern. Brutzeit: April bis August. Manchmal ist er Offenbrüter in Weinspalieren und Efeugerank, auch in Dornhecken. Diese Nester ähneln denen des Zaunkönigs, sind jedoch weniger sorgfältig gebaut.

Im Frühling 1898 beobachtete **Hartwig** ein ♂, das an Stelle des scheinbar verunglückten Weibchens die fünf Jungen versorgte.

188. **Passer montanus** (L.) — Feldsperling.

Überall in den Gärten der Vorstädte, Dörfer und Gehöfte, bei der alten Burg auch in der inneren Stadt Lübeck. Brutzeit: April bis August.

Obgleich die meisten Höhlenbrüter als Schlafplätze Höhlen vorziehen, fand Verf. Feldspatzen oft frei im Gebüsch schlafend.

189. **Coccothraustes coccothraustes** (L.) — Kernbeißer.

Ungemein spärlich im Gebiet. Bei Lübeck hat 1902 ein Paar auf dem Heiligengeistfeld gebrütet. Alljährlich brüten sie bei der

Lachswehr, früher auf dem Torney, nach Peckelhoff bei Padelügge und Elswigshof, außerdem in Cronsforde (Mewes) und in Schretstaken (Hoffmann). Auch im Fürstentum ist der Kernbeißer seltener Brutvogel. Er ist als solcher bei Rensefeld beobachtet (Lampe) und bei Eutin (Dr. Biedermann-Imhoof).

Im August, September und im März, April trifft man in den Wäldern Scharen bis zu 30 Stück nicht übermäßig häufig an. In der Zwischenzeit sieht man nur einzelne herumstreifen, besonders im Januar und Februar.

190. **Fringilla coelebs** L. — Buchfink.

In Gärten, Alleen, Anlagen, Laub- und vereinzelt in Nadelwäldern überall; im Herbst in großen Scharen auf den Feldern; immer überwinternd, auch einzelne Weibchen, oder durch Zuzug aus nördlichen Gebieten abgelöst. Ende Februar, Anfang März beginnt er zu dichten: 1901, 25. II.; 1902, 6. II.; 1903, 26. II.; 1904, 6. III.; 1905, 28. II.; 1906, 25. II.; 1907, 24. II.; 1908, 25. II.; 1909, 23. II.; 1910, 19. II.; 1912, 19. II. Mittel 25.—26. Februar. Brutzeit: April-Juli.

Im heißen Jahr 1911 dichteten am 2. September mehrere bei Lübeck; Mitte September standen viele in vollem Gesang. Ein am 4. März 1911 bei Lübeck beringtes ♂ hat 1912 im selben Garten genistet. Am 21. Juni wurde der Ring zuerst bemerkt, am 26. wurde es vom Verf. geschossen (Hagen 1912 f.).

191. **Fringilla montifringilla** L. — Bergfink.

In Mecklenburg und Lauenburg sah Verf. diesen nordischen Wintergast oft schon Ende September, resp. Anfang Oktober, hier bei Lübeck jedoch erst von Ende Oktober an bis November einzeln und spärlich. Im Winter, Dezember bis Februar, sind sie meistens ganz außerordentlich selten und nicht in jedem Jahr anzutreffen. Verf. sah sie im Winter 1901, 1906/07, Februar 1907; sehr häufig waren sie im milden Winter 1909/10, etwas seltener 1910/11, spärlich im Januar 1912. Erwähnenswert ist der gewaltige Durchzug im Dezember 1906 durch Schleswig-Holstein. Der Zug berührte auch Lübeck. Blohm schoß 16 Stück mit einem Schuß!! Ein ähnlich großer Zug fand vom 3.—11. Oktober 1910 statt.

Von März bis in den April liegen in den Buchenwäldern Tausende, die schon eifrig im Gesang stehen. Am 15. Mai ist noch eine Schar in der Umgebung von Lübeck gesehen (Blohm 1903 e). Am 9. Mai 1912 sah ich im Israelsdorfer Forst noch einzelne.

Montifringilla nivalis (L.) — Schneefink.

„*Montifringilla nivalis* ist bisweilen im Winter scharenweise zu sehen, namentlich am Rande der Buchenwälder“ (Dr. Lenz 1895). Das ist ein Irrtum. Dieser seltene Gast aus den südlichen Hochgebirgen, der weder in Schleswig-Holstein noch Mecklenburg festgestellt wurde, ist von Prof. Lenz mit dem Bergfink verwechselt.

192. **Chloris chloris** (L.) — Grünfink.

In Anlagen, Gärten und lichten Baumbeständen beim Wasser im ganzen Gebiet vom April bis Juli brütend, vom Juli an familienweise herumstreifend, im Herbst in Scharen. Vom November bis Mitte Februar fast stets verschwunden, häufig nur im milden

Winter 1909/10. 1912 fand ich noch am 25. August ein Nest mit ganz kleinen Jungen.

193. **Acanthis cannabina** (L.) — Bluthänfling.

Auf allen Feldern und in anstoßenden Gärten häufig. Hat sich in den letzten zehn Jahren außerordentlich vermehrt, war früher nur bei Travemünde, wo er viel am Strand sich aufhält, und bei Hohemeile (M.) häufig. Von hier aus scheint er sich verbreitet zu haben.

Im Winter streicht er südwärts, ist im Herbst jedoch nie in den großen Schwärmen anzutreffen wie in Mecklenburg, kommt Mitte Februar einzeln zurück, gewöhnlich erst im März. In milden Wintern bleiben einige, so 1909/10, 1911, jedoch sah ich am 28. Januar 1912 neun Stück bei Lübeck. Im März 1910 traf Verf. beim Schellbruch an manchen Tagen Schwärme von Bluthänflingen in einer Höhe von 80—100 m an, die alle in nordwest-südöstlicher Richtung, meistens dichtgedrängt, selten auseinandergezogen, ohne Rast vorübereilten. Ende März lagen über 100 auf den Feldern beim Fischerbuden, vermischt mit Buchfinken und Stieglitzen. Brutzeit: April-Juli.

194. **Acanthis flavirostris** (L.) — Berghänfling.

Vom November bis zum Anfang April bei Lübeck beobachtet, doch nicht alljährlich; 1903 mehrfach, 1904 besaß der Vogelhändler Wildfänge, 1906, 1907, 1912.

195. **Acanthis linaria** (L.) — Birkenzeisig.

Wintergast, fast alljährlich beobachtet, meist einzeln oder in kleinen Flügen im November bis Februar, 1908 noch am 5. April, sehr häufig 1910/11 schon vom Oktober an zu Hunderten, im Winter dann spärlicher, im März wieder sehr zahlreich. Am 8. Januar 1911 sah ich auf dem Torney b. Lübeck ein auffallend helles Stück, das jedenfalls der Form *Ac. hornemanni exlipes* zugehörte. Auf die bloße Beobachtung hin wage ich jedoch nicht, die Art mit Nr. aufzuführen, obgleich ich sie in der Gätkeschen Sammlung auf Helgoland sofort wiedererkannte. Mein Schuß war fehlgegangen. Auch *Ac. l. holbölli* (Brehm) kommt wohl gelegentlich vor. Im Museum Koenig-Bonn sind sechs Ende Dezember 1907 in Blüchershof bei Vollrathsruhe, Mecklenburg, geschossene Stücke (Dr. le Roi).

196. **Acanthis spinus** (L.) — Erlenzeisig.

Der Zeisig stellt sich in der Regel Mitte oder Ende Oktober, selten am Anfang, einzeln und in großen Scharen ein. Bis zum März, selten bis April bleibt er bei uns. Doch sah ich noch am 5. Mai 1908 einen kleinen Schwarm im Forstort Schwerin, am 11. Mai 1902 einen im Schellbruch und am 20. Mai einen größeren auf dem 2. und 3. Wall bei Lübeck. Von diesem scheinen im selben Jahre einige gebrütet zu haben. Ich traf im Juli einen kleinen Schwarm an, manchmal mit Buch-, Grünfinken und Feldspatzen zusammen. Auch 1904 beobachtete ich auf dem 2. Walle öfters im Juli Zeisige.

Im Fürstentum ist er nach schriftlicher Angabe von Dr. Biedermann-Imhoof Brutvogel. Nähere Angaben wären mir erwünscht. Auch in Mecklenburg und Schleswig-Holstein sind im Sommer Zeisige beobachtet.

197. Acanthis carduelis (L.) — Stieglitz.

Spärlicher, an Zahl zunehmender Brutvogel in Anlagen, Alleen, Gärten, Kirchhöfen, lichten Baumbeständen mit Unterholz am Wasser; jedoch über das ganze Gebiet verstreut. Er treibt sich im Herbst und Frühling in größeren Gesellschaften umher, im Winter selten, meist dann in kleinen Trupps, doch wurden auch Flüge bis zu 200 Stück vom Verf. gesehen. Brutzeit: Mai-Juli.

Im Winter 1883/84, selbst im strengen Winter 1878/79 bei Schönkirchen bei Kiel überwintert (Wiese, Schr. d. Nat. V. z. Schl.-H. 1884, p. 111—121).

Die Fittichlänge der lübeckischen Brutvögel beträgt 75 cm. Alle im Winter untersuchten Stücke haben eine Fittichlänge von 80—82 cm.

Sie entstammen also östlichen Landstrichen. Ihr Zug muß demnach östlich-westlich der Küstenlinie der Ostsee folgen.

198. Serinus serinus (L.) — Girlitz.

Soll in Schelswig-Holstein einigemal gesehen und geschossen (Rohweder), in Mecklenburg zweimal gehört (Clodius) und erlegt sein (Held, Meckl. Archiv 1902, p. 69—71).

Am 28. September 1911 traf Peckelhoff bei Hohewarte einen über 100 Exemplare zählenden Schwarm, der wohl mit südlichen Winden verstrichen ist. Die Vögel wurden auf drei Schritt beobachtet und genau erkannt.

Ganz unzuverlässig ist die Angabe von Dr. Lenz 1895: „Unter den Finken gehört *„Serinus hortulanus“* zu den hier seltener zu beobachtenden Arten.“

Pinicola enucleator (L.) — Hakengimpel.

In beiden Grenzländern gefunden, könnte im Winter einmal zu uns gelangen.

Carpodacus erythrinus (Pall.) — Karmingimpel.

Ist in Schleswig-Holstein und Mecklenburg gesehen.

199. Pyrrhula pyrrhula pyrrhula (L.) — Großer Gimpel.

Die große Form des Gimpels durchzieht vom Oktober bis März in kleinen Trupps unser Gebiet, wird meist nicht häufig beobachtet. Zahlreich war sie im Winter 1910/11.

200. Pyrrhula pyrrhula europaea Vieill. — Gimpel.

Zunehmender Brutvogel.

Nach Clodius' Untersuchungen weilt die kleine Form vom April an bei uns. Bei Lübeck wurde jedoch schon Mitte März 1911 ein ♂ geschossen. Es ist im Besitz vom Verf. Am 8. Februar 1912 strichen ein ♂, zwei ♀ durch meinen Garten, die sicher zur deutschen Form gehörten; am 11. Februar war ein Pärchen bei Wilhelmshof. Das ♂ schoß ich. Es war *europaea.* Am 18. Februar traf ich drei Exemplare, von denen eins anhaltend sang, im März mehrfach solche, die zweifellos zur kleinen Form gehörten. *Europaea* geht im letzten Ende September bis Anfang Oktober. Verf. schoß am 1. Oktober 1910 bei Lübeck ein ♀ dieser Form. Es waren in den Tagen viele Dompfaffen gesehen worden. Am 12. April 1909 hielt sich ein Pärchen im Garten der Oberförsterei Waldhusen auf und wurde noch längere Zeit angetroffen. Lange beobachtete im Mai 1909 ein ♂ im Lauerholz. 1910 stand ein Nest in der Baumschule Wilhelmshof. Verf. traf ein ♂ am 11. August 1910 bei Brandenbaum, wo es genistet haben dürfte.

In der Nähe, am Wesloer Weg, wurde der Dompfaff von Vermehren vor ca. 20 Jahren im Sommer gesehen. 1911 nistete der Dompfaff bei Lübeck auf den Stadtwällen, im Stadtpark, St.-Gertrud-Kirchhof, mehrfach bei Wilhelmshof. 1912 war er noch häufiger. Lehrer Thomsen sah vor ca. zehn Jahren ein ♂ im Sommer im Pagelügger Gehölz. Am 26. Juni 1910 fand Peckelhoff ein Paar bei Moorgarten. Im benachbarten Wesenberg (H.) soll er nicht selten brüten. Im M. befindet sich ein Balg (♂) aus Schretstaken. Er nistet im Lehmholz bei Altlauterhof (Schröder), vom Verf. wurde er im Mai 1912 beim Triangel angetroffen.

Im Fürstentum wurde er vor Jahren vom Lehrer Thomsen bei Eutin im Sommer gesehen, im April 1910 von Rodenberg im Wahlsdorfer Holz, im Frühling 1910 von Hoyer im Pastoratsgarten zu Rensefeld, wo er nach Lampe 1908 genistet hat. 1910 wurde er von Lampe bei Gr.-Parin beobachtet. 1911 erhielt Röhr ein ♂ aus Timmendorf, am 22. Mai erlegt.

In der Birkenallee und in Klüschenberg b. Mölln (L.) nistet er (Hering). Blohm verwechselt diese Unterart mit der nordischen Form, wenn er (B. 1903) schreibt: „Am 23. August sah ich die ersten Dompfaffen aus dem Norden in der Nähe von Mölln."

201. **Loxia curvirostra** L. — Fichtenkreuzschnabel.

Seltener Brutvogel.

1902 und 1903 traf Verf. ihn mehrfach im Winter zwischen Wesloe und Schlutup in der Nähe von Altlauerhof. Hier hat Förster Schröder seit neun Jahren alljährlich Ende Oktober, Anfang November ihn mehrfach gesehen. Ende der 90er Jahre ist er bei Wesloe beobachtet (Kluth). Im Winter 1907 oder 1908 fand Rodenberg einzelne Paare bei Brandenbaum. Ein Brüten ist in dieser Gegend also nicht ausgeschlossen. 1898 wurde am 9. Februar im Padelügger Gehölz, wie Peckelhoff mitgeteilt wurde, ein Nest mit drei Jungen gefunden.

Der wunderbare Zug, der 1909 durch Deutschland flutete, hat Lübeck fast gar nicht berührt. Am 27. Juni sah ich auf der Travemünder Chaussee ca. zehn Schritte von mir ein Stück. Drei Exemplare bekam Röhr aus Mölln (ein ♂ ad., zwei juv.). Auf Rückwanderung läßt Blohms Angabe (1910 b) schließen: „Kreuzschnäbel ziehen in Scharen durch alle Nadelwälder." Leider fehlen Ort- und Zeitangaben. Im Frühling 1910 sind im N. von Lübeck nur bei Waldhusen Kreuzschnäbel festgestellt, sonst nirgends. Es ist dort, wie man Peckelhoff mitteilte, von Waldarbeitern im Juni ein Stück gegriffen. Vom 23. Juni bis 3. Juli 1911 sind bei Lübeck, Niendorf, Neustadt (H.) größere Schwärme beobachtet. Die von mir bemerkten Schwärme (20—50 Stück stark) strichen W—O. Röhr erhielt mehrere, jedoch nur ♂, darunter nur ein ausgefärbtes.

202. **Loxia pytyopsittacus** Borkh. — Kiefernkreuzschnabel.

Im M. stehen zwei Stück, dem MK. nach von Lübeck. In Mecklenburg und Holstein konstatiert, bei Kiel z. B. am 11. Juli 1863 drei Stück (Prof. Dr. Möbius, Zool. Garten 1868, p. 284).

Loxia leucoptera bifasciata (Brehm) — Bindenkreuzschnabel.

Ist 1851 bei Flensburg erbeutet (Rohweder 1875).

Calcarius lapponicus (L.) — Spornammer.

Als seltener Wintergast in Mecklenburg und Schleswig-Holstein gefunden.

203. **Passerina nivalis** (L.) — Schneeammer.

Wurde von Schröder bei Niendorf (F.) beobachtet und erlegt. Im MK. sind mehrere Exemplare aus Lübeck aufgeführt. Sie stammen vom Oberförster Stockmann-Israelsdorf, drei Stück von Warncke, 1866 geschenkt (Lüb. Bl. 1867, p. 282). Am 14. Januar 1912 zog beim Schellbruch ein kleiner Trupp (Knapp).

Im Winter 1883/84 bei Schönkirchen b. Kiel (Wiese, Schr. d. Nat. V. z. Schl.-H. 1884, p. 111—121), am 4. Dezember 1904 drei Stück bei Großenbrode (Eppelsheim 1906).

204. **Emberiza calandra** L. — Grauammer.

Häufiger Sommerbrutvogel auf allen Feldern, besonders häufig zwischen Marly und Brandenbaum. Im Fürstentum bei Niendorf erbeutet (Schröder). Er überwintert selten, streicht meistens Ende Oktober bis Anfang November fort und kommt einzeln oder in kleinen Trupps Anfang bis Ende März zurück. Brutzeit: April-Juli.

Am 13. Januar 1909 sah Peckelhoff am Stau einen Schwarm von 200 Stück, kleinere im selben Winter bei Brandenbaum und Buntekuh, am 12. Februar 1898 ca. 100 Stück bei Cleverhof (F.); 1894 größere bei der Lohmühle (Lübeck), Strecknitz u. a. 1910/11 blieben einige auf dem Torney, auch im Januar und Februar 1912 erschienen dort einige (Verf.).

Im strengen Winter 1878/79 bei Schönkirchen (H.) überwintert (Wiese, Schr. d. Nat. V. z. Schl.-H. 1884, p. 111—121).

205. **Emberiza citrinella** L. — Goldammer.

Überall häufiger Brutvogel in Feldhecken und Waldrändern, in die Wälder zur Nachtruhe gehend. Schart sich im Herbst zusammen und kommt im Winter in die Städte, Dörfer und Gehöfte. Brutzeit: Anfang April bis Juli. Erste Brut im erdständigen Nest.

206. **Emberiza hortulana** L. — Ortolan.

Im M. befindet sich ein Balg (♂), dem MK. nach von Lübeck stammend. 1850 ist vom Jägermeister Hebich ein Stück geschenkt, das von Milde skelettiert wurde (Lüb. Bl. 1851, p. 110). Es ist noch vorhanden. Am 16. November 1910 traf Peckelhoff bei Israelsdorf einen großen Flug dieser Ammer. Er kam bis 2—3 m hinan. Im Herbst 1909 hatte er dort einen gleichen Schwarm gesehen.

1912 hat bei Wilhelmshof ein Paar genistet. Ein Ei als Beleg ist gesammelt (Hagen 1912 e).

Brutzeit: Mai-Juni.

207. **Emberiza schoeniclus** (L.) — Rohrammer.

Überall in den Rohrgebieten der Gewässer, selbst in kleinen, überaus häufig, im Mai bis Juli brütend. Er zieht im September bis Oktober fort (1909 hörte ich ihn noch am 30.) und kehrt im März oder Anfang April zurück.

Im Dezember 1908 überwinterten Rohrammern am Stau (Hagen 1909 c), Mitte November 1911 wurden dort noch einzelne vom Verf. angetroffen. Am 11. Februar 1912 erhielt ich ein in den Tilgenkrugwiesen geschossenes Stück. Im November und Dezember 1912 sah und hörte ich an der Untertrave, besonders aber an der Wakenitz, ständig einzelne Stücke.

36. Familie: **Motacillidae.**

208. **Anthus pratensis** (L.) — Wiesenpieper.

Seltener Brut-, häufiger Durchzugsvogel.

Eigentümlicherweise ist dieser in Norddeutschland auf feuchten Wiesen gar nicht seltene Vogel bei Lübeck eine große Ausnahmeerscheinung. Vor ca. acht Jahren beobachtete ich an der Wiese am Kuhbrookmoor bei Wesloe ein singendes ♂ im Sommer, das da gebrütet haben dürfte. Peckelhoff will ihn einmal vor Jahren in einem feuchten Strich der Reeker Heide im Sommer gefunden haben. Im April 1910 blieben bei Strecknitz (Wakenitz) Hunderte infolge des Wetters im Zuge stecken, über acht Tage (Peckelhoff). Von diesen sind anscheinend einige geblieben. Verf. traf hier am 26. Juni mit Herrn Sekretär Stahlcke-Berlin zwei Stück an. 1912 nistete ein Paar bei Rothenhusen am Ratzeburger See, drei Paare auf dem Priwall. Stud. Rodenberg fand ein Nest in der Wiesenniederung zwischen Ostsee und dem Hemmelsdorfer See (F.).

Von Ende Juli an, meistens im August und September, sieht man ihn auf Feldern spärlich, im Oktober bis Mitte November ist er jedoch im Trave- und Wakenitzgebiet eine gewöhnliche Zugserscheinung, die oft in großen Flügen auftritt. Im März bis April wird er seltener beobachtet.

Im Doosenmoor bei Neumünster (H.) 1908 sehr zahlreich zur Brutzeit (Peckelhoff).

Anthus cervinus (Pall.) — Rotkehliger Pieper.

Soll in Mecklenburg am 24. Mai 1899 bei Sternberg beobachtet sein. Bei der großen Ähnlichkeit der Pieper glaube ich kaum, daß man *cervinus* genau ansprechen kann, ohne ihn in Händen gehabt zu haben. Mindestens müßten nähere Angaben der Art der Beobachtung gegeben werden. Rohweder schreibt beim Wiesenpieper: Die Form *rufogularis* Brehm nicht selten.

209. **Anthus trivialis** (L.) — Baumpieper.

In lichten Misch- und Eichenwäldern, auf Waldblößen, an Waldrändern, in Mooren und Heidegegenden überall häufig. Die Vögel der großen, geschlossenen Eichenwälder (Lauerholz) sind arge Stümper (Hagen 1909 l).

Er kommt Ende April und geht im September. Brutzeit: Mai-Juli, selten Anfang August.

Anthus campestris (L.) — Brachpieper.

In Holstein recht selten, in Mecklenburg sparsam, bei Lübeck noch nicht gefunden, selbst in der Palinger Heide nicht, wo Verf. ihn vermutete.

210. **Anthus richardi** Vieill. — Spornpieper.

Ich habe diesen Pieper vom 1. März 1909 bis in den April und vom 30. Oktober bis 27. Januar 1910 im Gebiet der Trave festgestellt (Hagen 1909 l), im Oktober 1910 seine Stimme bei der Tulpenwiese wiedergehört. Infolge seiner Scheu konnte ich ein

Belegexemplar nicht erbeuten, ihn bei der Tulpenwiese jedoch eingehend beobachten, die hellen Streifen oberhalb der Augen, über den Wangen und auf den Flügeln erkennen. Ein leichtes Erkennungszeichen gibt der Schwanz beim Auffliegen. *Obscurus*, den ich von Poel und Helgoland genau kenne, hat kein Weiß im Schwanz, *spinoletta*, den ich im Winter 1910/11 häufig beobachtete, nur geringes Weiß, *richardi* aber breite weiße Endsäume. Im Schnee konnte ich die Spur studieren.

211. **Anthus spinoletta spinoletta** (L.) — Wasserpieper.

Im Winter 1910/11 hielt sich dieser Pieper im Travegebiet bei Lübeck in ca. 20 Exemplaren auf. Ein am 15. Januar 1911 geschossenes Stück ist dem Museum Koenig-Bonn geschenkt. Am 17. Dezember 1911 flog rufend beim Stau ein einzelnes Stück sehr hoch NO—SW; am 23. Dezember eins auf der Tulpenwiese. Schöss sah am 24. mehrere an der Trave. Im Januar 1912 sah ich am 7. drei Exemplare, am 31. eins, Schöss am 27. eins. Er geht nur selten von den deutschen Gebirgen bis an die Küste.

212. **Anthus spinoletta littoralis** Brehm — Strandpieper.

Anfang Oktober 1909 beobachtete Verf. mit Herrn Dr. le Roi auf Poel einen großen Pieperzug, unter dem viele Strandpieper waren. Es wurden drei Stück geschossen. Die Stimmen notierten wir mit: „szr". Ich achtete, in Lübeck angekommen, besonders auf diesen Pieper und hatte die Freude, am Kleinen See der Wakenitz am 23. Oktober Vorüberziehende dieser Art zu hören und zu sehen. Beim 1. Fischerbuden traf ich am 13. September 1911 zwei Stück.

Im Herbst 1908 hatte ich bei Lauenburg (H.) und am Stau (Untertrave) größere Schwärme von Piepern beobachtet, die ein r in der Stimme hatten, also keine Wiesenpieper (Stimme szt) sein konnten. Es muß *obscurus* gewesen sein.

Am 18. Januar 1904 beobachtete ich am Kanal bei der Mühlentorbrücke in Lübeck längere Zeit in kurzer Entfernung einen Pieper mit dem Glase. Ich erkannte ihn als Felsenpieper, da er kein Weiß im Schwanz hatte. Eine Stimme ließ er nicht hören (Hagen 1909 l).

In Schleswig-Holstein ist er nicht selten (Rohweder), auch in Mecklenburg von Schmidt auf Poel gefunden. Wüstnei & Clodius werfen ihn mit *spinoletta* zusammen.

213. **Motacilla alba** L. — Weiße Bachstelze.

Allenthalben am Wasser. Sie kommt Ende März und geht bis Mitte Oktober, steht dann meistens wieder im lebhaften Gesang. Bei der Konservenfabrik am Kanal in Lübeck sollen 1900/01 einige überwintert haben. Am 10. November 1906 beobachtete ich ein Stück auf dem ersten Wall, am 9. November 1909 eins am Medebeck (Lauerholz), am 17. Dezember 1909 ein scheinbar zur Form *lugubris* Tem. gehöriges Stück im lübeckischen Hafen traveabwärts streichend. Brutzeit: April-Juli.

214. **Motacilla boarula** L. — Gebirgs-Bachstelze.

Von Boie wurde ein Exemplar an der Schwentine bei Kiel (H.) angetroffen, von Rohweder eins im April 1871 an der Trave bei Oldesloe, wo Krohn 1908 diese Art als Brutvogel fand (Orn. Monatsschr. 1909, p. 301—303). An der oberen Alster hausen einzelne Paare (Dr. Dietrich 1912).

Clodius hat sie von 1904 an der Motel in Mecklenburg als Brutvogel festgestellt.

Peckelhoff beobachtete Pfingsten 1910 ein ♂ bei der Hobbersdorfer Mühle (F.), wo ein Brüten nicht ausgeschlossen ist. Im Frühling 1909 sah Johannsen einige schwarzkehlige gelbe Bachstelzen bei der Herrenbrücke (Untertrave).

215. **Motacilla flava flava** L. — Kuhstelze.

Stellenweise an den Flüssen und Seen im Gebiete. Weit sparsamer als die Bachstelze. An der Trave besonders beim Stau und bei Niendorf, an der Wakenitz beim Ausfluß aus dem Ratzeburger See, früher auf der Falkenwiese. Im Fürstentum besonders auf feuchten Wiesen und an Mooren und an den Seen, z. B. am Kleinen Eutiner See. Sie kommt Ende, selten Mitte April, oft anfangs Mai, und geht im September.

216. **Motacilla flava thunbergi** Billberg — Nordische Kuhstelze.

Aus Mecklenburg bekannt. Wahrscheinlich auch in Schleswig-Holstein vorgekommen. Rohweder trennt bei *Budytes flavus* keine anderen Stelzen ab, nennt z. B. auch *Motacilla flava melanocephala* Licht. — südliche Kuhstelze und *Motacilla flava cinereocapilla* Savi — Zitronstelze als einzeln vorgekommene Variationen. Es ist nicht angegeben, ob Belegstücke vorliegen, zweifellos sind diese auf *thunbergi* zu beziehen.

Am 7. September 1912 lagen auf der Koppel beim Stau mit sieben Bachstelzen zusammen 4 ♂ der nordischen Schafstelze. Ich konnte bis auf wenige Meter angehen und deutlich durchs Glas die schwarze Kopfplatte, das Fehlen des Superziliarstreifens feststellen. Eins war ein sehr altes, eins ein anscheinend noch junges (helles) Stück.

37. Familie: **Alaudidae.**

217. **Alauda arvensis** L. — Feldlerche.

Auf allen Feldern, in der Palinger Heide und am Seestrand gemeiner Brutvogel, kommt im Februar. Größere Flüge erscheinen noch Ende März. Geht im September-Oktober. Fast alljährlich, besonders in milden Wintern, überwintern einzelne. Der Zug geht bei diesen Vögeln oft so hoch, daß man nur an den Stimmen die Art erkennen kann. Dann aber plötzlich lassen sie sich rapide fallen und streichen spielend dicht über dem Erdboden dahin, um sich sofort wieder hoch aufzuschrauben. Ich habe dieses Treiben im Herbst öfters bemerkt.

Brutzeit: April-Mai. Peckelhoff fand am 19. Mai 1898 ein juv. von vier bis fünf Tagen und drei vollkommen frische Eier im selben Nest.

218. **Lullula arborea** (L.) — Heidelerche.

Sehr sparsam, nur in einem Strich von Brandenbaum, Falkenhusen bis nach Blankensee etwas häufiger auftretend, auch bei Waldhusen, Schwartau (Teerhof) und auf dem Torney, einmal bei Wesloe Mitte Juli 1908 gefunden. Sie kommt in der zweiten Hälfte März und geht im September. Brutzeit: April-Juli.

219. **Galerida cristata** (L.) — Haubenlerche.

Auf Feldern in der Nähe menschlicher Wohnungen nicht selten von Ende April bis Juli brütend. In Peckelhoffs Sammlung befindet sich ein Nest, im August 1896 bei Scharbeutz (F.) gefunden. Im Winter sehr häufig.

220. **Eremophila alpestris flava** (Gm.) — Alpenlerche.

Am 2. Dezember 1864 ist vom Jägermeister Hebich und von M. Warncke ein Pärchen bei Lübeck geschossen, von letzterem einige Tage später eine Schar von ca. 20 Stück ebenfalls auf der Heide von Herrenburg gesehen (Dr. A. Meier 1866). Diese Heide trägt jetzt den Namen Palinger Heide. Durch sie geht die Grenzlinie zwischen Mecklenburg und Lübeck. Nach Erkundigungen hat Warncke die Jagd in dem an die Heide stoßenden lübeckischen Gebiet gehabt. Die Vögel darf man daher wohl als lübeckische ansehen.

Dr. Meier schickte ein Stück, das er als ♀ angesprochen, nach v. Preen. Dieser bestimmte es als ♂ juv. Als Datum gibt er jedoch den 14. November 1864 an (Meckl. Archiv XX, 1866, p. 68).

Im M. steht ein Stück von Warncke ohne Angabe. Es ist gewiß das zweite damals erlegte Exemplar. Im MK. ist außerdem ein Pärchen von Siemßen aus Grömitz (H.) ohne Jahreszahl angegeben. Im Winter 1878/79 bei Schönkirchen bei Kiel (H.) erlegt (Wiese, Schriften d. Nat. Ver. z. Schl.-H. 1884, p. 111—121). Im Museum Koenig-Bonn stehen 2 ♂ und 1 ♀ von Bootsand bei Kiel, am 23. Oktober 1883 von Prof. Koenig erlegt (Dr. le Roi).

38. Familie: Certhiidae.

221. **Certhia familiaris macrodactyla** Brehm — Waldbaumläufer.

Als Strichvogel vom Oktober bis März ist diese Art oft außerordentlich häufig. Vom Mai bis Anfang Juli brütet sie in Wäldern nicht sehr häufig. Es bleibt festzustellen, ob die nordische Form *C. f. familiaris* L. im Winter bei uns vorkommt.

222. **Certhia brachydactyla** Brehm — Garten-Baumläufer.

Auch diese Art kommt bei uns vor. Ein Stück steht im M. ohne Datum, eins in der Bökerschen Sammlung. *Brachydactyla* nistet in Alleen, Anlagen und Gärten. Mitte November 1911 sang ein Baumläufer schon anhaltend.

39. Familie: Sittidae.

223. **Sitta europaea caesia** Wolf — Kleiber.

Tritt im ganzen Gebiet in Anlagen, Alleen, größeren Gärten und alten Buchen- und Eichenwäldern nicht selten auf und ist auf dem Winterstrich recht zahlreich. Er nistet von Mitte April bis Juni. Der erste Liebesruf erschallt gewöhnlich Ende März. In den letzten Wintern jedoch schon weit früher: 1902, 28. III., 03, 24. III.; 04, 14. III.; 05, 24. III.; 06, 7. IV.; 07, 22. III.; 08, 27. I.; 09, 13. I.; 09, 26. XII. (!). Auch im Winter 1910/11 hörte ich den typischen Liebesruf.

Bis zu den dänischen Inseln wohnt die typische Form *europaea* L. Vielleicht streicht sie im Winter gelegentlich bis zu uns, worauf zu achten ist (Unterseite weiß!).

40. Familie: **Paridae.**

224. **Parus major** L. — Kohlmeise.

Im ganzen Gebiete sehr verbreitet. Brutzeit: April-Juli. Erster Gesang: 1902, 17. I.; 02, 31. XII.; 04, 17. I.; 06, 5. I.; 07, 6. I.; 09, 2. I.; 11, 25. XII.

Eine am 14. Oktober 1910 mit Ring Nr. 1431 gezeichnete Kohlmeise wurde im selben Garten am 8., 17., 24. Januar, 7. Februar und 21. April 1911 wiedergefangen; Nr. 1427, beringt 20. Januar 1911 am 30. März; Nr. 1426 vom 21. Januar am 3. Februar und 2. Mai; Nr. 1429 vom 19. Januar am 22. Januar. Ende Mai nistete am selben Orte ein Paar, welches Ringe trug. Ein am 5. November 1911 mit Nr. 2869 gezeichnetes Stück wurde am 5. und 10. Dezember 1911 wiedergefangen. Im Sommer 1911 nistete ein Ringpärchen im Garten, 1912 eine Ringmeise ♀. Am 6. Oktober 1912 wurde wieder eine im Garten gesehen, am 29. Dezember 1912 Nr. 2870 vom 5. November 1911 geschossen.

225. **Parus caeruleus** L. — Blaumeise.

Etwas seltener auftretend. Im Winter zeitweise ganz fehlend oder doch nur sehr spärlich. Brutzeit wie *major*. Schon am 29. Januar und 2. Februar 1911 sah Peckelhoff Blaumeisen sich begatten.

226. **Parus ater** L. — Tannenmeise.

Leider nimmt die Zahl der Tannenmeisen immer mehr ab, da die Brutgelegenheiten zu fehlen beginnen. Verf. sah sie schon in Erdhöhlen brüten. Jeder Nistkasten wird dankbar angenommen. Am häufigsten beobachtete Verf. sie in den großen Kiefernwäldern bei Wesloe. Im nadelholzarmen Fürstentum ist sie sehr selten. Auf dem Winterstrich überall spärlich vorkommend.

Am 6. Februar 1910 sah Peckelhoff beim Buchenberg (Isr. Rev.) schon Tannenmeisen zu Nest tragen.

227. **Parus palustris** L. — Glanzköpfige Sumpfmeise.

Die Sumpfmeise ist im ganzen Gebiete verbreitet und häufig. Sie brütet Ende April-Juli.

Unsere Brutvögel gehören gewiß der Form *P. p. communis* Baldenst. an, während sicher im Winter auch die nordische *P. p. palustris* L. zu uns gelangt. Letzteres bleibt nachzuweisen.

228. **Parus atricapillus salicarius** Brehm — Weidensumpfmeise.

Brut- und Strichvogel.

Diese vom alten Brehm beschriebene, dann aber in Vergessenheit geratene Meise wurde vor einigen Jahren in der Form *atricapillus rhenanus* von Kleinschmidt am Rhein wiedergefunden. Sie ist seit der Zeit in mehreren Gegenden Deutschlands festgestellt. Im Herbst 1903 beobachtete Verf. sie zuerst bei Lübeck im Forstort Triangel. Lübeck ist also der 2. Fundort dieser Meise in Deutschland.

Salicarius ist im südlichen Gebiet des Freistaates gar nicht selten (Hagen 1908b, 1909k und 1910h). An der Wakenitz und den zu ihr gehörenden Feldbrüchen, besonders bei Strecknitz, ist er, Stand- und Brutvogel, desgl. wohl auch in den Brüchen der Obertrave bei Niendorf und gegenüber von Hamberge, wo Verf.

ihn traf, vermutlich auch im angrenzenden Holstein. Im Norden von Lübeck ist er nur gelegentlich im Frühling (März-April) und Herbst (August-September) auf dem Strich vom Verf. beobachtet, am 5. Oktober 1911 von Prof. Dr. Voigt-Leipzig auf dem Priwall, am 6. bei Travemünde (briefl.). Am 3. September 1911 beobachtete ich ihn bei Albsfelde, Enklave Behlendorf in Kopfweiden, am 23. April 1912 an zwei Stellen im Deepemoor bei Wesloe, Hammling und Schulz (1911) geben ihn als am 13. Juli 1905 am Holm beim Dieksee (F.) beobachtet an. Am 10. Oktober 1909 sah Dr. le Roi ein Exemplar bei Neukloster (M.). Clodius stellte ihn bei Camin (M.) fest.

229. **Parus cristatus mitratus** Brehm — Deutsche Haubenmeise.

Scheint in den letzten Jahren etwas zuzunehmen. Häufig ist sie in den Kiefernforsten zwischen Wesloe und Schlutup, auch in den Travetannen und bei Strecknitz brütend gefunden, im „Triangel“, in den Kiefernbeständen bei Waldhusen angetroffen. Sie wird auch im Fürstentum wohl brüten, wenn auch nur sporadisch, da Kiefernforsten, an die sie gebunden ist, dort selten sind, Brutzeit: Mai-Juli. Auf dem Strich, besonders September bis März, auch im Laubwald, nicht häufig.

230. **Aegithalus caudatus caudatus** (L.) — Weißköpfige Schwanzmeise.

Im ganzen Gebiet zerstreut nistend, im Herbst (von September an) und Frühling (bis April) streichen kleine Flüge einzeln oder im Meisenschwarm umher, im Winter seltener.

Brutzeit: Ende April bis Juni.

231. **Aegithalus caudatus europaeus** (Herm.) — Schwanzmeise.

Im Winter 1909/10 achtete ich darauf, ob *europaeus* wohl bei uns anzutreffen sei. Ich sah mehrfach Schwanzmeisen mit breitem Augenstrich und schoß noch im April ein solches Stück. Anfang Mai 1910 traf ich ein Paar, das in der Nähe meiner Wohnung nisten mußte. Es hatte einen breiten Augenstrich. Das dürfte bestimmt zu *europaeus* zu stellen sein. Im Mai 1911 nisteten zwei derartige Paare bei Wilhelmshof. Am 10. September 1911 beobachtete ich auf dem Torney zwischen weißköpfigen einige mit feinem Augenstreif, also anscheinend alte Exemplare. Derartige Stücke sah Prof. Dr. Voigt-Leipzig am 4. Oktober 1911 auf dem Priwall. Dr. Biedermann-Imhoof beschreibt (1912d) ein brütendes ♀ bei Eutin.

232. **Panurus biarmicus** (L.) — Bartmeise.

Aus Schleswig-Holstein liegen aus den letzten Jahrzehnten keine positiven Daten vor. In Mecklenburg sind 1910 am Conventer See zwei Vögel in Reusen gefangen (Dr. le Roi). In der Mitte des vorigen Jahrhunderts ist sie im rohrreichen lübeckischen Gebiet zweifellos brütend vorgekommen. Im M. steht ein Stück (MK. zwei Stück) vom verstorbenen Jagdpächter Warncke, das Heuer im Herbst am Wesloer Moor geschossen hat. Dr. Lenz gibt sie (1895) als vereinzelt vorkommend an, wohl auf Grund dieser beiden Stücke.

Anthoscopus pendulinus (L.) — Beutelmeise.

Der bekannte Schriftsteller H. Seidel behauptet, ein Nest in der Nähe von Güstrow gefunden zu haben (Held, Archiv LVI, 1902, p. 64—69).

233. Regulus regulus (L.) — Gelbköpfiges Goldhähnchen.

Überall im Nadelwalde im Gebiete brütend von Ende April oder Mai bis Juni. Auf dem Striche überall, selbst im Winter nicht selten. Im Oktober und März recht häufig, wohl nördliche Durchzügler.

234. Regulus ignicapillus (Temm.) — Feuerköpfiges Goldhähnchen.

So sehr ich danach suchte, habe ich es im Sommer doch nicht gefunden, sondern nur als seltene Durchzugserscheinung im Frühling (April) in einigen Jahren in der östlichen Tannenhecke des Stadtparkes in Lübeck festgestellt. Am 24. Oktober 1908 fand ich ein totes Stück im Forstort „Triangel" (Hagen 1909 c). Am 21. Oktober gleichen Jahres erlegte Schröder eins bei Niendorf (F.). Es muß demnach zu dieser späten Zeit ein Zug stattgefunden haben. Am 13. November 1911 brachte mir ein Schüler ein tot gefundenes (überwinterndes?) Stück.

In Schleswig-Holstein auch nur auf dem Striche erkannt. In Mecklenburg einigemal nistend gefunden.

41. Familie: **Timeliidae.**

235. Troglodytes troglodytes (L.) — Zaunkönig.

Im ganzen Gebiete nicht seltener Brutvogel vom Mai bis Juli. Nistete vor Jahren im Eutiner Orangenhaus auf dem Boden auf einem Dachsparren im offenen Moosnest (Hartwig), 1906 in Schlutup in einem offenen Schauer auf einem Balken im offenen Moosnest (Verf.), 1909 auf dem 1. Fischerbuden im mit Moos ausgebauten Schwalbennest im Stall.

42. Familie: **Sylviidae.**

236. Prunella modularis (L.) — Heckenbraunelle.

In Gärten, Anlagen, Kirchhöfen, Zäunen, im Buschholz und in Nadelholzschonungen im ganzen Gebiet vom Mai bis Juli nistend. Zug: März, Ende September bis Oktober. Fast alljährlich überwintern einzelne, besonders in milden Wintern. Eine am 19. Januar 1911 beringte Braunelle wurde im Winter 1910/11 am 26. Januar und 6. Februar im selben Garten wiedergefangen, mehrere andere jedoch nicht; eine am 11. Februar 1911 beringte ist am 16. und 19. Januar 1912 wieder gefangen, am 2. Februar tot gefunden.

237. Sylvia nisoria (Bchst.) — Sperbergrasmücke.

Dr. Biedermann-Imhoof sah am 15. Juli 1896 ein Exemplar in Eutin (F.). Lampe beobachtete die Sperbergrasmücke im Sommer 1909 einmal in Pohnsdorf (F.). Chr. Schöss hat am 1. Mai 1911 nach seiner genauen Beschreibung auf dem Torney bei Lübeck ein Stück gesehen. Sie hat bei Bramfeld (H.) genistet (Dr. Dietrich 1912), desgleichen bei Bordesholm (Dr. Biedermann-Imhoof).

238. Sylvia borin (Bodd.) — Gartengrasmücke.

Überall in buschreichen Gegenden häufig. Sie kommt anfangs Mai und geht im September. Brutzeit: Ende Mai-Juli.

239. Sylvia communis Lath. — Dorngrasmücke.

Sie fehlt stellenweise im nördlichen Teile des Freistaates und ist nur in manchen Feldhecken (Wesloe), Waldrändern, besonders aber im Weidicht der Moore häufiger, im Süden des Freistaates wie auch im knickreichen Fürstentum ist sie sehr zahlreich. Sie kommt Ende April, Anfang Mai und geht im September. Brutzeit: Mai-Juli.

240. **Sylvia curruca** (L.) — Zaungrasmücke.

Ziemlich häufig. Hat in den letzten Jahren um Lübeck bedeutend zugenommen. Sie brütet überall im Unterholz der Laubwälder, in Schonungen und Dorfgärten vom Mai bis Juli, kommt und geht mit der vorigen.

241. **Sylvia atricapilla** (L.) — Mönchgrasmücke.

Überall an allen zusagenden Örtlichkeiten, brütet von Mai bis Juli, kommt gewöhnlich Ende April, Anfang Mai mit der Nachtigall, die ♂♂ zuerst, 1905 und 1912 jedoch die ♀♀. Fortzug im September, einzelne im Oktober. Hartwig sah am 9. Oktober 1902 noch ein ♂ trotz voraufgegangenem mehrtägigen Frost ($-3^1/_2{}^0$ R).

242. **Acrocephalus arundinaceus** (L.) — Rohrdrossel.

Überall in den größeren Rohrflächen der Gewässer häufig. Doch ist sein Auftreten oft sporadisch. An der Wakenitz ist er z. B. von Lübeck bis Brandenbaum der häufigste Rohrsänger, von da an eine große Seltenheit. An der Untertrave ist er nur im Kattegatt zahlreich. Kommt auch in reinen Weidenpflanzungen vor: 1902 und 1903 im „Moor" des 2. Walles in Lübeck. Sehr selten erscheint er schon im April, meistens in der ersten Hälfte Mai. Er geht im August. Brutzeit: Juni bis Anfang Juli. Sein Nest ist manchmal die Wiege des Kuckucks.

243. **Acrocephalus streperus** (Vieill.) — Teichrohrsänger.

Überall häufig im Rohrgebiet. Brutzeit: Juni bis Juli; am 1. Juli 1909 fand Verf. noch ein frisches Nest mit einem Ei, am 17. Juli 1910 Peckelhoff eins mit vier Eiern. Er kommt Anfang Mai und hat die längste Sangeszeit: bis Anfang August. Auch sein Nest wird oft vom Kuckuck aufgesucht.

244. **Acrocephalus palustris** (Bchst.) — Sumpfrohrsänger.

Ziemlich spärlich. An einigen Stellen der Wakenitz, z. B.: Fischerbuden, Spieringshorst, Landwehr, nach Peckelhoff auch bei Nedlershorst und an der Trave bei Niendorf, Hansfelde (H.) und Hamberge (H.) kommt er in Weiden nistend von Mitte Mai bis August vor, auch auf der Tulpenwiese, am Torney bei Lübeck (Verf.). Selbst im wasserreichen Fürstentum ist er im allgemeinen selten. Er ist am Eutiner See beobachtet, im östlichen Teile des Fürstentums ist er im Getreide häufiger. Im Juni 1910 fand ich einen wundervollen Sänger im Getreide auf dem Torney bei Lübeck, Peckelhoff traf 1910 den Vogel in den Strecknitzer Tannen in einer Fichte nistend. Im Juni 1912 hörte ich ihn im Getreide bei Israelsdorf. Brutzeit: Juni-Juli. 1900 fand Peckelhoff noch am 11. Juli ein Nest mit nur einem Ei.

245. Acrocephalus schoenobaenus (L.) — Schilfrohrsänger.

In allen Rohrwäldern und Retwerdern, selbst in reinen Weidenschlägen im ganzen Gebiet, selten in Kornfeldern, z. B. bei Buntekuh (Peckelhoff). Ankunft: 2. Hälfte April, Abzug: Anfang September. Brutzeit: Mai-Juni.

Acrocephalus aquaticus (Gm.) — Binsenrohrsänger.

In Schleswig-Holstein und Mecklenburg selten beobachtet.

246. Locustella naevia (Bodd.) — Heuschreckenrohrsänger.

In den Brüchen der Wakenitz scheinbar nicht selten. 1909 fanden wir ihn im Gärtnermoor, großen Herrenburger Moor und im Kammerbrook. 1912 hörte ich ihn an zwei Stellen auf dem Westufer hinter Müggenbusch. Peckelhoff traf ihn bei Curau und Dissau in den mit Weiden und Schilf durchwachsenen Knicks und im Getreide. Er wird deswegen an ähnlichen Stellen im nahen Fürstentum nicht fehlen. An der Untertrave hauste er 1911 in den Vorwerker Wiesen (Verf.). Seminarist Lunau fand mehrere auf verschilften Wiesen im östlichen Fürstentum. Ankunft: Mitte Mai, Abzug: September.

Locustella fluviatilis (Wolf) — Flußrohrsänger.

Ist in Mecklenburg erlegt und hat dort gebrütet.

247. **Hippolais icterina** (Vieill.) — Gartensänger.

Überall in Gärten, Anlagen, selten in Mischwäldern. Er soll in Mecklenburg um den 5. Mai ankommen. Bei uns erscheint er erst Mitte d. M. Er geht im August. Brutzeit: Juni-Juli.

248. **Phylloscopus sibilatrix** (Bchst.) — Waldlaubsänger.

In allen Buchenwäldern, in manchen Mischwäldern Ende April eintreffend. Er geht Ende August. Brutzeit: Mitte Mai-Juli.

249. **Phylloscopus trochilus** (L.) — Fitislaubsänger.

Einer der häufigsten Waldvögel, der besonders zahlreich am Wasser ist, überall in Gärten, Anlagen, Brüchen und Mooren vorkommt. Er kommt in der zweiten Hälfte April und geht Anfang September. In den Travetannen hörte ich in mehreren Jahren Fitislaubsänger mit abnormem Doppelschlag (Repetierschläger), am 22. Juni 1912 einen bei Cleverbrück (F.). Peckelhoff traf am 2. April 1911 an der Wakenitz einen Fitis, der in der Mitte seines Liedes die Weidenlaubsängerstrophe einflocht (*Ph. sylvestris* Meisner!). Die Brutzeit dauert von Mai bis Juli.

250. **Phylloscopus collybita** (Vieill.) — Weidenlaubsänger.

Hat dieselbe Verbreitung wie *trochilus*, kommt aber auch inmitten der größeren Wälder vor, dessen wasserarme Zentren vorige Art meidet. Er erscheint manchmal schon Ende März, sonst Anfang April und geht im September und Anfang Oktober, brütet im Mai bis Juli.

Im Norden und Osten Europas lebt eine noch ungenügend bekannte Form, *Ph. c. abietina* (Nilss.). Vielleicht berührt sie unser Gebiet auf dem Zuge. Am 29. August 1912 traf ich am Stau drei

Laubsänger, deren Stimme psiüt lautete. Leider hatte ich kein Schießzeug bei mir. Es war gewiß eine östliche Art.

Phylloscopus superciliosa (Gm.) — Goldhähnchenlaubsänger.

Am 7. September 1885 ist einer der wenigen in Deutschland festgestellten Vögel am Leuchtfeuer zu Bastorf bei Kröpelin in Mecklenburg angepflogen (Wüstnei und Clodius 1900, p. 110).

251. **Cinclus cinclus** (L.) — Nordischer Wasserschmätzer.

Blohm will vor vielen Jahren, als noch die Wakenitz an Lübeck vorbeifloß, am Wehr bei der Warmbadeanstalt ein Stück gesehen haben. 1857 wurde dem M. ein Stück von Dühring-Crummesse geschenkt (Lüb. Bl. 1858, p. 262—263). Zander hat ihn vom Ratzeburger See erhalten (Meckl. Archiv II, 1848, p. 38 und Zander, Naturgeschichte der Vögel Mecklenburgs, 1838—53, p. 300 und 304). Mitte der 90er Jahre ist ein Exemplar an einem Teich bei Lübeck (Moislinger Allee) gesehen (Johannsen).

Dr. Lenz gibt ihn (1895) als vereinzelt vorkommend an, wohl auf Grund eines im M. befindlichen Exemplars ohne Provenienz, das im MK. mit Lübeck bezeichnet ist. Vielleicht ist es noch das Dühringsche.

252. **Turdus philomelos** Brehm (*Turdus musicus auct.*) — Singdrossel.

Brütet im ganzen Gebiete von Mitte April bis in den Juli in allen Wäldern, versucht in letzten Jahren auch vereinzelt die großen Gärten Lübecks zu besiedeln (Fehlings Park). Sie trifft Mitte März ein, geht im September-Oktober wieder fort. Am 20. Juli 1912 sang eine noch kurz.

253. **Turdus musicus** L. (*Turdus iliacus auct.*) — Weindrossel.

Clodius und Rohweder geben sie für Mecklenburg und Schleswig-Holstein nur als Durchzugsvogel an. Ich traf jedoch in einigen Jahren (1902, 1904, 1905, 1906 und 1907) einzelne Stücke bei Lübeck im Dezember und Januar. Im milden Winter 1909/10 war die Weindrossel sogar nicht selten in kleinen Flügen zu beobachten (Hagen 1910h). Im allgemeinen kommen auf dem Rückzug im Frühling Anfang März die ersten durch. Bis Ende April liegen dann meist ungeheure Schwärme in unseren Wäldern. 1906 und 1911 sah ich Anfang Mai noch einen kleinen Trupp.

Im Herbst zeigen sie sich von Oktober bis Mitte November nur spärlich, ziehen nachts jedoch vom September an außerordentlich häufig durch. Nach Forstakten sind früher, als Niederwald mit Beerenbüschen vorherrschend war, oft tausend in den Revieren, besonders bei Israelsdorf, an einem Tag in Dohnen gefangen. Wie viele Seltenheiten mögen darunter gewesen sein! Bei Utecht-Schattin sind in den Jahren 1842—48 922 anscheinend geschossen (Staatsarchiv).

254. **Turdus viscivorus** L. — Misteldrossel.

Vereinzelter Brutvogel.

Die Misteldrossel hat nach Peckelhoff im April 1902 in einem Paar bei Padelügge gebrütet, nistet alljährlich vereinzelt im Israelsdorfer Revier (Schröder), ist im Ritzerauer Revier selten (Nöhring). Soll früher auf dem Herbstzuge häufig gewesen sein (Dr. Lenz 1890). Das ist jetzt nicht mehr der Fall.

Am 10. Oktober 1903 sind bei Oldenburg (H.) verschiedene gehört (Eppelsheim 1906).

255. **Turdus pilaris** L. — Wachholderdrossel.

Zeigt sich vom Herbst an den ganzen Winter hindurch bis zum Frühling im ganzen Gebiete, im nördlichen Teile des Freistaates jedoch nur äußerst spärlich, in früheren Jahren jedoch auch hier häufig (Böker). Im südlichen Teile und im Fürstentum auf Feldern, in den Knicks, in Buschbeständen und Hochwaldrändern ist sie nicht selten, besonders im Frühling.

Im MH. steht ein Nest mit Gelege unter der Angabe „Lübeck". Die Eier wurden auf der 59. Jahresvers. d. D. O. G. für echt angesprochen. Demnach hat auch bei uns die Wachholderdrossel wie in Mecklenburg und Schleswig-Holstein gebrütet.

Turdus obscurus Gm. — Blasse Drossel.

Nach Rohweder ist im Oktober 1827 ein Stück bei Schleswig gefangen, nach Boeckmann (J. f. O. 1885, p. 287) am 3. März 1883 bei Hamburg eins erbeutet, nach Clodius (Meckl. Archiv 1905, p. 125) im November 1904 bei Wendfelde eins.

Turdus ruficollis atrogularis Tem. — Schwarzkehlige Drossel.

Ist in Mecklenburg und bei Hamburg festgestellt.

256. **Turdus merula** L. — Amsel.

In Wäldern, Gärten, selbst innerhalb von Dörfern und Städten übermäßig häufig. Im Februar, selten schon im Januar beginnen sie ihr Dichten. Der volle Gesang dauert von Mitte oder Ende März bis Anfang August. Am 23. September 1912 hörte ich zwei Amseln ganz leise dichten*). Im Winter kommt Nachschub aus dem Norden. Im September, besonders Oktober und März-April ziehen nachts Amseln durch.

257. **Turdus torquatus** L. — Ringamsel.

Seltener Durchzügler.

In der Bökerschen Sammlung befindet sich ein ♀. Verf. sah am 24. Februar 1901 auf dem ersten Wall bei Lübeck ein ♀, am 25. November 1901 ein ♂ im Forstort Schwerin (Hagen 1906a) und hörte hier am 15. Dezember 1901 den Gesang dieser Drossel wieder. Im M. stehen mehrere; eine ist 1878 von Heycke eingeliefert (Lüb. Bl. 1879, p. 271). „Sie zeigte sich früher auf dem Herbstzuge häufiger" (Dr. Lenz 1890). Am 24. April 1904 schoß Dr. Biedermann-Imhoof ein ♂ bei Eutin (F.).

Das Benehmen des am 25. November 1901 gesehenen Männchens erscheint mir so interessant, daß ich dasselbe hier noch einmal schildern möchte.

---

*) Bei der Sonnenfinsternis am 17. April 1912 (12—2 h) sang gegen 1 h, als es dunkel wurde, eine Drossel abgebrochen einen kurzen Augenblick. Dann war alles still. Erst um 2 begannen die Amseln wieder laut zu schlagen.

Ich hatte die Drossel eine Zeitlang in der Schonung beobachtet. Plötzlich flog sie auf die letzte überständige Eiche zu, die, einige hundert Meter entfernt, am Rande der Lichtung stand. Auf der Eiche fußte ein Bussard. Als der die anfliegende Drossel sah, strich er ihr entgegen und stieß wiederholt nach ihr. Sie wußte aber geschickt auszuweichen und erreichte glücklich die Eiche. Sie setzte sich über den Bussard. Nun wurde sie zum Angreifer. Wiederholt stieß sie von oben auf den Raubvogel, wich jedoch den Verfolgungen geschickt im Geäst aus. Dabei ließ sie ein heftiges Geschrei hören, das wie: ak, ak klang. Endlich war der Bussard des Kämpfens müde. Er reagierte auf die Angriffe der Drossel nicht mehr. Diese zog dann, unbelästigt vom Bussard, wieder ab, quer über die ganze Lichtung ohne Deckung fliegend. Bald darauf erscholl von der Einfallstelle her ein wundervoller, tiefer, flötender Gesang (Hagen 1906 a). Es ist wohl eine große Seltenheit, in Deutschland singende Ringdrosseln zu beobachten.

Turdus dauma aureus Hol. — Bunte Drossel.

Soll einmal bei Hamburg gefunden sein.

Turdus sibiricus Pall. — Sibirische Drossel.

Nach Clodius ist im Herbst 1884 ein junger Vogel in Mecklenburg gefangen.

Turdus ustulatus swainsonii Cabanis.

Diese nordamerikanische Drossel ist bei Friedrichsruh (L.) und Helgoland erlegt (Hartert, Vögel der pal. Fauna I, p. 640).

258. **Saxicola oenanthe** (L.) — Steinschmätzer.

Verstreut im Gebiet nistend, z. B. Falkenwiese, Konstinplatz (schon zu Bökers Zeiten), Stadtpark (1903 u. 1904), Staatswerft bei Lübeck, Leuchtenfeld und Priwall bei Travemünde, Mühlenberg in Schlutup, an der Wakenitz bei Grönau, nach Hartwig bei Vorwerk. Er kommt Ende April und geht Ende August bis September, ist dann an der See und im Travegebiet öfters anzutreffen. Nistet im Mai bis Juli. Das 1903 und 1904 im Stadtpark bei Lübeck brütende Pärchen machte eine Ausnahme von der Regel, sich nicht auf Bäume zu setzen.

259. **Pratincola rubetra** (L.) — Braunkehliger Wiesenschmätzer.

Auf sumpfigen, mit Buschwerk bestandenen Plätzen gemeiner Brutvogel, z. B. Schlutuper Wiek, Suhrbrook bei Gotmund, Vorwerker Wiesen, Torney, Kuhbrook, am Rittbrook, Lauerholzwiese, früher auf der Tulpenwiese (Böker), Gärtnermoor, Falkenwiese, Kammerbrook; doch auch in öder Gegend: Exerzierkoppel bei Lübeck, Palinger Heide; auch in Laubholzschonungen: Forstort Schwerin. Er nistet auch bei Eckhorst und Pansdorf (Pekelhoff) und häufig im Fürstentum auf sumpfigen Wiesen, an Mooren usw. Dieser Wiesenschmätzer kommt Anfang Mai und geht im August bis Anfang September. Man sieht ihn auf dem Zuge gelegentlich überall. Brutzeit: Mitte Mai-Juli.

260. Pratincola torquata rubicola (L.) — Schwarzkehliger Wiesenschmätzer.

Ausnahmsweiser Brutvogel. Verf. traf im April 1906 ein Stück bei Süsel (F.).

Am 19. Mai 1900 hat ein Pärchen beim Fischerbuden an der Wakenitz (Stiegbrook) genistet, wurde leider durch die Mäher verscheucht (Lüthgens). Das Nest mit fünf Eiern befindet sich in Peckelhoffs Sammlung.

Auch in Schleswig-Holstein und Mecklenburg sehr selten.

261. **Phoenicurus titys** (Gm.) — Hausrotschwanz.

Überall in Städten und Dörfern, besonders in den Ziegeleien, gemeiner Brutvogel, der Ende März eintrifft, selten Anfang April, und im Oktober wieder geht. Brütet Ende April bis Juli. Auch im Fürstentum nicht selten. Im September-Oktober singt er wieder, 1899 noch am 6. November (Peckelhoff). 1904 zog ein Pärchen bei Vorwerk im selben Nest zwei Bruten groß (Hartwig).

262. **Phoenicurus phoenicurus** (L.) — Gartenrotschwanz.

In Anlagen, Gärten, Parks, Alleen, Waldrändern und Waldungen mit Unterholz ein häufiger Vogel, der in der zweiten Hälfte April kommt, Ende April bis Juli brütet und im September fortzieht.

263. **Erithacus rubeculus** (L.) — Rotkehlchen.

Im ganzen Gebiete nirgends fehlend. Es kommt Anfang bis Ende März und geht im Oktober, November. Regelmäßig überwintern allenthalben einzelne, oft zahlreich. Das Zurückbleiben richtet sich nicht nach der Milde des Winters, sondern nach der Beschaffenheit des Herbstes. Die meisten fallen dem Winter zum Opfor odor wordon zum Abzug gonötigt. Brutzeit: Mai bis Juli. Am 17. April 1912 singt bei Sonnenfinsternis ein Stück halblaut im Garten wie zur Abendzeit.

264. Luscinia suecica cyanecula (Wolf) — Weißsterniges Blaukehlchen.

Das Blaukehlchen ist gar nicht seltener Brutvogel des Wakenitzgebietes und des Gebietes der Trave oberhalb Lübecks (Hagen 1909 i). Hartwig beobachtete es im Mai 1908 im Moor bei Vorwerk. Vor ca. 50 Jahren ist es von Böker in Fehlings Park bei Lübeck angetroffen. Dr. Biedermann-Imhoof hat es einmal aus der Umgebung von Eutin erhalten. 1842 erhielt das M. eine *S. suecica* aus Eutin (Lüb. Bl. 1843, p. 234), stud. Rodenberg fand es im April und Mai — also in der Brutzeit — bei Schwartau.

Es kommt Ende März, Anfang April und zieht im September. Brutzeit: Mai-Juni.

Das von v. Lucanus in den Orn. Monatsber. 1908, p. 100 beschriebene Liebesflugspiel, das Dr. le Roi dort 1900, p. 421 schon erwähnte, konnte ich 1903 und 1904 bei dem auf dem zweiten Walle bei Lübeck nistenden Blaukehlchen beobachten. Besonders notiert habe ich es am 25. April 1903. Übrigens ist dieser Balzflug schon von Buffon in seiner Histoire naturelle des Oiseaux, Paris 1770 bis 1785, beschrieben und anscheinend nur vergessen worden. Leverkühn fand *cyaneculus* 1886 bei Kiel (Heimat XV, 1905, p. 174).

In den Vierlanden (Hbg.) ist es nicht selten (Dr. Dietrich 1912). Am 19. April 1912 wurde ein einfarbig blaukehliges Exemplar (*wolfi*) bei Strecknitz gesehen (Peckelhoff).

265. **Luscinia suecica suecica** (L.) — Rotsterniges Blaukehlchen.

Obgleich diese nördliche Form in Mecklenburg und Schleswig-Holstein häufig durchziehen soll, in Mecklenburg von Dr. le Roi bei Rostock 1901 sogar zur Brutzeit angetroffen ist, wurde sie bei Lübeck nur einmal erst festgestellt. Im Mai 1907 erhielt Röhr ein Stück, das an der Bahnstrecke Lübeck-Niendorf tot aufgefunden ward. Die Angabe Hagen 1909 c bezieht sich auf *cyaneculus*. Bei Hamburg soll es gebrütet haben (Krohn 1903). Das wird sich wohl auf *cyaneculus* beziehen.

266. **Luscinia megarhynchos** Brehm — Nachtigall.

Lübeck war früher eine Nachtigallenstadt. Die Stadtwälle waren die Versorgungsquelle für die Umgebung. Als jedoch der größte Teil der Wälle abgetragen wurde, verschwanden sie bis auf spärliche Reste. Durch Kahlschnitt wurden fast alle vertrieben. Noch vor zehn, ja fünf Jahren viele Paare, 1906 nur zwei bis drei, 1907 kein Paar (Anonym 1908). Nur ein paar Stümper ließen sich auf dem zweiten Walle hören. Das Jahr 1909 brachte sprunghaft eine große Einbürgerung, die wohl darauf zurückzuführen ist, daß durch das lang andauernde kalte Wetter viele nordwärts beheimatete Vögel im Zuge stecken geblieben sind. Auf den Wällen nisteten mehrere Paare, im Garten der Wasserkunst, im Lindeschen Garten (Ratzeb. Allee), im Fehlingschen Park, ein Paar in der Roekstraße. Das Paar, das sich 1908 im Stadtpark angesiedelt hatte, erschien nicht, desgl. das in der Eichenschonung beim Schellbruch hausende. Auf dem Torney waren wieder mehrere, desgl. am Rand des Forstortes Schwerin, wo sie seit ca. 3 Jahren nisteten. Häufig ist die Nachtigall an dem nördlichen, buschreichen Traveufer bei Dänischburg, vom Hochofenwerk bis Travemünde, auch in den Anlagen dieses Städtchens. „Aber auch in diesem Ort sind sie leider im Abnehmen begriffen, seitdem vor etwa zwei Jahren der Kirchhof — bis dahin ein Dorado für Singvögel aller Art — „durchforstet“ worden ist“ (Anonym 1908). Früher nistete ein Paar auf dem Kaninchenberg an der Wakenitz, 1910 hat sich eins wieder angesiedelt (Peckelhoff), 1912 zwei Paare (Lüthgens). In Waldhusen war 1909 ein Paar beim Forsthaus, eins am Seeretzer Weg (Kluth), in Albsfelde nur ein Paar (Hoffmann), in Padelügge mehrere (Verf.). In Schretstaken ist die Nachtigall selten (Dahl und Hoffmann), desgl. in Cronsforde (Meves) und Ritzerau (Nöhring). 1911 nahm die Zahl im St. Gertrud-Gebiet bei Lübeck noch zu, während auf den Wällen kein Exemplar gehört sein soll. 1912 war der Bestand jedoch wieder zurückgegangen.

Im Fürstentum habe ich sie im östlichen Teil häufig in Feldhecken gefunden, Peckelhoff an der Chaussee Lübeck-Eutin-Neustadt (H.). Auch Dürwald gibt sie für dieses Revier als häufiger vorkommend an. In Rensefeld, Techau, Parinerberg, Gr.- und Kl.-Parin ist sie häufig, wird aber durch die Schwarzdrossel verdrängt. 1910 sind über zehn Gelege gefunden (Lampe). Bei Pansdorf ist sie in Abnahme begriffen (Muus). 1912 ist sie bei Haffkrug und Gronenberg gehört (Lehrer Albers). Im Revier Wüstenfelde ist sie häufig (Burmeister). Bei Röbel ist sie sehr selten geworden, bei Rodensande ist sie etwas häufiger (Tiedge). Sie kommt Ende April, Anfang Mai und geht im August, September.

267. **Luscinia luscinia** (L.) — Sprosser.

Durch Mitte Mecklenburg läuft die Westgrenze der Verbreitung dieser „Nachtigall des Ostens", doch sollen nach Rohweder einzelne Paare auf Alsen und im „östlichen und südlichen Holstein (bei Reinbeck)" beobachtet sein. Bei Reinfeld (H.) hat Peckelhoff, der den Gesang von Rügen genau kennt, 1903—1905 auf demselben Platze einen Sprosser singen gehört. Am 14. Mai 1893 wurde ein ♂ bei Laboe erbeutet, im Mai 1901 eins bei Kiel gefangen (Rohweder, Heimat XV, 1905, p. 139). Im Mai 1909 hat Dr. Biedermann-Imhoff mit Bestimmtheit bei Eutin einen wahrscheinlich durchziehenden Sprosser festgestellt, früher schon einige bei Kiel (H.) gesehen.

IV. Aberrationen und Monstrositäten.

1. **Anas boschas** L. — Stockente.

Am 18. Januar 1908 war ein abnorm gefärbtes, auffallend kleines ♂ auf dem Markt. Die Oberseite war normal, die Unterseite trug die Färbung des ♀ oder des Sommerkleides (Hagen 1908c). Eine helle Abart mit Schnabeldeformation wurde 1901 auf dem Schaalsee bei Lassahn (L.) geschossen (Hagen 1910 i). Ein Bastard *boschas* × *domestica* ist im Oktober 1911 auf dem Dassower See erlegt (Blohm 1912), im Februar 1912 ein vollständig albinotisches ♀ bei Neudorf bei Eutin. Beide stehen im M.

2. **Anas penelope** L. — Pfeifente.

Anfang November 1909 wurde auf der Untertrave eine abnorm gefärbte Pfeifente erlegt, die Prof. Dr. Reichenow zugeschickt wurde. Nach ihm ist dieselbe eine bei dieser Art nicht seltene schwarzkehlige Varietät, vielleicht ein Atavismus, der auf den Ursprung der Art aus amerikanischen Verwandten hinweist.

3. **Charadrius hiaticula** L. — Sandregenpfeifer.

Verf. besitzt ein von Blohm im Frühling 1905 an der Großen Holzwiek geschossenes Exemplar, dessen linker Lauf ca. 1 cm vom Intertarsalgelenk ab fehlt. Das Ende ist aufgetrieben und hohl (Schußverletzung?).

4. **Turtur turtur** (L.) — Turteltaube.

1882 wurde dem M. von J. H. Bernhöft eine weiße Turteltaube geschenkt (Lüb. Bl. 1883, p. 389).

5. **Phasianus colchicus** L. — Fasan.

Im Januar 1907 wurde ein Exemplar vom Förster Hoffmann aus Wesloe dem M. eingeliefert (Lüb. Bl. 1907, p. 456), dessen Kopf und Schwanz dem ♂, Flügel und Hinterkörper dem ♀ gleichen. Ein ebenso gefärbter wurde zur selben Zeit bei Falkenhusen erlegt (Hagen 1907 b). Letzterer war im Besitz vom verstorbenen Konsul Behncke. 1909 wurde dem M. ein weißgeschecktes ♂ geschenkt. Es stammt aus Lassahn (L.) (Goßmann). Anfang Januar 1910 ist eins aus Grinau bei Kastorf (H.) bei Röhr eingeliefert mit weißgesprenkeltem Kopf und Rücken, etwas gesprenkeltem Bauch, fast ganz weißem Schwanz und weißen Ständern. Augen (n. Röhr) blaugrau. Im März 1911 ist auf der Vorwerker Feldmark ein Exemplar erlegt, dessen Kopf und Unterseite wie beim ♂, Oberseite und Schwanz wie beim ♀ gezeichnet sind. Es steht im M.

Am 23. Mai 1909 fand ich an der Wakenitz ein Nest mit fünf Eiern, davon eins mattblau.

6. **Perdix perdix** (L.) — Rephuhn.

Im M. stehen zwei Stücke mit aufgetriebenen, verlängerten Oberschnäbeln. Das eine ist vom Präparator Borckmann 1878 eingeliefert (Lüb. Bl. 1879, p. 271). Im Oktober 1911 erhielt Röhr aus Zarnewentz (M.) ein fast weißes Exemplar, das nur auf den Flügeln je einen ca. 2 cm großen Fleck richtiger Färbung aufwies.

7. **Circus aeruginosus** (L.) — Rohrweihe.

„Ein sonderbares, z. T. männlich, z. T. weiblich gefärbtes, offenbar altes männliches Exemplar aus hiesiger Gegend besitzt das Lübecker M.“ (Rich. Biedermann 1898).

8. **Buteo buteo** (L.) Bussard.

Ritter v. Tschusi besitzt einen partiell albinotischen Bussard aus Scharbeutz (v. Tschusi 1906).

9. **Haliaëtus albicilla** (L.) — Seeadler.

1861 bekam das M. eine Varietät vom Jägermeister Hebich.

10. **Cuculus canorus** (L.) — Kuckuck.

Bei Röhr sah ich ein junges Stück, das an linker Halsseite einen länglich weißen Fleck von ca. 2 cm Größe hatte.

11. **Chelidon rustica** (L.) — Rauchschwalbe.

1906 fand Peckelhoff in Hamberge (H.) zwischen fünf Eiern ein abnormes.

12. **Riparia riparia** (L.) — Uferschwalbe.

Im M. steht ein grauweißes Stück.

13. **Hirundo urbica** (L.) — Hausschwalbe.

1852 wurde von Dr. Meier eine weiße Varietät beobachtet (Boll 1852). Im M. ein ganz weißes Stück, ein weißes mit bläulichem Überflug auf Rücken, Flügeln und besonders auf dem Kopfe. Eine weiße Varietät ist im August 1851 von A. Hasse eingeliefert (Lüb. Bl. 1852, p. 103), eine weiße 1880 von Drews (Lüb. Bl. 1881, p. 328).

14. **Corvus corone** L. — Rabenkrähe.

Verf. beobachtete auf dem Burgfeld bei Lübeck vom 13. Dezember 1907 bis 3. Januar 1908 zwei Krähen, von denen die eine weiße Federn in den Armschwingen und im Rücken hatte, im Dezember 1908 wieder eine genau so gefärbte (Hagen 1909 c). Am 6. September 1908 befand sich beim Grönauer Baum ein Stück mit weißem Spiegel (Peckelhoff 1909 a), im Sommer 1909 ein ganz weiß geschecktes, scheinbar junges Stück auf dem Burgfeld bei Lübeck (Verf.). G. Schröder ist im Besitz einer bei Scharbeutz erlegten Krähe, die braun gefärbt ist. Auch Schnabel und Füße zeigen diese Farbe. Der Schwanz ist weiß, ins Rötliche spielend (Schröder 1907—1909 a).

15. **Corvus cornix** L. — Nebelkrähe.

Am 3. Oktober 1910 wurde nach einer Notiz im Lüb. Gen.-Anz. eine ganz weiße Krähe mit nur einer schwarzen Flügelfeder bei

Scharbeutz (F.) erbeutet. Da um die Zeit die Nebelkrähen anrückten, wird dieses Exemplar wohl zu ihnen gehört haben.

16. **Colaeus monedula spermologus** (Vieill.) — Dohle.

Im Oktober 1908 in Lübeck ein albinotisches Stück (rechte Nackenseite ganz weiß) (Hagen 1909 c), Ende März 1911 bei der Jacobikirche ein weißgeschecktes mit weißem Bürzel.

17. **Pica pica** (L.) — Elster.

Am 13. April 1903 bei Waldhusen im Nest ein fleckenloses Ei (Peckelhoff), 1906 auf der Falkenhusen-Strecknitzer Feldmark ein ganz weißes Exemplar (Nöhring), Peckelhoff sah 1907 und 1908 eins, 1909 soll ebenfalls eins gewesen sein. Am 10. Juli 1909 ist ein fahlbraunes Stück bei Kücknitz geschossen (Hagen 1910 i).

18. **Sturnus vulgaris** L. — Star.

Im M. ein reinalbinotisches Stück. Im September 1901 bei Gotmund mehrere Exemplare mit part. Albinismus in den Schwärmen (Verf.).

19. **Passer domestica** (L.) — Haussperling.

1842 erhielt das M. vom Apotheker Kindt eine *„Fringilla domestica alba“* (Lüb. Bl. 1843, p. 234). Im April 1899 in Lübeck ein ♀ mit Weiß auf Kopf, Nacken und Schultern (Hartwig). 1908 unter den Jungspatzen viele partiell albinotisch (meistens Rücken, Flügeldecken und Armschwingen). Ein Stück mit einem fast weißen Nackenring. Am Mühlenteich ein ganz weißes Exemplar. 1909 zwei albinotische Spatzen. 1910 am Mühlenteich wieder ein weißes.

20. **Fringilla coelebs** L. — Buchfink.

Peckelhoff traf am 20. Februar 1909 ein teilweise albinotisches Stück mit viel Weiß im Flügel, Rücken und Schwanz. Finken mit viel Weiß im Schwanz sind nicht selten.

21. **Emberiza calandra** L. — Grauammer.

Im M. ein teilweise albinotisches Stück mit weißem Kopf und weißen Flecken auf den Flügeldecken, im Herbst 1905 bei Lübeck erbeutet (Hagen 1909 c).

22. **Emberiza citrinella** L. — Goldammer.

Im Winter 1908/09 in Lübeck vielfach teilweise albinotische Stücke (Hagen 1909 c). Am 29. August 1912 am Kattegatt ein Stück mit Weiß in Handschwingen.

23. **Emberiza hortulana** L. — Ortolan.

1850 ist dem M. vom Jägermeister Hebich eine weiße Varietät geschenkt (Lüb. Bl. 1851, p. 110).

24. **Parus major** L. — Kohlmeise.

Im M. steht ein Exemplar mit abnormem Schnabel (Stockelsdorf 1908). Es ist ein Rechtskreuzer.

25. **Acrocephalus spec.** — Rohrsänger.

Am 10. August 1912 befand sich auf der Wakenitz (3. Fischerbuden) ein weißer Rohrsänger (P. Lüthgens).

26. **Turdus philomelos** Brehm — Singdrossel.

Im M. zwei blasse Exemplare ohne Provenienz. Ein solches wurde von Schön 1850 geschenkt (Lüb. Bl. 1851, p. 110), ein anderes 1855 von Förster Brandt (Lüb. Bl. 1856, p. 260).

27. **Turdus merula** L. — Amsel.

Im MK. ist ein weißgeflecktes lübeckisches Stück angegeben. Am 6. Januar 1907 im Stadtpark von Lübeck ein ♂ ad. mit weißem Schwanz (links Federn weiß, rechts Schäfte dunkel, Fahnen grau) (Hagen 1908c). Ein Exemplar mit weißem Kopf am 8. Juni 1908 bei Mölln (L.) (Peckelhoff 1909a). 1910 vor dem Mühlentor (Lübeck) eins mit weißen Ohrflecken. Hartwig fand einmal in einem Nest von fünf Jungen zwei bastardfarbig. Am 10. Januar 1912 befand sich auf dem Torney ein Stück mit weißem Schwanz (C. Schöss), am 25. September 1912 ein gleiches auf Spieringshorst (P. Lüthgens).

V. Frühlings-Ankunftstermine.

Über die Wichtigkeit der Feststellung des Ankunftstages ist man heute nirgends mehr im Zweifel. Durch Vergleichung mit anderen Bezirken ergeben sich interessante Aufschlüsse über die Art der Besiedelung. Die mustergültigen Arbeiten der Ungarischen Ornithologischen Zentrale lehren das. Im folgenden gebe ich die bei Lübeck gesammelten Daten. In den letzten drei Jahren wurde ich z. T. auf das liebenswürdigste von Herrn Peckelhoff unterstützt. Wie genau die Daten festgelegt wurden, möge die Tatsache illustrieren, daß wir manche Angaben am selben Tage unabhängig voneinander machten. Oft kreuzten sich unsere mit denselben Nachrichten versehenen Karten.

1906 suchte ich auch die Herren Blohm, Heyck, Spethmann u. a. für derartige Arbeiten zu interessieren, ersuchte auch die Naturwissenschaftliche Abteilung des Lehrervereins zu Lübeck um derartiges Material, aber nur Herr Blohm sandte dauernd Mitteilungen dem Jahresbericht für Mecklenburg ein, in dem diese Daten mit abgedruckt wurden.

Aus älterer Zeit liegen einige Ankunftsangaben aus Eutin vor. Sie sind enthalten in: G. Karsten, Periodische Erscheinungen des Tier- und Pflanzenreiches in Schleswig-Holstein I. (Schriften des Naturwissenschaftlichen Vereins für Schleswig-Holstein, Bd. III, 1880, 2. Heft, p. 3—16), II. (ib., Bd. V, 1884, p. 69—80).

1. **Sterna hirundo** L. — Flußseeschwalbe.

L.: 30. IV. 03; 27. IV. 04; 27. IV. 05; 26. IV. 06; 4. V. 07; 30. IV. 08; 27. IV. 09; 27. IV. 10; 25. IV. 11, 26. IV. 12. Mittlere Ankunft: 27.—28. IV.

Eutin (Eppelsheim 06): 20. IV. 04.

2. **Sterna macrura** Naum. — Küstenseeschwalbe.

L.: 3. V. 08.

3. **Hydrochelidon nigra** (L.) — Trauerseeschwalbe.

L.: 7. V. 07; 6. V. 08; 15. V. 11; 10. V. 12. Mittlere Ankunft: 9.—10. V.

4. **Charadrius hiaticula** L. — Sandregenpfeifer.

L.: 25. III. 06; 3. III. 12.

5. **Charadrius alexandrinus** L. — Seeregenpfeifer.

Travemünde: 8. III. 10; 26. III. 11.

6. **Vanellus vanellus** (L.) — Kiebitz.

L.: 5. III. 70; 18. II. 75; 25. III. 78; 19. II. 80; 9. III. 88; 24. II. 97; 22. III. 01; 24. III. 02; 29. III. 05; 6. III. 06; 4. III. 07; 2. III. 08; 13. III. 09; 6. III. 10; 18. II. 11; 18. II. 12. Mittlere Ankunft: 6.—7. III.

7. **Tringoides hypoleucos** (L.) — Flußuferläufer.

L.: 12. IV. 10.

8. **Totanus totanus** (L.) — Rotschenkel.

L.: 4. IV. 09; 27. III. 10; 19. III. 11; 31. III. 12. Mittlere Ankunft: 28. III.

9. **Scolopax rusticola** L. — Waldschnepfe.

L.: 29. III. 03; 3. III. 06; 4. IV. 07; 29. III. 09; 6. III. 11; 8. III. 12. Mittlere Ankunft: 18.—19. III.

[4. III. 1834; 2. III. 1835 (Ritzerau); 12. III. 1842 (Wulfsdorf und Schattin); 8. III. 1766; 19. III. 1759 (Wulfsdorf).]

10. **Crex crex** (L.) — Wachtelkönig.

L.: 13. V. 09.

11. **Ciconia ciconia** (L.) — Storch.

L.: 4. IV. 88; 3. IV. 97; 3. IV. 01; 28. III. 02; 6. IV. 03; II. 04; 1. IV. 06; 30. III. 07; 29. III. 08; 5. IV. 09; 30. III. 10; 7. IV. 12. Mittlere Ankunft: 2.—3. IV.

12. **Ardea cinerea** L. — Fischreiher.

L.: 13. III. 99; 10. III. 11; 3. III. 12.

13. **Coturnix coturnix** (L.) — Wachtel.

L.: 10. V. 09.

14. **Cuculus canorus** (L.) — Kuckuck.

L.: 3. V. 97; 4. V. 00; 6. V. 03; 1. V. 04; 4. V. 05; 1. V. 06; 4. V. 07; 9. V. 08; 8. V. 09; 7. V. 10; 24. IV. 11; 5. V. 12. Mittlere Ankunft: 4. V.

15. **Iynx torquilla** (L.) — Wendehals.

L.: 8. IV. 09.

16. **Apus apus** (L.) — Mauersegler.

L.: 7. V. 97; 4. V. 98; 5. V. 03; 8. V. 04; 6. V. 05; 1. V. 06; 5. V. 07; 1. V. 08; 26. IV. 09; 7. V. 10; 5. V. 11; 1. V. 12. Mittlere Ankunft: 4. V.

Abzug: 5. VIII. 04; 4. VIII. 05; 24. VII. 06; 5. VIII. 07; 28. VII. 08; 12. VII. 09; 1. VIII. 11. Mittlerer Abzug: 26. VII.

17. **Hirundo rustica** (L.) — Rauchschwalbe.

L.: 14. IV. 88, 27. IV. 03; 13. IV. 04; 17. IV. 05; 14. IV. 06; 20. IV. 07; 27. IV. 08; 18. IV. 09; 18. IV. 10; 19. IV. 11; 20. IV. 12. Mittlere Ankunft: 19. IV.

18. **Delichon urbica** (L.) — Hausschwalbe.

L.: 5. V. 05; 20. IV. 06; 16. IV. 09; 19. IV. 12. Mittlere Ankunft: 20.—21. IV.

19. **Riparia riparia** (L.) — Uferschwalbe.

L.: 30. IV. 05; 5. V. 07; 25. IV. 09; 2. V. 10. Mittlere Ankunft: 1.—2. V.

20. **Muscicapa striata** (Pall.) — Grauer Fliegenschnäpper.

L.: 4. V. 01; 4. V. 02; 8. V. 03; 4. V. 04; 7. V. 05; 20. V. 06; 10. V. 08; 12. V. 09; 8. V. 12. Mittlere Ankunft: 8.—9. V.

21. **Muscicapa hypoleuca** (Pall.) — Trauerfliegenschnäpper.

L.: 1. V. 01; 29. IV. 03; 23. IV. 04; 29. IV. 05; 22. IV. 06; 6. V. 07; 5. V. 08; 26. IV. 09; 13. V. 10 (!); 26. IV. 11; 28. IV. 12. Mittlere Ankunft: 30. IV.

22. **Lanius collurio** L. — Rotrückiger Würger.

L.: 4. V. 07; 13. V. 09; 15. V. 12.

23. **Oriolus oriolus** (L.) — Pirol.

L.: 15. V. 96; 2. V. 98; 10. V. 06; 9. V. 07; 3. V. 09; 5. V. 10; 15. V. 11. Mittlere Ankunft: 8.—9. V.

24. **Sturnus vulgaris** L. — Star.

L.: 15. II. 97; 11. II. 02; 6. II. 03; 16. II. 04; 8. II. 05; 10. II. 06; 11. II. 07; 11. II. 08; 8. II. 09; 11. II. 12. (1. III. 70; 17. II. 75; 20. III. 78; 14. II. 80; 8. III. 88.) Mittlere Ankunft: 10.—11. II. [(1. III.) 17. II.].

25. **Emberiza schöniclus** (L.) — Rohrammer.

L.: 11. III. 04; 3. IV. 09; 13. III. 10; 10. III. 11; 20. III. 12. Mittlere Ankunft: 17.—18. III.

26. **Anthus trivialis** (L.) — Baumpieper.

L.: 26. IV. 08; 23. IV. 10; 21. IV. 12.

27. **Anthus pratensis** (L.) — Wiesenpieper.

L.: 13. III. 10; 19. IV. 11; 3. IV. 12.

28. **Motacilla alba** L. — Weiße Bachstelze.

L.: 31. III. 97; 13. III. 99; 18. III. 00; 22. III. 02; 6. III. 03; 13. III. 04; 4. IV. 05; 18. III. 06; 24. III. 07; 21. III. 08; 19. III. 09; 13. III. 10; 16. III. 11; 3. III. 12; 8. III. 13. Mittlere Ankunft: 17.—18. III.

29. **Motacilla flava** L. — Kuhstelze.

L.: 7. V. 02; 3. V. 03; 16. IV. 04; 25. IV. 05; 2. V. 06; 19. IV. 08; 29. IV. 09; 27. IV. 10; 19. IV. 11; 24. III. 12. Mittlere Ankunft: 23.—27. IV.

30. **Alanda arvensis** L. — Feldlerche.

L.: 16. II. 06; 24. II. 07; 2. III. 08; 14. III. 09; 5. II. 10; 17. II. 11; 11. II. 12. Mittlere Ankunft: 21. II.

31. **Lullula arborea** (L.) — Heidelerche.

L.: 16. III. 97; 18. III. 06; 17. III. 07; 21. III. 09; 8. III. 10; 24. II. 11; 3. III. 12. Mittlere Ankunft: 11.—12. III.

32. **Sylvia communis** Lath. — Dorngrasmücke.

L.: 6. V. 06; 3. V. 08; 9. V. 09; 24. IV. 10; 23. IV. 11; 28. IV. 12. Mittlere Ankunft: 31. IV.—1. V.

33. **Sylvia curruca** (L.) — Zaungrasmücke.

L.: 1. V. 09; 23. IV. 10; 23. IV. 11; 26. IV. 12. Mittlere Ankunft: 26. IV.

34. **Sylvia atricapilla** (L.) — Mönchgrasmücke.

L.: 29. IV. 97; 20. IV. 02; 29. IV. 03; 22. IV. 04; 30. IV. 05; 26. IV. 06; 3. V. 07; 27. IV. 08; 26. IV. 09; 23. IV. 10; 25. IV. 11; 20. IV. 12. Mittlere Ankunft: 26. IV.

Eutin (Dr. B.-I.): 28. IV. 08.

35. **Acrocephalus arundinaceus** (L.) — Rohrdrossel.

L.: 6. V. 03; 12. V. 04; 7. V. 05; 29. IV. 06; 16. V. 09; 21. V. 10; 19. V. 11; 6. V. 12. Mittlere Ankunft: 11.—12. V.

36. **Acrocephalus streperus** (Vieill.) — Teichrohrsänger.

L.: 11. V. 09; 8. V. 10; 19. IV. 11. Mittlere Ankunft: 2.—3. V.

37. **Acrocephalus palustris** (Bchst.) — Sumpfrohrsänger.

L.: 12. V. 09; 15. V. 10.

38. **Hippolais icterina** (Vieill.) — Gartensänger.

L.: 15. V. 03; 17. V. 05; 11. V. 06; 13. V. 07; 14. V. 08; 16. V. 09; 15. V. 10; 15. V. 12. Mittlere Ankunft: 14.—15. V.

39. **Phylloscopus sibilatrix** (Bchst.) — Waldlaubsänger.

L.: 29. IV. 03; 23. IV. 04; 29. IV. 06; 25. IV. 09; 1. V. 10. Mittlere Ankunft: 27.—28. IV.

40. **Phylloscopus trochilus** (L.) — Fitislaubsänger.

L.: 27. IV. 00; 28. IV. 03; 14. IV. 04; 22. IV. 05; 15. IV. 06; 29. IV. 07; 25. IV. 08; 15. IV. 09; 18. IV. 10; 2. IV. 11; 21. IV. 12. Mittlere Ankunft: 20. IV.

41. **Phylloscopus collybita** (Vieill.) — Weidenlaubsänger.

L.: 31. III. 03; 14. IV. 04; 19. IV. 05; 7. IV. 06; 3. IV. 07; 5. IV. 08; 4. IV. 09; 30. III. 10; 7. IV. 11; 31. III. 12. Mittlere Ankunft: 6. IV.

42. **Turdus philomelos** Brehm — Singdrossel.

L.: 17. III. 97; 21. III. 02; 8. III. 03; 20. III. 04; 15. III. 05; 18. III. 06; 20. III. 07; 17. III. 08; 21. III. 09; 5. III. 10; 31. III. 11; 8. III. 12; 10. III. 13. Mittlere Ankunft: 16.—17. III.

43. **Saxicola oenanthe** (L.) — Steinschmätzer.

L.: 27. IV. 03; 4. IV. 07; 23. IV. 09; 11. IV. 11; 7. IV. 12. Mittlere Ankunft: 14.—15. IV.

44. **Pratincola rubetra** (L.) — Braunkehliger Wiesenschmätzer.

L.: 4. V. 02; 10. V. 05; 5. V. 08; 2. V. 09; 1. V. 10; 6. V. 12. Mittlere Ankunft: 5. V.

45. **Phoenicurus titys** (Gm.) — Hausrotschwanz.

L.: 7. IV. 01; 4. IV. 02; 20. III. 03; 31. III. 04; 28. III. 05; 3. IV. 06; 25. III. 07; 2. IV. 08; 4. IV. 09; 5. IV. 10; 30. III. 11; 4. IV. 12; 22. III. 13. Mittlere Ankunft: 31. III. bis 1. IV.

46. **Phoenicurus phoenicurus** (L.) — Gartenrotschwanz.

L.: 20. IV. 03; 5. IV. 04; 20. IV. 05; 21. IV. 06; 16. IV. 08; 15. IV. 09; 18. IV. 10; 19. IV. 11; 15. IV. 12. Mittlere Ankunft: 17. IV. (31. III. 13!).

47. **Erithacus rubeculus** (L.) — Rotkehlchen.

L.: 17. III. 97; 21. III. 03; 23. III. 04; 15. III. 05; 31. III. 06; 25. III. 07; 16. III. 08; 21. III. 09; 8. III. 12. Mittlere Ankunft: 20. III.

48. **Luscinia suecica cyanecula** (Wolf) — Weißsterniges Blaukehlchen.

L.: 26. III. 03; 30. III. 04; 10. IV. 10; 2. IV. 11; 3. IV. 12. Mittlere Ankunft: 2. IV.

49. **Luscinia megarhynchos** Brehm — Nachtigall.

L.: 26. IV. 87; 29. IV. 88; 1. V. 96; 29. IV. 97; 30. IV. 98; 30. IV. 99; 27. IV. 00; 3. V. 01; 30. IV. 03; 23. IV. 04; 30. IV. 05; 6. V. 06; 7. V. 07; 1. V. 08; 21. IV. 09; 20. IV. 10; 24. IV. 11; 4. V. 12. Mittlere Ankunft: 29.—30. IV.

VI. Vogelzug.

Unser Gebiet ist zwar nur klein, beherbergt seiner geographischen Beschaffenheit wegen jedoch eine derartige Anzahl von Brutvögeln, wie wohl nur wenige gleich große Flächen unseres Vaterlandes — hinsichtlich der Art- wie Individuenzahl. Was es aber besonders interessant macht und ihm mehr als lokalen Wert verleiht, ist der alljährlich über ihn hinbrausende Zug. Meinen Erfahrungen nach würde eine Vogelwarte auf dem Priwall oder der nicht weit entfernten Insel Poel (Mecklenburg) hochwichtige Ergebnisse zeitigen, Ergebnisse, die sich sicher mit denen von Rossitten und Helgoland messen können; denn der Zug im Südwestwinkel der Ostsee tritt ganz anders in Erscheinung als an den genannten Orten. Fallen bei Helgoland die plötzlichen, sprunghaften, riesigen Zugsmassen auf, denen oft eine wochenlange Öde folgt, bei denen man deshalb ein Zusammentreffen von ganz bestimmten meteorologischen Verhältnissen annehmen muß (Gätke, Vogelwarte Helgoland; Jahresberichte über den Vogelzug auf Helgoland von Dr. H. Weigold, Journal f. Orn., Sonderhefte), zeichnet sich Rossitten durch die regelmäßigen, großen Wanderungen der Raub- und Singvögel aus (Jahresberichte der Vogelwarte Rossitten von Dr. J. Thienemann, Journal f. Orn.), so gibt bei Lübeck in günstigen Jahren der im Juni einsetzende, bis in den November, ja Dezember und noch später währende Zug, insbesondere der der Sümpfler, der im allgemeinen stetig, oft Nacht für Nacht regelmäßig verläuft und nur durch anhaltendes ungünstiges Wetter eine Stauung erleidet, dann aber bei wieder einsetzendem günstigen Wetter Verhältnisse zeitigt, die an Helgoländer gemahnen, diesem Gebiete ein eigenes Gepräge.

Durch Vergleiche mit den Angaben von Helgoland und Rossitten bin ich zu dem Schlusse gekommen, daß alle drei Orte auf verschiedenen „Straßen" liegen. Zum Beweise füge ich einige Daten an:

Helgoland. „Der Herbst 1906 wird den Vogelfängern wohl noch lange im Gedächtnis bleiben; es ist nach einer längeren Reihe von Jahren das erste Mal, daß wieder ein phänomenaler Zug stattfand ... Claus Denker, ..., teilt mir unter dem 30. Oktober ungefähr folgendes mit:

„... Seit 8 Tagen ist hier der Himmel bedeckt. Jeden Abend geht ganz Helgoland mit Ketscher und Blendlaterne hinauf zum Leuchtturm, den schon seit längerer Zeit allmählich ein Meer von Zugvögeln umfliegt, Drosseln „in allen Arten", Lerchen, Pieper, Rotkehlchen, alles zu Tausenden. Große Wolkenflüge von Staren umschwärmen den Turm ..., Waldschnepfen und Bekassinen kreisen um das Licht ... In der Nacht vom 23. zum 24. Oktober wurden 127 Waldschnepfen gefangen, am nächsten Morgen über 100 geschossen; diese Zahl bedeutet aber nur einen geringen Bruchteil ... In derselben Nacht wurden ungefähr 4000 Lerchen und 4000 Drosseln verschiedener Art gefangen. Am 24. Oktober wurden wiederum 54 Waldschnepfen gefangen und 39 geschossen ... Am Morgen des 27. Oktober sammelte ich auf dem Wasser 78 Drosseln und Lerchen auf ... Während der genannten Tage erschienen auch ganze Scharen von Alpenlerchen, ferner sehr viele kleine Bekassinen *Gallinago gallinula* (L.) ..." (Stresemann, Ungewöhnlich starker Herbstzug auf Helgoland, Orn. Monatsber. 1907, p. 44—45.)

Rossitten: „... Es dürfte von Interesse sein, zu erfahren, wie es in jenen Tagen auf der Vogelwarte Rossitten mit den Zugverhältnissen bestellt gewesen ist.

Von vornherein ist zu bemerken, daß von solchen auffallenden, abnorm starken Massenzügen nichts zu sehen war und daß gerade die für Helgoland wichtigsten Tage, z. B. der 24. Oktober, hier mehr oder weniger versagten. Trotzdem muß hervorgehoben werden, daß in jener Zeit, also etwa vom 17. Oktober ab, auch hier auf der Kurischen Nehrung der Vogelzug ganz besonders lebhaft im Gange war. Reges Leben herrschte unter der Vogelwelt, alles war unterwegs. Es mögen einige Notizen aus dem hiesigen Tagebuche folgen, die einen Vergleich mit jenen Helgoländer Verhältnissen zulassen. Ein großartiger Zugtag war für Rossitten der 19. Oktober. Der Krähenflug geradezu imposant! Nach Schätzung mögen an diesem Tage gegen 52000 Vögel durchgewandert sein. Den Krähen beigemischt waren Sperber, Flüge von Hohltauben, kleine Startrupps, Buchfinken, einige Heidelerchen und ganz vereinzelt Pieper ... Für Helgoland werden weiter, wie schon bemerkt, der 23. und 24. Oktober als ganz besonders wichtige Zugtage hervorgehoben, namentlich für Lerchen, Drosseln und Waldschnepfen. Was sagt das Rossittener Tagebuch dazu? Die beiden ersten der drei genannten Vogelarten wurden nur spärlich beobachtet ... Dagegen hob sich der 23. Oktober auch für die Nehrung als guter Schnepfentag heraus ... Ferner war für den 23. und 24. Oktober in Rossitten Krähenzug zu notieren, und schließlich wanderten an den Tagen unverhältnismäßig viel Seeadler die Nehrung entlang, ebenso wurde die erste Sperbereule von mir gesehen.

... Der 26. Oktober war ein schöner, heller, sonniger Herbsttag mit schwachem NO, am 27. Oktober war der Himmel bedeckt, Luft klar, mäßiger SO. Am ersten Tage flogen die Krähen sehr hoch, etwa 1000 m hoch, am zweiten in geringerer Anzahl etwa 50—80 m hoch. Schwäne ziehen, einige Starflüge, Wacholderdrosseln. Sonst nichts von Bedeutung. Am 22. Oktober wurden bereits die ersten Seidenschwänze beobachtet. Zusammenfassend ist also nochmals zu betonen, daß an jenen Oktobertagen nicht so gewaltige Vogelscharen in die Erscheinung traten, wie dort auf Helgoland ... Das steht fest, daß um die fragliche Zeit auch bei Rossitten ein ganz besonders reger Zug zu beobachten war, und das ist sicher von Interesse. Die Vögel sind in jenen Tagen durch irgendwelche Umstände im Norden bzw. Osten massenweise zum Aufbruch getrieben worden, worauf auch der Umstand hinweist, daß gerade damals manche nordischen Gäste, z. B. Seidenschwänze, Sperbereulen, zum ersten Male in unseren Breiten zur Beobachtung gelangten." (Dr. J. Thienemann, Vogelwarte Rossitten, Orn. Monatsber. 1907, p. 77—78.)

Lübeck. 5. Oktober 1906. Bretling (Untertrave): ca. 70 *Podiceps cristatus* ad. u. juv. rastend.

6. Oktober 1906. *Pod. crist.* nicht mehr dort, also wohl in der Nacht weitergezogen. Zahlreiche *Anas querquedula.*

8. Oktober 1906. Stau (Untertrave): 2 *Charadrius morinellus.*

10. Oktober 1906. Gestern bedeckt, abends klar, O. Heute schönes klares Herbstwetter, O. Am Vormittag zogen über den 2. Wall ca. 70 *Corvus frugilegus* ONO—WSW, ca. 150 m hoch. Nachmittags: Stau. *Larus canus,* ca. 50 kleine Strandvögel, viele Enten.

19. Oktober 1906. Nachts gegen 12 h zogen *Turdus musicus* über Lübeck. Die Stimmen entfernten sich nach SW.

21. Oktober 1906. 1. Wall: Ein Schwarm *Fringilla coelebs* und *montifringilla,* ein *Garrulus glandarius* rastend.

28. Oktober 1906. 3. Wall: Viele *Turdus merula* rastend (nach Aussage des Parkwächters schon seit einigen Tagen. Stadtpark: Viele *Turdus merula* und *Turdus iliacus.* 2 *Alauda arvensis* zogen. Wetter immer schön, klar, scharfer Ostwind.

30. Oktober 1906. Abends bei Mondschein die Stimmen von ziehenden *Turdus merula* auf dem 3. Wall, NO—SW.

31. Oktober 1906. Schöner, klarer, kalter Herbsttag. Israelsdorfer Forst: *Coccothraustes cocc., Fringilla montifringilla.* Stau: viele Enten, meistens *Anas boschas,* Israelsdorf: Ein großer Schwarm *Mergiden* zieht vorüber.

Bei Helgoland also phänomenaler Zug, besonders von Drosseln, Schnepfen und Lerchen, bei Rossitten lebhafte Züge von Schnepfen und Krähen, bei Lübeck dagegen nur ganz geringer Zug von Drosseln und Saatkrähen, allerdings auch nordischen Bergfinken, so daß Thienemanns Schluß: In jenen Tagen habe im N oder O ein Aufbruch von Vogelschwärmen stattgefunden, durch die Lübecker Beobachtungen mit gestützt wird; während aber der Zug bei Helgoland und Rossitten lebhaft in Erscheinung trat, hat er Lübeck kaum berührt. Dagegen fand von Mitte Juli bis September ein sehr lebhafter Sümpflerzug statt.

Weit besser wird meine Annahme, über den Südwestwinkel der Ostsee verlaufe eine besondere „Straße", durch den April 1909 illustriert.

Helgoland. Ich benutze die Angaben von Dr. Weigold, I. Jahresbericht über den Vogelzug auf Helgoland, Journ. f. Orn. 1910, Sonderheft, p. 13—19. Um nicht die ganze Datenreihe zu wiederholen, fasse ich das mich nicht Interessierende zusammen.

Im Anfang des Monats ganz wenig Zug.

12. April. Barometer sehr tief, Nebel, abends Regen, WSW—NW rauh. Im Westen und SW mittelstarke NW- bis SW-Winde. Gleichwohl kein Zug. Sehr wenig da. Die Nacht durch in ganz Westeuropa außer Spanien ziemlich starke westliche (abends an der Küste südwestliche) Winde. Dabei schwacher Regen und dicke Luft auf Helgoland. Die Folge war:

13. April. Ganz leichter NW. Ein ganz großartiger Zug, der von 1/21 h bis morgens währte. Der Himmel gellte von dem wilden Schreien der großen Brachvögel, ihnen gegenüber traten die Tausende von Drosseln, meist *pilaris*, dann *musicus* und *iliacus*, weit zurück. Ferner: Bekassinen, Goldregenpfeifer, noch wenige Alpen- und Isländische Strandläufer und Sanderlinge. Starker Schnepfenzug. Mindestens 50 Stück wurden geschossen . . . Wachholderdrosseln, einmal ein Schwarm von ca. 150, wenige Dutzend Wein- und Singdrosseln, kleine Bekassinen . . . Außerdem wurde noch geschossen: 1 Rotschenkel, 1 Grünfüßiges Teichhuhn, 1 Sumpfohreule, 3 Zwergtaucher. Die letzten paar Berghänflinge und die ersten Ringdrosseln kamen durch. Von Strandpiepern sind verschiedene da . . .

14. April. ESE_1, WNW_5, N_8. In Westeuropa . . . bis Borkum günstige, wenn auch etwas starke westliche (meist SW) Winde.

Trotzdem nichts! . . .

15. April. Nachts Sturm, dann Kälte, sogar Schnee, früh Sonnenschein. Wind von N_4 auf WNW_1 gehend. Im Südwesten leichte nordöstliche Winde, die aber wieder westwärts zurückdrehen.

Kein Zug, nur . . . ein paar Kleinvögel . . .

16. April. SSW—SSE_{2-1}. Nachm. Regen. Winde im SW nicht ungünstig . . . Nachts in Westeuropa frische bis schwache Südwestwinde bis Borkum, doch dreht zuletzt auch auf Helgoland der Wind nach NW. Abends 9 h war der Himmel bedeckt, finster, regendrohend, und es begann ein starker, nachher mächtig anschwellender Zug. Anfangs zogen hauptsächlich Goldregenpfeifer, später Unmassen von *Numenien*, auch *phaeopus* dabei. Rotschenkel und helle Wasserläufer sehr viel, Austernfischer, Kiebitze, Bekassinen und Tringen wenig, Singdrossel sehr viel, *piliaris* und *iliacus* wenig, Steinschmätzer viel. Allerlei *Charadrien*. Paar Ringdrosseln und Stare.

17. April. WNW—WSW_1. Tagsüber wenig . . . Die Nacht durch in ganz Westeuropa bis Südschweden leichte SW-Winde . . . Auf Helgoland überzieht sich der Himmel gegen 10 h mehr und mehr, zuletzt regnet es. In gleichem Maße steigert sich das Zugsphänomen und kommen die Vögel tiefer herab. Anfangs zogen Unmassen von Singdrosseln, wenig Wachholderdrosseln, sehr viel Steinschmätzer . . . Später viel Brachvögel, aber viel weniger als gestern und viel höher. Ferner wenige Goldregenpfeifer, *Tot. totanus* und *glottis*, Stare, Lerchen, einige Kiebitze, Lachmöven, Bekassinen, Schnepfen, *Squatarola*, *Tringa*, *Oidemien*, Ringdrosseln, Rohrammern.

18. April. Etwas diesig, regnerisch. SW—WNW_1. Etliches von den nächtlichen Scharen dageblieben: etwa je 60 Rotkehlchen, Wachholderdrosseln und Steinschmätzer, Singdrosseln wenig, Weindrosseln nur ein paar. 1 *Oedicnemus* erlegt . . ., der erste Wendehals. Sonst nur ein paar Kleinvögel (Buch-, Bergfinken, Braunellen, Zaunkönig), der übliche Trupp Saatkrähen und 1 Sperber.

19. April. SW—WNW_1, klar, schön. Frankreich, Südengland: SE. Nichts Neues als 1 Rohrammer, Grünling, paar Hänflinge und das erste Braunkehlchen. Nachts bei Sternenhimmel nur ein Rotschenkelruf.

20. April. Klar, heiter. SE_3. SW_2. Westeuropa von Holland ab stärkere Westwinde, auch in der deutschen Bucht drehen tagsüber die Winde nach W. Wenig Zug und zwar erst tagsüber. Je 1 Waldohreule, Sperber, Turmfalk, 2 Ringeltauben, 1 Wachtelkönig, etliche Drosseln (vor allem Ringdrosseln) und Kleinvögel angekommen, u. a. 1 *phoenicurus* ♂, erste Schafstelze (♂), 3 Feldsperlinge. Nachts Sternenhimmel, nur 1 *Tringa alpina* Schinzi fliegt an.

21. April. SE von 3 abflauend. Westeuropa SO-Winde, westliche Nordseeküste leichte NW-Winde. — Wenige Tauben, Schnepfen, Kiebitze, Wachholderdrosseln ziehend. Kleinvögel weniger.

22. April. Nachts kein Zug . . .

23. April. Nach Mitternacht überzog sich der Himmel, früh Regen. Wind nach SW in ganz Westeuropa und frisch (3—4), infolgedessen nachts starker Kleinvogelzug.

Ende des Monats wenig resp. sehr wenig Zug.

Rossitten: (Dr. J. Thienemann, IX. Jahresbericht der Vogelwarte Rossitten, J. f. O. 1910). Das für mich nicht in Betracht kommende ist zusammengefaßt.

1. April. Rückwanderung von Kleinvögeln wegen der Kälte. In den nächsten Tagen kein oder wenig Zug.

12. April. Kein Zug.

13. April. O_6, O_6, NO_4. Kein Zug, kein Vogelleben . . ., alles tot.

14. April. NNO, W, SW. Kein Zug.

15. April. WNW, W, W. 8 h a. 10 Krähen nach N, 9 Störche, 1 roter Milan und ein Starflug.

16. April. $WNW_{12,9\,m}$, NW_8, NW_8. Von Zug keine Spur . . .

17. April. NW_5, NO_6, NO_4. Einige Krähen und Finken ziehen bis 11 a . . .

18. April. NW_2, NW_2, NO. Der erste schönere und vor allem wärmere Tag. Um 9 a jetzt etwas Zug ein. Krähen und Finken ziehen vorüber . . .

19. April. O_4. NO_4, NO_5. Regen, kein Zug.

20. April. N_5, N_5, N_{3m}. Schneeflocken früh, kein Zug.

21. April. N_4, NW_5, NNW_{7m}. Meist bedeckt. Mittags wieder nach Ulmenhorst. Zug findet nicht statt. Im Laufe des Nachmittages kommen wohl einige kleine Trupps

Nebelkrähen, auch drei ziehende Sperber werden beobachtet, aber was ist das gegen die Züge in andern Jahren!

Drosseln und Rotkehlchen sind etwas mehr angekommen und treiben sich auf den Triften und in den Büschen umher, auch einige Buchfinken und Heidelerchen. Die Nacht dunkel, ohne Sterne, Schneeflocken.

Im allgemeinen ist folgendes zu bemerken: Seit dem 27. und 28. März ist kein guter Zugtag wieder zu verzeichnen gewesen, mit Ausnahme etwa des 8. April. Es herrscht andauernd scharfer West, Nordwest und Nord; ein kaltes Wetter. Vegetation noch ganz zurück. Man friert und muß tüchtig heizen. Viel Nachtfröste. Wann sollen die noch ausstehenden großen Krähen- und Raubvogelzüge vor sich gehen? Sind die Vögel einzeln und verstohlen nach N in ihre Brutgebiete gelangt? Jedenfalls war das bis jetzt eine traurige Zugszeit.

22. April. $N_{6,4\,m}$; $NNW_{6,8}$; $N_{5\,m}$. Sonnenschein, aber sehr kalt. Von der Nacht her liegt noch etwas Schnee. Ab und zu zieht einmal ein Trupp Erlenzeisige, auch ein Trupp Hänflinge nach N. 2 Turmfalken streichen ganz niedrig über die Düne und setzen sich immer, als ob sie ermüdet wären. Man fragt sich, ob der Raubvogelzug etwa in der Weise ganz unbemerkt vor sich geht, daß die Stücke ganz einzeln ziehen? Sonst nichts von Zug zu bemerken. Drosseln und Rotkehlchen sind wieder weniger geworden.

Bis Ende des Monats wenig Zug, am 26. April sogar lebhafter Rückzug nach S von Kleinvögeln.

Im allgemeinen mag noch folgendes bemerkt werden: Der Frühlingszug 1909 war sehr mäßig. Hervorragende Zugtage, an denen die Fülle der Vogelscharen geradezu überwältigend auf den Beobachter einwirkt, sind überhaupt nicht vorgekommen. Die Witterung war zu ungünstig. Es darf die Regel aufgestellt werden, daß östliche Winde und warme Temperatur im Frühjahre für die Kurische Nehrung Vogelzug bringen. Nun entsteht die Frage, wo und wie die Vogelscharen, die im Herbste 1908 über die Nehrung nach S gewandert sind, im Frühjahre 1909 in ihre nördlichen Brutgebiete gelangt sind? Über die Kurische Nehrung nicht, wenigstens nicht in Sichthöhe. Das steht fest. Hier sind viel zu wenig Vögel durchgekommen. An der litauischen Haffküste entlang, wie eingezogene Erkundigungen ergeben, auch nicht. In Vermutungen will ich mich nicht einlassen. Man wird schon nach und nach hinter die Wahrheit kommen.

Lübeck: 1. April. E_2, N_3, N_9; $+8,4^0$ Max., $-0,2^0$ Min., ◍[1] n a I, II. ✱[1] p Schauer.

Am Abend auf den 1. April sah ich am Schellbrook Waldschnepfen traveabwärts ziehen, W—O, bei einbrechender Dunkelheit und hörte eine mir unbekannte Vogelstimme anscheinend einer Ente gehörig (auk-auk). Auf dem Rückweg (Torney) überflogen mich 5—6 mal Bläßhühner, SW—NO.

2. April. W_3, N_4, W_1; $3,6^0$, $-2,7^0$.

Tulpenwiese: 1 *Anthus richardi* (siehe Meckl. Archiv 63, 1909, p. 113—116.) Abends 1 Schwarm Sümpfler der Trave folgend an der Stadt vorbei (fast S—N).

3. April. W_2, N_4, N_2; $6,0^0$, $-2,8_0$; ⌴[2] a.

Der erste Rohrammer (Stau).

4. April E_2, NE_4, NE_2; $6,2^0$, $2,6^0$.

Die ersten Hausrotschwänze, Weidenlaubsänger, auf der Wakenitz auch schon Rohrammern, an der Trave (Stau) der erste Rotschenkel. Auf beiden Flüssen noch *Nyroca fuligula* und *clangula*.

5. April. SE_2, E_3, N_2; $8,9^0$, $-2,0^0$; ⌴[2] I. (Erste Ablesung).

Constinplatz: Der erste Hausrotschwanz hier, also auch wohl schon gestern angekommen. Forstort Schwerin: Der erste Storch zog ca. 50 m hoch S—N. Abends soll einer bei Lübeck S—N gezogen sein. 1 Bussard (Durchzügler). Im Laufe einer halben Stunde ($^1/_2$5—5 h p) zogen ca. 500 Finken über den Kuhbrook von W—O in kleinen langgezogenen Schwärmen von 6—50 Stück. Wind N, kalt. Genau dieselben Bäume werden von den einzelnen Schwärmen überflogen, obgleich sie nicht in Sichtfolge ziehen. Es waren Berg- und Buchfinken, dreimal hörte Stimmen von Erlenzeisigen, einmal vom Grünfinken. Der Zug mag noch länger gedauert haben.

In den Wäldern Hunderte von Weindrosseln, Bergfinken und Erlenzeisigen; Schwanzmeisen noch in Schwärmen.

6. April. C, N_3, NNW_2; $11,5^0$, $-0,4^0$.

Stadtpark: Auch hier Hausrotschwanz. Sie scheinen überall ins Brutrevier gerückt zu sein. Abends: Am Schellbrook flogen 9 Grauammern, die bei Sonnenuntergang das Travetal entlang zogen, W—O. Nachher kamen noch 4, 5, 2 und bei fast vollständiger Dunkelheit noch 2 vorüber. Da unsere Grauammern schon längst in ihre Brutreviere gerückt sind und um die späte Abendzeit alle Kleinvögel sämtlich ihre Schlafplätze aufgesucht haben, handelte es sich sicher um nördliche Durchzügler (1911 um fast dieselbe Zeit denselben Zug beobachtet). Einmal wilde Stimmen ziehender Vögel, vermutlich Reiherartige, den Stimmen nach von SW—NO.

7. April. NW_3, NW_2, NW_2; $14,1^0$, $-0,4^0$. Warmer Sonnenschein.

Wesloe: 1 Bussard, 4 Sperber.

8. April. NW_2, NW_2, W_2; 13,7, 13,7, $-0,5$. Trübe, p sonniger.

Torney: $^1/_2$7 h a Fischreiherruf, ziehend SW—NO. Schwärme von Weindrosseln, Bergfinken und Erlenzeisigen. In Lübeck wird der erste Wendehals gesehen.

9. April. SW_2, NW_4, NW_2; 12,7, 1,5; ≡[1] n. I.

Travemünde: Noch Reiher-, Schell- und Tafelenten. Viele, sehr viele Lachmöven, einige Silber- und Sturmmöven. Schwärme von Kiebitzen, Staren und Feldlerchen, mehrere Richardspieper. Die einzelnen Alpenstrandläufer, Sandregenpfeifer und Rotschenkel sind vermutlich Brutvögel.

10. April. NW_3, NW_2, W_3; 8,1°, 4,8°.

Stau (Untertrave): Trotz der warmen Nacht und des günstigen Windes: nichts. Nur viele Lachmöven, einige Rotschenkel auf der Baggermodde. 1 Brachvogel kam traveabwärts niedrig. Nur Nahrungsbummler. Auch bei der Forsthalle, Israelsdorf, hörte ich Brachvogelruf. Vielleicht hat also nachts ein Zug stattgefunden.

11. April. W_2, S_3, SW_2: 10,5°, 4,7°, ◍^{1} a II.

Morgens früh bei Falkenhusen, Strecknitz, Grönauerbaum, Lübeck, überall Weidenlaubsänger. Das Gros scheint in dieser warmen Nacht mit günstigem Wind gekommen zu sein. Trotz der späten Zeit noch ein Starschwarm von ca. 100 Exemplaren.

12. April. SW_2, S_1, W_4; 14,5°, 3,9°.

Waldhusen: Auch hier überall Weidenlaubsänger. Viele Rotkehlchen, z. T. wohl Durchzügler. Schwärme von Buch- und Bergfinken streichen.

13. April. N_3, N_3, E_2, 7,1°, 1,40. n und a Regen, p Schnee.

14. April. E_3, W_7, W_7; 8,5°, 1,4°. ◍^{1} I p.

15. April. NNW_5, NW_5, W_3; 5,2°, 0,3°. ✱^{0} p.

Im Nachbarpark mehrere Gartenrotschwänze. Im Stadtpark zog flüchtig der erste Fitis durch, außerdem 2 Sommergoldhähnchen. Kernbeißer und Weindrosseln streifen.

16. April. W_2. WSW_2, ESE_2; 11,6°, —1,8°.

Forstort Schwerin: 1 Waldschnepfe stand auf. Kuhbrook: 3 Häher streichen einzeln hastig durchs Moor und weiter durch den Wald; dsgl. ca. 20 Wachholderdrosseln.

17. April. S_2, SW_4, E_1; 14,2, 6,4.

Weindrosseln und Erlenzeisige streifen im Schwerin.

18. April. SW_3, SW_3, W_3; 19,3°, 7,5°; ◍^{1} p 8—9.

Niendorf i. L. Die ersten beiden Rauchschwalben, der erste Baumpieper, mehrere Fitisse, 1 Waldschnepfe. In den Travebüschen gegenüber von Hansfelde: Viele Wein- und Wachholderdrosseln. Nachmittags in Lübeck die Störche auf der Kirchhofskapelle am Nest.

19. April. NW_2. NW_2, E_1; 14,3°, 5,2°.

Nachts nach Peckelhoff SW und leiser Regen. Ziemlicher Zug von Sümpflern.

20. April. E_2, E_4, NE_3; 14,2°, 3,3°. ◍^{2} p von 6h ab III.

Beim St. Gertrudkirchhof erschienen gegen 5h einige Rauchschwalben, die später verschwanden.

21. April. E_3, ESE_3, NE_3, 8,8°. 4,9°; ◍^{1} n.

In der Nacht vom 20.—21. April fand ein phänomenaler Zug statt. Abends herrschte Windstille, von W stieg eine dunkle Wolkenbank auf. Nachts Calme. Ich folge einer Veröffentlichung von Peckelhoff in den Tagesblättern. Um 10h p kamen die Vorläufer, gegen 11—12h wurde der Zug stärker und stärker, zwischen 2—4h drängte sich die Schar, so daß Einzelstimmen gar nicht mehr zu unterscheiden waren. Eine Viertelstunde wie mit einem Schlage lautlose Stille, kaum noch ein einzelner Ton. Nur wenig Bewohner Lübecks haben in dieser Nacht, der ersten wirklich weichen, warmen Frühlingsnacht mit leichtem Regen, Schlaf gefunden. Viele haben die Nacht auf der Straße vor den Türen plaudernd und den sichtbaren Schwärmen nachschauend und — verwünschend zugebracht. Auch aus Mölln, ca. 26 km südlich von Lübeck, wurde dieser Zug gemeldet. Am Tage: Gartenrotschwanz überall. Die ersten Nachtigallen, Rauchschwalben, 1 Fitis (Zug ?).

22. April. E_3, SSE_5, ESE_3; 13,3°, 0,4°.

Wind wieder ungünstig, kälter, kein Zug.

23. April. ESE_4, S_3, W_2. ◍^{1} a II.

Das erste Steinschmätzerpärchen. Abends hörte ich einmal Zügler: schakschakschei, Hr. Peckelhoff einen Vogel traveabwärts ziehen: kauit, keuit — kauit, keut und ein paarmal einzeln (4—5) Vögel (Sümpfler?) reißenden Fluges: ziet, zett, wäid, wäid, wäid. Es scheint also beim günstigen W nachts Zug stattzufinden.

24. April. ESE_1, S_3, SE_3; 18,0°, 4,7°; ↯^{2} p 9h ◍^{1} n ◍^{0} p. 4.

In der Nacht vom 24.—25. April zogen trotz des Ferngewitters zwischen 12—2h Singdrosseln, dann Weindrosseln, dann wieder Singdrosseln, nur kleine Schwärme.

25. April. S_3, W_4, S_1: 14,4°, 9,0°. ◍^{1} n, vormittags ◍ Böen.

Der günstige S hat überall die Waldlaubsänger zurückgeführt, außerdem das Gros der Baumpieper. 1 Steinschmätzer bei Gotmund auf freiem Feld, also rastender Zügler. Haus-, Rauch- und Uferschwalben plötzlich sehr häufig.

26. April. SW_2, SW_3, NNE_2; 16,8°, 4,9°; ◍^{0} Schauer tags.

Der noch immer günstige Wind brachte wieder Kleinvögel: Mönchgrasmücken, Trauerfliegenfänger und am Nachmittage die sehr verfrühten ersten Mauersegler, Nachtigallen häufiger.

27. April. E_2, SW_6, W_3; 17,9°, 7,4°; mehr ◍$_{1}$ Schauer p.

Die ersten Flußseeschwalben. Mönche häufiger, vielleicht aber auch schon gestern eingetroffen.

28. April. W_4, WSW_5, SW_4; 13,2°, 8,0°, ◍^{01} Schauer a und p.

Trauerfliegenfänger rastend.

29. April. SW_5, W_4, SSW_2; 9,7°, 3,8°; △^{2}, Böen 3h a, ◍^{1} n.

Trauerfliegenschnäpper rastend. Die erste Schafstelze.

30. April. E_1, N_3, W_9; 9,7, 2,1; ≡^{0} I ◍^{1} Tags.

Nachts ist die erste Zaungrasmücke gekommen.

Bei einem Vergleich der Beobachtungen zeigt sich, das Rossitten ganz andere Verhältnisse aufweist als Helgoland und Lübeck, es also ganz ausscheidet. Inbetracht ziehen muß man, daß Verf. durch seinen Beruf gezwungen ist, sich nicht ausschließlich den ornithologischen Studien hinzugeben. Wenn er, besonders in den Nächten,

mehr beobachten könnte, so würde er gewiß noch bessere Resultate erzielen. Während aber auf Helgoland in den Frühlingsnächten hundert Augen wachen, ist hier keiner, der mir Nachricht geben könnte. Und Nacht für Nacht wachen, ist für jemand, der tags beschäftigt ist, ausgeschlossen.

Die großen Massenzüge illustrieren am besten die Tatsache der besonderen „Straßen" über Helgoland und Lübeck.

Helgoland:	Lübeck:
	11. April. Nachts mit W großer Zug von Weidenlaubsängern.
13. April. Großer Zug von Sümpflern und Drosseln bei NW.	Nichts. N. Regen und Schnee.
16. April. Starker Zug von Sümpflern, Drosseln und Steinschmätzern bei NW.	Nichts.
17. April. Großer Zug von Sümpflern, Drosseln und Kleinvögeln.	Nichts.
19. April. SW—WNW; Nichts.	Nachts bei SW. Ziemlicher Zug von Sümpflern.
20. April. Trotz SW nachts kein Zug.	Nachts von 10 h—4 h phänomenaler Zug.
23. April. Starker Kleinvogelzug bei SW.	Anscheinend nachts bei W Zug.

Wenn also bei Helgoland starke Züge stattfinden, bleiben sie bei Lübeck aus; als aber bei L. ein außerordentlicher Zug vorüberbraust, herrscht auf H. Stille, trotzdem die Verhältnisse günstig sind. Es müssen also alle drei Orte auf verschiedenen „Straßen" liegen.

Auch der Helgoländer Vogelwart, Herr Dr. Weigold, ist zu dem gleichen Resultat gekommen. Zum eventuellen Zusammenarbeiten hatten wir Fühlung miteinander genommen. Nach einem Vergleich des Materials von 1911 schrieb er mir: „Aus den nächtlichen Zügen ergibt sich mir mit voller Sicherheit, daß **in der Regel** Ihr Zug mit dem Helgoländer nichts zu tun hat." Im 3. Jahresbericht der Vogelwarte Helgoland (Journal f. Orn. 1912, Sonderheft) schreibt er p. 74: „Flüchtig konnte das Verhältnis zum Vogelzug in Lübeck (nach Hagens Beobachtungen) geprüft werden. Damit scheint Helgoland sehr wenig Berührung zu haben, außer bei ganz gewaltigen Nachtzügen, wo einfach überall an unsern mittleren und westlichen Küsten Zug ist. Die Lübecker nächtlichen Scharen weisen zuviel typische Binnenlandsvögel, z. B. *Fulica atra* u. a., auf. Was man in Lübeck bemerkt, kommt jedenfalls an der Ostseeküste herunter, von Rügen und aus den benachbarten holsteinischen Gebieten und geht südlich von Helgoland vorbei im Binnenlande nach SW, nur ein geringer Teil (Lachmöwe z. B.) kommt an die Nordseeküste und auch nach Helgoland. Helgolands Hinterland dagegen liegt im allgemeinen nördlicher."

Um meine Angabe auf andere Art zu beweisen, greife ich ein typisches Beispiel heraus: den Zug des großen Brachvogels, den ich, soweit ich Literatur besitze, in Deutschland verfolge.

Ost-Preußen. Mir stehen nur die vier letzten Jahresberichte von Rossitten zur Verfügung.

1908: Die auf der Vogelwiese im Juli und August eintreffenden *Numenien*-Schwärme waren in diesem Jahre nicht sehr groß, am 22. August ein *N. arquatus* am Bruche erlegt.

3. August: Nachts ziehen Brachvögel fortwährend über Heilsberg hin und her. Es ist dunkel, dazu Weststurm und Regen. Fast scheint es, als ob die Vögel die Richtung verloren haben und durch das elektrische Licht angelockt werden. Auch am 4. August nachts über derselben Stadt wieder ziehende Brachvögel.

28. August: Morgens um $^1/_2$2 Uhr ziehen in Heilsberg Brachvögel.

1909: 15. Juli: Auf der Vogelwiese, wo jetzt schon viel Leben ist, ein Trupp von etwa zwölf Stück. Aus Pillkoppen bekomme ich einen lebenden.

10. August: In Cranz ziehen nach Beobachtung von Tischler große Brachvögel nach S, ebenso am 15. August nachts bei W. Am 13. und 16. August: *Numenien* auf der Vogelwiese bei Rossitten, darunter *phaeopus*; am 17. bei SO nachts ziehende Brachvögel.

14. September: Mitten in den Dünen bei Ulmenhorst einen großen Brachvogel erlegt. Ein kleiner Trupp zieht nach Süden.

Bartenstein: 16. Juli: Nachts ziehen *arquatus* über Heilsberg.

18. August: In Losgehnen ziehen vier *arquatus* vormittags nach S.

23. August: Ein *arquatus* fliegt nach S.

1910: Vom 19. und 20. April meldet Wallin aus Gilge große Scharen von SSW—NNO ziehend.

23. Juni: Mehrere *Numenien* ziehen nach S. Ob das schon Zug ist?

20. Juli: Jetzt in diesen Tagen ziehen sehr oft Flüge nach S. Manchmal recht starke. Als ich am 26. Juli nach Ulmenhorst übersiedelte, ziehen täglich Flüge nach S.

Am. 3. August große Flüge bei Ulmenhorst. Tischler hört nachts *N. arquatus* über Cranz ziehen, ebenso in der folgenden Nacht.

1911: 20. April: Abends rufen Brachvögel.

Westpreußen. In den Rossittener Jahresberichten VIII und IX erwähnt Zimmermann den Bracher gar nicht. Er schreibt, daß er die Jagdbeute der Fischer stets nachgesehen habe, bemerkt von den Totanen, daß er nie diese Arten sah, schweigt sich aber über den großen Brachvogel gänzlich aus. Ich besitze durch die Liebenswürdigkeit dieses Herrn die Angabe eines vogelkundigen Dünenbeamten: „Der große Bracher kommt hier fast alle Jahre beim Durchzuge vor, hält sich mitunter hier vom April bis August auf“ (soll wohl heißen: April und August).

Jak. Theod. Klein, Vorbereitung zu einer vollständigen Vögelhistorie, Leipzig und Lübeck 1760, p. 342—343: „Von den Sichlern hingegen kommt der Regen- oder Braakvogel jährlich in der Mitte des Aprils bis in die ersten Maytage aus SO zu uns, welchen Strich er beym Beschlusse des Herbstes bey dem Abzuge wieder verfolgt. Sowohl bei Tage als bey Nacht kann man ihn zuvor wegen seiner hellen Stimme hören, aber, da er über die Wolken hinweg fliegt, nicht sehen.“

Pommern: E. F. v. Homeyer, Die Wanderungen der Vögel; Leipzig 1881, p. 68: „Richtig ist, das ein wesentlicher Teil der skandinavischen Vögel — nicht bloß der Landvögel — ihren Weg vom südlichen Schonen nach der Westküste und den benachbarten Inseln Rügens nehmen.“

p. 359: „ . . . es muß dennoch wiederum darauf hingewiesen werden, daß verschiedene Vögel, namentlich See- und Strandvögel, oft eine mehr Süd-Nord-Richtung haben, wenn dies auch nicht immer und zu allen Zeiten so ist. Am regelmäßigsten zieht die Heringsmöwe (*Larus fuscus*) Nord-Süd, aber auch viele andere Vögel, z. B. *Charadrius hiaticula, Numenius, Tringa, Anas, Anser* und besonders *Cygnus* ziehen zahlreich Süd-Nord.“

p. 363: „Am 1. April abends setzte der Wind von Nordwest nach Südost um; es regnete von zehn bis elf Uhr abends, die Nacht hindurch blieb der Himmel bedeckt, der Wind südlich, und vom zweiten an fanden sich mehr Waldschnepfen als zuvor, obgleich der Wind schon tags darauf wieder nach Norden umsprang. In der Nacht vom ersten auf den zweiten April zog die ganze Nacht hindurch *Numenius arquatus* in unzähliger Menge mit großem Geschrei über unsere Stadt, von Süd nach Nord. Es ist eigentümlich an diesem Vogel, daß die sämtlichen, durch unsere Provinz gegen Norden ziehenden Vögel dies in einer einzigen Nacht vollführen, wie ich nun schon in vielen Jahren beobachtet habe. Fast immer fiel eine solche Nacht in die Mitte des April, in diesem Jahre ausnahmsweise in die erste Nacht desselben. Nur höchst selten habe ich noch in einer oder der anderen der folgenden Nächte einige Vögel dieser Art ziehen hören, niemals aber in großer Menge; dies geschieht immer nur in einer einzigen Nacht.

(Dr. Quistorp in „Litt.“ 1880).“

„Ornithologische Jahresberichte über Pommern“ von F. Koske. 1898, p. 17: „20. 9., Neuwarp ca. 20 Brachvögel (*Num. arquatus*) fliegend nach W.“

1899, p. 26: „20. 8., Friedrichstal b. Swinemünde, Durchzug von ca. 25 Kronschnepfen (*Num. arquat.*).“ p. 28: „13. 9., Peenemünder Haken, Usedom, einige Tringen, Rohschenkel, Bekassinen, große Brachvögel.“ 1900, p. 22: „26. 8., Stralsund, 13 gr. Brachvögel.“ p. 25: „Die trockene Witterung hielt auch im Oktober an, so daß der an der Küste so auffallend verlaufende Herbstzug von Goldregenpfeifern und großen Brachvögeln sich wenig bemerkbar machte.

1904, p. 21: „16. 6., Greifswald, 5 große Brachvögel sehr hoch nach W.“ p. 28: „In Barhöft (b. Stralsund) wurden Anfang Oktober eine Anzahl großer Brachvögel . . . erlegt.“

1905, p. 181: „Am 15. Juli einige (Brachvögel) bei Neuwarp nach W ziehend, am 14. August 24 Stück ziehend bei Buchholz, Mitte und Ende August bei Barhöft, am 12. November ein Exemplar bei Stralsund.“ (Regenbracher): Am 23. Juli rufend an der Prorer Wiek; am 27. September 5 Exemplare ziehen vormittags bei Stralsund von N nach S.

1906, p. 33: „(Gr. Bracher) Am 7. Juli abends 10 Uhr laut rufend über Stralsund, am 20. September ziehend bei Neuwarp. Am 15. Dezember noch einige bei Barhöft erlegt.

1907, p. 33: „(Gr. Bracher), am 17. November ein einzelner bei Lüssow geschossen.

Ernst Hübner, Avifauna von Vorpommern und Rügen, Leipzig 1908, p. 57: „Durchzugs-, Strich- und seltener Sommerbrutvogel, Ankunft Ende März bis Mitte April. Von August bis Oktober an den Küstengegenden in Flügen von 10—50 Stück umherstreichend und auf benachbarten Brachäckern Nahrung suchend, gesichert durch ausgestellten Wächter. Durchzug von Ende September bis Anfang November, in milden Wintern verbleiben die Brachvögel an Küsten der Binnensee.“

Ib., p. 116: „Es wandern in der Richtung N-S über die Ostsee: . . . *Numenius arquatus*.“

Ib., p. 117: „Von den Wanderern der Oderstraße zieht großer Brachvogel und Kranich in unveränderter Richtung quer über die Ostsee.“ „Besonderes Interesse beansprucht offenbar die südbaltische Zugstraße nach Palmén . . . p. 118: . . . diese Küstenstraße wird . . . in einzelnen Jahren von . . . *Numenius* . . . benutzt.“

Ib., p. 127: „Von Mitte August bis Anfang November tritt der flache Sandstrand an der pommerschen Küste von Dievenow bis Darßer Ort und an allen geeigneten Stellen Rügens als Sammel- und Raststation für durchziehende Strandvogelarten offenkundig hervor . . . daneben können . . . der große Brachvogel . . . wesentlichen Anteil . . . nehmen.“

Mecklenburg: Wüstnei und Clodius, Die Vögel der Großherzogtümer Mecklenburg, Güstrow 1900, p. 236: „Nach der Brutzeit geht er an die Ostseeküste, wir sahen ihn Anfang August in

Scharen bis zu 50 Stück bei Schwerin von S nach N durchziehen, also von der Richtung der Lewitz und Eldewiesen nach der Seeküste zusteuernd. Dort stellt er sich oft schon im Juli ein, er heißt deshalb Austvogel, es vereinigen sich dort die hiesigen Brutvögel mit denen aus N kommenden zu größeren Scharen. Sie werden in dieser Zeit in guten Jahren in großer Zahl erlegt und in den Handel gebracht. Ende September ziehen sie weiter nach südlichen Gegenden."

Zusammengefaßt, ergibt sich über den Zug des großen Brachers an der Küste der **Ostsee** folgendes: In Ost-Preußen zieht er von Mitte Juli bis September in kleinen Schwärmen von N nach S; in West-Preußen von NW nach SO. Über Hinterpommern liegt kein Material vor. In Vorpommern findet ein großer Zug in nord-südlicher Richtung statt, von Süd-Schweden südöstlich über Rügen die Oder aufwärts in breiter Linie. Er fällt nach Hübner in die Monate August bis Anfang November. In den Jahresberichten sind jedoch zwei Angaben von der ersten Julihälfte, eine vom 16. Juni: Neuwarp, Stralsund, Greifswald enthalten. Beim ersten und letzten Ort werden als Richtung O-W angegeben. Es liegt jedoch die Vermutung nahe, daß diese einzelnen Vögel den Sommer in Nord-Deutschland verbrachten, nicht brüteten und daher vagabondierten. Hübner gibt zwar an, daß in Vorpommern der Bracher in „einzelnen Jahren" der Küste von O-W folgt. Da aber keine genauen Daten angegeben sind, halte ich eventuell beobachtete Züge für „Ortszüge", solange nicht größere und regelmäßige nächtliche vorliegen. Die Angaben von Wüstnei und Clodius über Mecklenburg sind nicht ganz zutreffend. Der Vogel beginnt an der Küste Mecklenburgs wie bei Lübeck nicht „oft schon im Juli", sondern schon im Juni die Wanderung. Verf. sowohl wie der Vogelwärter J. Schwartz und der Fischer H. Schwartz stellten dies fest. Die Vögel vereinigen sich dort auch nicht mit Mecklenburgs Brutvögeln und ziehen erst im September weiter, sondern wandern, wenn nicht die Witterung sie zwingt, ohne Verzug durch, im Juli (1909, 1910 und 1911) rasteten keine, sondern alle flogen ohne Aufenthalt vorüber. Interessant ist mir der 25. Juli 1909. Auf Poel zogen im Laufe des Tages starke Schwärme von Brachern und Kiebitzen. Nachts in Lübeck wieder eingetroffen, hörten Herr Peckelhoff und Verf. ebenfalls große Züge dieser Vögel, während im Lande, auf der Station Kleinen, wo wir eine Stunde warten mußten, nichts zog. Die mecklenburgischen Brutvögel allerdings fliegen im August über Schwerin zur See (Poel), wo sie in die Bahnen der übrigen einbiegen. Nach Fischer Schwartz sind diese Vögel schwächer als die nordischen.

Schleswig-Holstein: VI. Jahresber. der Beobachtungsstationen der Vögel Deutschlands (f. 1881), Journal f. Orn. 1883, p. 65: Oldenburg, 28. März, Brachvögel bei Ostwind nach N ziehend; bei Flensburg (Beob. Paulsen) am 25. August tausende unter lauten Rufen über den Hafen ziehend (Regenwetter), am 6. September 20—30 Stück über dem Hafen nach W, drei gleich starke Züge in kurzen Zwischenräumen nachfolgend, am 8. September 70—80 Stück, am 16. September ca. 100 Stück bei hoher kalter Luft lautlos nach W, am 4. November ein einzelnes Exemplar eifrig schreiend sehr hoch nach SO ziehend.

VII. Jahresber. (f. 1882), Journ. f. Orn. 1884, p. 42: 15. August bei Flensburg (Paulsen) sehr starker Zug nach O.

XI. Jahresber. (f. 1886), Journ. f. Orn. 1888, p. 547: Flensburg (Paulsen), am 10. August abends bei starkem Regenwetter zahlreich ziehend. Kiel (Werner und Leverkühn), am 26. Oktober bei nebligem Wetter sehr viele über den Deich (bei Stein) ziehend.

Der Vogelzug bei Lübeck, Journal f. Orn. 1910, p. 162 (W. Hagen): „. . . ich traf am 5. September 1902 auf den holsteinischen Seen ziehende Brachvögel in nordsüdlicher Richtung an."

Lübeck. Vogelleben auf den Travesümpfen zur Herbstzugzeit 1906 von Werner Hagen, Natur und Haus 1907, p. 10: „Jetzt tönen laute, volle Flötentöne durch die Nacht, „tlaü, tlaü", die hellen Rufe des großen Brachvogels (*Numenius arquatus*). Über uns der eigenartige, rätselhafte Vogelzug! Bis hierher gehts traveaufwärts, dann nach SW zu, eine wichtige Zugstraße der von der Ost- zur Nordsee wechselnden Vögel."

6. Ornithologischer Bericht über Mecklenburg (und Lübeck), von G. Clodius, Archiv d. F. usw. 1909, p. 104: „Vom 5.—26. Dezember zogen bei Lübeck viele dieser Art (Hagen)."

Der Vogelzug bei Lübeck, von Werner Hagen, Journ. f. O. 1910, p. 160: „In der Nacht (21. April 1909) wachte ich durch den Lärm einer ungeheuren Schar Brachvögel auf." p. 161: „Gewöhnlich beginnt der Vogelzug früher als man denkt. 1908 streifte ich vom Juni an bis in den Dezember oft Nacht für Nacht. Schon vom 14. Juni an traf ich Brachvögel ziehend." p. 162: „Auch die Brachvogelscharen, die ich vom 5.—26. Dezember nachts ziehen hörte, kamen südwestlich über die Wälder und gingen von Marly aus über die Stadt, wie ich mehrfach nachts, wenn ich im Walde streifte oder von der Stadt nach Hause ging, beobachten konnte. Diese Vögel wollten ursprünglich überwintern, wurden aber von der am 5. Dezember einsetzenden Kälte zurückgetrieben. Am 27. kam die strenge Kälte mit großem Schneefall. Der Schnee blieb bis zum März liegen. Auch am 6. Februar 1909 hörte ich von Marly her die Rufe ziehender *Numenien*."

Ich habe dem Brachvogelzug, wie allen Zügen, eifrig Beachtung geschenkt, besonders aber zwecks Nachkontrolle im Jahre 1910. Der Brachvogel ist bei uns nicht Brutvogel, daher ist er ein gutes Zugobjekt. Er beginnt bei Lübeck weit früher zu ziehen als in anderen Gegenden, soweit ich aus der Literatur ersehe. 1908 traf ich die ersten am 14. Juni nachts beim Kuhbrookmoor von See auf Lübeck zufliegend, den Stimmen nach sehr hoch. 1910 konnte ich schon am Spätabend (zwischen 10—11 Uhr) des 3. Juni die ersten hören, im Laufe der Juninächte größere Schwärme öfters, besonders in der letzten Woche. Auch 1907 habe ich in Juninächten Bracher notiert. Am Tage trifft man ziehende im Juni bei Lübeck fast nie, im Juli sehr selten, im August schon etwas häufiger, im September jedoch ab und zu. Es sind dann aber nur einzelne Vögel oder kleine Schwärme. Nachts werden fast stets größere Flüge gehört. In dunklen Nächten ist der Zug am stärksten. Wenn jedoch im September längere Zeit Mondscheinnächte dominieren, so findet auch bei Vollmond Zug statt, genau wie bei den Drosseln. Vielfach zieht er in Gewitternächten (trotz Gätkes gegenteiliger Behauptung). Im Oktober werden die Schwärme sehr spärlich. Jedoch kann man noch am Ende des Monats einige im Untertravegebiet in manchen Jahren beobachten. Auch im Dezember sind dort Bracher erlegt. Von einem eigentlichen Überwintern ist bei uns nicht zu reden, da die „Winterjäger" das verhindern. Beim Eintritt von Kälteperioden ziehen nachts oft große Schwärme durch oder zeigen sich rastend auf dem Priwall. Im Frühling habe ich *arquatus* selten gesehen. Sie ziehen meist in einigen günstigen Nächten durch.

Lübeck ist für Brachvögel eine stark besuchte Straße. Sie führt von NO nach SW durch unser Gebiet, im großen und ganzen der Traveniederung folgend (Hagen 1910 b). Eine zweite, sehr geringere kommt von N und mündet in die erste. Der Vereinigungspunkt scheint der Priwall zu sein.

Woher stammen die bei Lübeck erscheinenden Bracher? Es kann die Vermutung naheliegen, daß die so früh den Zug beginnenden nicht zur Brut geschrittenen norddeutsche Vögel seien. Nach allen mir vorliegenden Literaturangaben und schriftlichen Nachrichten beginnen aber die deutschen erst im August den Zug. „Der wirkliche Zug wird erst Mitte August am stärksten (N. Naumann, Bd. IX, p. 144).“ Es müssen also nördlich beheimatete sein. Der klarste Beweis ist das gleichzeitige Auftreten im Juni vom Regenbracher, *Num. phaeopus,* der so früh nirgends im Ostseegebiet festgestellt ist. Auch auf Helgoland treffen nach Gätke die ersten erst Mitte Juli ein. Nach dem „Neuen Naumann“ ziehen Alte Ende Juli, Junge Mitte August. Die der Lewitz (Mecklenburg) angehörenden Brutpaare (*arquat.*) ziehen erst im August über Schwerin (Wüstnei) nach Poel (Schwartz), wo sie in die Bahnen der übrigen einlenken. Die in „einzelnen Jahren“ ostwestlich in Vorpommern ziehend angetroffenen Bracher sind vielleicht die Brutpaare des Odergebietes.

Wenn man an Hand obiger Literatur die Brachvogelzüge im Gebiet der deutschen Ostsee auf der Landkarte verfolgt, so ergibt sich, daß im Südwestwinkel derselben ganz andere Verhältnisse vorliegen als im übrigen Teile.

Bei Rossitten zieht *arquatus* nord-südlich durch. Vermutlich kommt er also in dieser Richtung an der finnländisch-kurländischen Küste herunter und zieht unter Benutzung der Rokitno-Sümpfe zum Schwarzen Meer. Bei Danzig wurden von Klein nordwest-südöstlich ziehende Brachvögel festgestellt. Diese müssen also vom südöstlichen Götaland (Insel Öland) kommend, quer über die Ostsee fliegen. Sie benutzen dann vermutlich die Weichselniederung und ziehen ebenfalls, vielleicht im Gebiet des Pruth, Dnjestr, Bug, zum Schwarzen Meer. Gleichfalls werden die von Schonen über die Ostsee nach Rügen gelangenden und die Oder verfolgenden zu diesem Gewässer ziehen.

Nun findet plötzlich eine Trennung der Zugbahnen statt. Ich kann mir nicht vorstellen, daß diese Trennung auf der Oderstraße geschieht, besonders deshalb nicht, weil die Lübecker Straße früher „begangen“ wird. Sondern ich hege die Vermutung, daß diese Vögel an der Westküste von Götaland, an der Ostküste von Seeland, Falster entlang wandern, dann die Ostsee überqueren und nun die Küste derselben nach Südwest verfolgen, da kein größeres Flußgebiet ihnen den Weg durchs Binnenland öffnet. Das geschieht erst im Bereich der Trave. Bis zur Halbinsel Wustrow habe ich diesen Zug nach Osten verfolgt. Wo die Vögel auf die Küste stoßen, werde ich hoffentlich in späteren Jahren feststellen können. Ich vermute, es geschieht auf dem Darß. Am 12. Juli 1907 sah ich abends nach starkem Sturm 24 Schwäne dicht über dem Wasser quer über die Ostsee Nord-Süd auf die Küste zwischen Dornbusch und Darßer Ort zuziehen. Es scheint also dorthin Überflug stattzufinden*).

---

*) Nach Abfassung des Manuskriptes weilte ich zwecks voller Feststellung der Herkunft der Bracherzüge in Warnemünde (8.—17. Juli 1912). Ich traf jedoch nur Schwäne, Gänse und Säger in nordost-südwestlicher Richtung. Dagegen einmal einen unbestimmbaren Vogelschwarm von Nordwest über See nach Nordost den Strand entlang, einmal ca. 20 Sandregenpfeifer nach Nordost!, einmal 4 Reiher sehr hoch aus Nordwest über See ins Binnenland. Auf der Rückfahrt sah ich gegenüber Alt-Gaarz 3 Brachvögel quer über die offene See ziehen und sich dann nach Osten wenden. Nachher überflogen uns 3 Stück, wohl dieselben, nach Westen. Es findet also quer über die See nach der mecklenburgischen Küste Überflug statt. Da nun nach Vogelwärter Schwartz während der Zeit, wo ich vergebens in Warnemünde weilte, bei Poel vielfach Brachvögel gezogen waren, nach Fischer Lüthgens bei Lübeck, so hat sich die Vermutung, die ich 1912 aufstellte, bewahrheitet: Unsere Bracher kommen von Westschweden und Dänemark, die Trave weist ihnen den Weg ins Binnenland.

Aus diesen Zusammenstellungen ist zu ersehen, daß man sofort auf leere Vermutungen, auf neue Rätsel im Vogelzuge stößt, sobald exakte Beobachtungen aneinandergereiht werden. Diese Rätsel können nur durch planmäßige Forschungen von bestimmten Punkten aus gelöst werden. Eine Vogelwarte bei Lübeck muß daher für die Wissenschaft außerordentlich wertvolle Ergebnisse zeitigen.

Ich erwähnte oben, daß von Norden ein geringer Zug stattfindet. Diese Vögel ziehen an der Ostküste Schleswig-Holsteins entlang. Zwar findet in Schleswig-Holstein ein reger ost-westlich gerichteter Zug statt, wie ich 1909 in einer Jagdplauderei in „Wild und Hund" oder „Hubertus" las. Auch Beobachtungen von Paulsen (siehe oben) bestätigen das; sie beweisen aber auch, daß einige Flüge die Ostküste benutzen. Verf. traf am 5. September 1902 auf dem Kellersee nord-südlich ziehende Bracher. Ich vermutete (Hagen 1910b), daß sich diese Vögel in unserem Gebiete mit dem Hauptzuge vereinigen. Ich kann jetzt den Beweis erbringen. Ich traf in der 2. Hälfte August 1910 am Abend mehrfach an der Untertrave in der Nähe von Gotmund Brachvögel, die der Trave abwärts von West-Ost folgten, am 14. August z. B. 52 Stück, trotzdem in der Nacht vorher ein lebhafter Sümpflerzug auf der „großen Straße", also nach Südwest, stattgefunden hatte. Das können daher unmöglich „Rückzügler" sein, die übrigens wohl im Frühling, nie aber im Herbst beobachtet sind. Diese Vögel werden gewiß von den holsteinischen Seen südwärts gewandert sein, vielleicht die Schwartau entlang, die sich in jener Gegend mit der Trave vereinigt, dann diese zur See hinab zum Priwall. Peckelhoff hat im September 1910 Bracher von der oldenburgischen Küste zum Priwall (Nordwest-Südost) ziehend gesehen. Schröder schreibt mir, daß er Brachvögel bei Niendorf auf der Ostsee nord-südlich sehr hoch ziehend beobachtete. Der Priwall, ein Idealgebiet für Sümpfler, scheint also der Vereinigungsort beider Züge zu sein.

Wo bleiben nun die bei Lübeck beobachteten Brachvogelscharen? Das ist ebenso unklar, wie die Frage nach der Herkunft dieser Vögel. Einzig die Beringungstätigkeit kann diese Frage lösen. Drei Vermutungen lassen sich aufstellen: Die Vögel ziehen auf die Elbe zu (etwa bei Hamburg) und wenden sich 1. elbeabwärts zur Nordsee, 2. elbeaufwärts durch Böhmen zur Donau und zum Schwarzen Meer, 3. südwestwärts weiter ins Binnenland durch die in dieser Richtung liegenden Moore nach Frankreich zum Busen von Biscaya oder zum Golf du Lion.

Der ersten Vermutung gab ich in meinem Vortrag auf der 59. Jahresvers. d. D. O. G. Ausdruck (Hagen 1910b). Ich halte sie aber nicht mehr aufrecht. Die Vögel müßten sich dann mit denen von West-Schleswig-Holstein und Helgoland mischen.

„Weit bedeutender ist jedoch der Vogelzug an der Westküste von Schleswig-Holstein und auf den benachbarten Inseln" (E. F. v. Homeyer, Wanderungen der Vögel, p. 68). „Schon im Spätsommer sammeln sich größere Flüge auf den Watten, und im September ist unser Strand (Wilhelmshaven) auf einige Tage mitunter von Schwärmen bevölkert, die nach mehreren Hunderten zählen" (IX. Jahresbericht der Beobachtungsstationen der Vögel Deutschlands (1884), J. f. O. 1886, p. 364, 365, Beobachter Ludwig). „Noch einer dritten ausnahmsweisen Zugerscheinung ist zu gedenken, die ebenfalls durch plötzlich eintretendes Winterwetter hervorgerufen wird ... es zogen während der Nacht des 30. Millionen *Charadrien* aller Art, *Numenius arquatus* . . . (Gätke, Vogelwarte Helgoland, p. 86, 87). „Unter anderen kam ein ganz besonders großartiger derartiger Fall auf Helgoland während der Nacht vom

9*

16. zum 17. März 1879 zur Wahrnehmung . . . es waren besonders *Numenius arquatus* . . ., die zu Hunderttausenden in wildem Chaos die schwarze Atmosphäre mit ihren Stimmen erfüllten, alle auf westlich gerichtetem Fluge dem Winterquartier wieder zustürmend" (ib., p. 146). „Große Scharen und kleine Gesellschaften dieses Brachvogels ziehen während beider Zugperioden des Jahres über und neben Helgoland unter weitschallendem Locken dahin, besonders zahlreich während der langen dunklen Nächte der Herbstmonate . . . Wenn im Dezember oder Januar sich plötzlich im fernen Norden und Osten scharfer Frost und Schnee einstellt, so ziehen wiederum während der Nacht, welche dem Eintreffen solchen Wetters hier vorausgeht, so zahlreiche Scharen dieser Brachvögel . . . unter großer Hast und vielem Geschrei so gewaltig, daß man glauben sollte, es habe gar kein Herbstzug derselben stattgefunden . . . Vereinzelt sieht man diese Vögel hier auch im Winter. Die jungen Sommervögel, die eigentlichen Eröffner des Herbstzuges, kommen oft schon um Mitte des Juli hier an" (ib., p. 493—494). „Am 6. April nachmittags 1 Stück von Westen nach Osten tief über Wasser streichend, am 11. April früh einer. In der Nacht zum 13. April wachte ich durch das wüste Geschrei unzähliger Brachvögel auf, die seit $^1/_2$1 h zogen. Ebenso zogen in der Nacht zum 16. April Unmassen. In der folgenden Nacht zogen wieder sehr viel. Am 11. Juli ward der erste wieder beobachtet und geschossen. Am 13. früh 4 h 2 Stück überhin. Am 28. in den ersten Stunden nach Mitternacht einige, gegen 3 h. a. eine ganze Anzahl. Am 31. abends sah Hinrichs 14 Stück südwärts ziehen. Am 9. August wurden 2 Stück geschossen. Am 17. früh ein Stück, 18. nachmittags 3 Stück, nachts zum 19. nach Mitternacht eine Menge . . . Nacht zum 22. . . . Anfangs einige . . . Später kamen mehr. Noch am nächsten Morgen kamen Nachzügler zur Beobachtung . . ., selbst noch $^1/_2$11 h zog einer überhin. In der Nacht zum 24. August zogen wieder einige, am nächsten Morgen 8 h auch wieder 9 Stück, später 1 Stück. Nachts zum 26. bei starkem Zuge viele, früh dann wieder 3 Stück, ebenso am 28. früh und 29. abends ein paar. Im Oktober bemerkte ich nur in der Nacht vom 9./10. einige. Im Nov. hörte ich am 11. schon abends $^1/_2$7 h trotz Sternenhimmel ein paar. als es dann 1 h stark zu regnen anfing, begann sehr starker Zug von Brachvögeln . . . Auch bei der kurzen, aber gewaltigen Zugstauung am 13. abends riefen zeitweilig eine Menge und am 14./15. November in der zweiten Nachthälfte einzelne Brachvögel (Dr. Weigold, I. Jahresbericht über den Vogelzug auf Helgoland, 1909, J. f. O. 1910, p. 84—85).

Wenn die bei Lübeck beobachteten Schwärme elbabwärts gingen, müßten sie sich also mit den schleswig-holsteinischen und Helgoländer Züglern vereinigen. Ich habe aber oben nachgewiesen, daß im Frühling 1909 die Bracher bei Lübeck in einer anderen Nacht zogen als bei Helgoland. Also kann die erste Vermutung unmöglich zutreffen. Es wäre auch unwahrscheinlich, daß im Frühling — wenn man das Umgekehrte auch für den Herbst gelten ließe — die Vögel bei der Elbmündung sich flußaufwärts wenden und dann von Südwesten im Winkel zur Ostsee fliegen würden.

Auch die zweite Annahme: die Vögel zögen Elbe-Donau-Schwarzes Meer, scheint mir ebenso fraglich, da dieser Umweg im Frühling sicher nicht eingeschlagen wird.

Es bleibt noch die dritte Annahme: Die Vögel ziehen südwestwärts weiter durch das Binnenland.

In jener Frühlingsnacht wurde auch bei Mölln i. Lauenburg nach einer Notiz im Lübecker General-Anzeiger dieser gewaltige Zug beobachtet: „Ein seltenes Vogelkonzert wurde uns hier in der letzten Nacht zu Gehör gebracht. Gewaltige Scharen von Regenpfeifern bewegten sich besonders in der Zeit von 11—2 Uhr nachts über der Stadt hin und her.“ Mölln liegt ca. 30 km südlich von Lübeck. Dieser südwest-nordöstlich gerichtete Zug hatte also mindestens eine Breite von 20 km. Es ist nicht anzunehmen, daß ein derartiger Zug elbauf- oder abwärts gerichtet gewesen ist, sondern er wird sicher aus dem südwärts im Binnenlande gelegenen gewaltigen Moorflächen stammen.

Leider sind die Angaben in der Literatur sehr gering. Ich wandte mich deshalb an Vogelkenner um Auskunft.

Hannover: Paul Leverkühn: Der ornithologische Nachlaß Adolf Mejers. Journ. f. O. 1887, p. 209—210. „In der Mitte des September 1882 beobachtete ich einen Brachvogel oberhalb Gronaus auf dem Zuge. Am 30. April 1883 ebenfalls einen von SW nach NO ziehend. Am 9. April 1885 ferner ein Exemplar auf dem Zuge, welches auf den Sandbänken an der Leine rastete.“

„Er fängt schon Ende Juli an zu ziehen und zieht dann nächtlich in großen Flügen, aber auch einzeln. Die Hauptflüge hörte ich im August und in der ersten Hälfte des Septembers. Späterhin vernahm ich nur noch selten den unverkennbaren Reiseruf, und meist von einzelnen, verspäteten Stücken“ (Hermann Löns-Hannover, brieflich).

Westfalen: XI. Jahresbericht der Beobachtungsstationen der Vögel Deutschlands für 1888, Z. f. O. 1888, p. 548: „Münster i. Westf. (Koch). Am 19. August nachts gegen 11 Uhr passierte ein großer Zug die Stadt **Münster**“.

Paul Wemer, Beiträge zur westfälischen Vogelfauna (34. Jahresbericht des Westfäl. Prov.-Ver. f. Wiss. u. Kunst, 1906), p. 69: „Im Oktober und November hörten wir bei Münster zu wiederholten Malen (auch jetzt noch! Wemer) des Nachts kollossale Scharen unter großem Lärmen vorüberziehen (v. Droste)“.

„Bielefeld. Hier hört man seinen Ruf ab und zu mal des Nachts in der zweiten Hälfte August. Die Vögel scheinen in südwestlicher Richtung zu ziehen, wenigstens ist das aus der Richtung, in der die Stimmen sich entfernen, zu schließen“ (Lehrer R. Behrens, brieflich).

„Capelle i. W. Von der Mitte bis Ende April erscheint er auf seinem Brutplatze, so daß im Mai alle Plätze besetzt sind. Er kommt aus dem Süden nicht in großen Zügen, sondern einzeln und in kleineren Gesellschaften an, und schon Anfang März trifft man einzelne auf Äckern, Wiesen und Weiden an, wo sie sich auf kurze Zeit aufhalten, um dann Mitte April bis Mai ihre Brutplätze auf den Heiden zu beziehen. Ende Juli sind die Jungen groß, und im August beginnt der Herbstzug nach dem Süden und dauert bis gegen Ende September, während welcher Zeit man dann ähnlich wie im ersten Frühling einzelne oder kleinere Flüge auf offenen Feldflächen antrifft. Bei Tag und Nacht habe ich schon während der Zugzeit einzelne und kleine Gesellschaften gesehen oder gehört.“ „Ich beobachtete sie in südwestlicher Richtung“ (Pfarrer Wigger, brieflich).

Rheinland: Dr. le Roi, Die Vogelfauna der Rheinprovinz (Verhandlungen des naturhistorischen Ver. der preuß. Rheinlande und Westfalens, 63. J., 1906) p. 74: „Zieht regelmäßig im Gebiete von März bis April und von August bis September und Oktober durch“.

„Vielleicht interessiert es Sie, daß ich am 10. August 1910 mitten in der Eifel bei Schalkenmehren vier große Brachvögel etwa 60 m hoch von NO nach SW ziehend beobachtete“ (Dr. le Roi, brieflich).

Die letzte Annahme, die über Lübeck ziehenden Bracher wandern durch das Binnenland weiter, hat demnach die größte Wahrscheinlichkeit; denn in diesen Ländern herrschen dieselben Verhältnisse: Tags kleine Schwärme, nachts große Flüge, Richtung NO—SW, umgekehrt im Frühling. Die Rhône dürfte diese Zügler zum Mittelmeer führen. Als Anmerkung möchte ich erwähnen, daß Palmén in: Über die Zugstraßen der Vögel, Leipzig 1876, eine marin- und submarin-litorale als auch eine fluvio-litorale Zugstraße vom Rhein zum Rhônedelta führt. Über die Winterquartiere des Brachers heißt es im „Neuen Naumann" Band IX, p. 143: „Er überwintert in den südlichen Ländern. Letztere sind in Europa die Küsten des Mittelmeeres". p. 154: Die Winterquartiere des Regenbrachers mögen für alle in Nord-Europa brütenden die Küsten und Inseln des Atlantischen und Mittelländischen Meeres sein."

Wenn im Herbst auf dem Priwall eine Anzahl von Brachern beringt würde, werden sich sicher die Brut- und Winterquartiere, sowie die Straßen unserer Durchzügler bald feststellen lassen, da Brachvögel ein begehrtes Jagdobjekt sind.

Es wäre das eine dankbare Aufgabe für eine „Vogelwarte Lübeck", die die Augen vieler Vogelfreunde auf unser Gebiet lenken wird.

Durch obige Ausführungen aber ist wohl als richtig erwiesen, daß unsere Bracher nicht mit den über Rossitten oder Helgoland ziehenden Schwärmen identisch sind.

NO-SW-Zug.

Ähnliche Verhältnisse wie der große Brachvogel zeigt auch der Kiebitz, *Vanellus vanellus* (L.). Sein Hauptzug ist in Deutschland der September. Nur Gätke erwähnt in seiner „Vogelwarte Helgoland", p. 508: „Junge kommen schon Ende Juni und im Laufe des Juli oft sehr zahlreich an, so sind z. B. 1881 am 23. und 1885 am 21. letzteren Monats „Hunderte" derselben in meinem Tagebuche verzeichnet". Auch bei Lübeck ziehen nachts schon Ende Juni bis Ende Juli große Züge durch, z. T. in gleichen Nächten wie Bracher. Dann setzt eine Pause bis Ende August ein, der ein minder starker Zug bis Anfang Oktober folgt. Ob aber jene ersten alles Junge sind, kann ich nicht angeben, da mir Belege nicht vorliegen. Ende September 1910 aber wurde mir noch ein junger Kiebitz gebracht.

Außer dem großen Bracher, *Numenius arquatus* (L.), dem Regenbracher, *N. phaeopus* (L.), und dem Kiebitz, *Vanellus vanellus* (L.), wird diese „Sümpflerstraße" benutzt nach meiner Beobachtung von: Rotschenkel, *Totanus totanus* (L.), heller Wasserläufer, *T. littoreus* (L.), dunkler, *T. fuscus* (L.), Waldwasserläufer *T. ochropus* (L.), Bruchwasserläufer, *T. glareola* (L.), Kampfläufer, *T. pugnax* (L.), Bekassine, *Gallinago gallinago* (L.), Mittelschnepfe, *G. media* Frisch, Sumpfschnepfe, *G. gallinula* (L.), Alpenstrandläufer, *Tringa alpina* L., Isländischer Str., *Tr. canutus* L., bogenschnäbliger Str., *Tr. ferruginea* Brünn., Zwergstrandl., *Tr. minuta* Leisl., Flußuferläufer, *Tringoides hypoleucos* (L.), Waldschnepfe, *Scolopax rusticola* L., Pfuhlschnepfe, *Limosa lapponica* (L.), Säbelschnäbler, *Recurvirostra avocetta* L., Austernfischer, *Haematopus ostralegus* L., Steinwälzer, *Arenaria interpres* (L.), Kiebitzregenpfeifer, *Squatarola squatarola* (L.), Mornellregenpfeifer, *Charadrius morinellus* L., Sandregenpfeifer, *Ch. hiaticula* L., Flußregenpfeifer, *Ch. dubius* Scop., Seeregenpfeifer, *Ch. alexandrinus* L., Fischreiher, *Ardea cinerea* L., Bläßhuhn, *Fulica atra* L., Kranich, *Grus grus* (L.), Küstenseeschwalbe, *Sterna macrura* Naum., Flußseeschwalbe, *St. hirundo* L., Zwergseeschwalbe, *St. minuta* L., Trauerseeschwalbe, *Hydrochelidon nigra* (L.), Lachmöwe, *Larus ridibundus* L., Sturmmöwe, *Larus canus* L., Schellente, *Nyroca clangula* (L.), Graugans, *Anser anser* (L.), Saatgans, *A. fabalis* (Lath.), Ringelgans, *Branta bernicla*

(L.), und Schwan, *Cygnus olor* (Gm.) und *cygnus* (L.) sowie Säger, *Mergus merganser* L. und *serrator* L.

Diese Vögel werden die deutsche Küste entlang kommen, z. T. aber auch von Schweden über die Ostsee gehen. Das läßt sich jetzt doch noch nicht feststellen. Ich knüpfe daher auch keine Vermutungen daran. Nur durch das Ringexperiment habe ich festgestellt, daß sich die Sturmmöwen des Lg. Werders zur Nordsee begeben und nicht durchs Binnenland. Die Erbeutung der am 22. September 1904 bei Schleswig erlegten *Tringa alpina* möchte ich jedoch erwähnen. Ich glaube nicht wie Dr. Thiemann, daß sie unsere Gegend berührt hat. Es wird an der mecklenburgischen Küste, wo Jagdfreiheit herrschte, viel geschossen, so daß dort sicher ein gezeichnetes Stück erbeutet sein würde. Ich habe auch nie gesehen, daß die an der mecklenburgischen Küste auf den Priwall zuziehenden Schwärme in anderer als SW-Richtung weiterwanderten. Ich vermute, sie ist über Rügen, Falster, Laaland auf die schleswigsche Küste zugeflogen.

Ich will außerdem einige Abweichungen von Reichenows Angaben (Kennzeichen der Vögel Deutschlands, Neudamm 1902) geben, weiter jedoch hier auf diese Vögel nicht eingehen. *Totanus totanus* zieht nach R. im September, bei Lübeck jedoch schon in Julinächten.

Totanus glottis, fuscus und *pugnax* ziehen vereinzelt schon im Juli, außerdem wie *totanus* oft den ganzen Oktober hindurch. 1909 traf ich sie noch am 30. Bei *Scolopax rusticola* ist ein bei Einsetzung der Kälte Ende November sehr starker Zug bemerkenswert, der nach Aussage verschiedener Jagdherren alljährlich regelmäßig stattfindet. 1910 war er besonders auffallend.

1910 traf ich die erste *Limosa lapponica* auf Poel schon am 20. Juli.

Tringa alpina (*schinzi?*) und *ferruginea* ziehen schon im Juli. Am 25. Juli 1909 beobachtete ich in einem großen Totanen-Schwarm auf Poel schon eine *Arenaria interpres.*

Squatarola squatarola zieht manchmal schon Mitte Juli.

Einen *Charadrius morinellus* traf ich schon am 20. Juli 1910 auf Poel.

Charadrius hiaticula zieht schon im Juli.

Fulica atra zieht noch im April, *Sterna macrura* schon im Juli, desgl. auch *Anser anser.*

Bei Poel ziehen diese Vögel auch am Tage. In unserm Gebiet sind Tageszüge sehr selten. Es findet an der Seeküste Tagesflug nur bis zum Priwall statt. Hier rasten die meisten Schwärme. Wenige gehen traveaufwärts bis zum Stau. Beim Beginn der Nacht setzen sie ihre Reise fort.

Der Goldregenpfeifer, *Charadrius apricarius* L., wurde von mir noch nie auf dieser „Sümpflerstraße" beobachtet. Wohl aber hörte ich ihn in Julinächten im Gebiet südlich der Stadt Lübeck. Die Richtung ist auch NO-SW. Der Fischer Schwartz in Golwitz auf Poel hat dort auch *Anser albifrons* (Scop.) und *Branta leucopsis* (Bchst.) auf dem Zuge die Küste entlang NO-SW und umgekehrt gesehen. Vermutlich sind diese auch durch unser Gebiet gekommen.

In derselben Richtung wandern: Nebelkrähe, *Corvus cornix* L., Saatkrähe, *Corvus frugilegus* L., Dohle, *Colaeus monedula* (L.), Eichelhäher, *Garrulus glandarius* (L.), Amsel, *Turdus merula* L., Singdrossel, *T. philomelos* Brehm, Weindrossel, *T. musicus* L., Star, *Sturnus vulgaris* L., Rotkehlchen, *Erithacus rubecula* (L.), weiße Bachstelze, *Motacilla alba* L., Grauammer, *Emberiza calandra* L., Seeadler, *Haliaëtus albicilla* (L.).

Corvus cornix habe ich sowohl im Herbst als im Frühjahr in dieser Richtung ziehend gesehen, im Herbst nur am Spätnachmittag und Abend. Es sind jedoch große Schwärme beim Morgengrauen über Lübeck angetroffen. Im Frühling beobachtete ich sie am Tage in großer Höhe. Im Volke heißen diese Vögel „Schweden-Krei". Da die russischen Krähen nach Thienemann nur bis zur Linie Wismar-Hannover überwintern (Jahresber. Rossitten 1909), ist es höchstwahrscheinlich, daß die Hauptmasse unserer Krähen aus Skandinavien kommt. Es könnte das durch Ringversuche bei Lübeck aufgeklärt werden. Auch Saatkrähen ziehen selten im Frühling südwest-nordöstlich, im Herbst umgekehrt, untermischt mit Dohlen. Sie kommen also z. T. auch vermutlich aus Schweden. Mit Nebelkrähen gemischt sah ich sie nur im Frühling, nie im Herbst. Sie liegen während der Zugzeit oft zu Tausenden auf den Feldern und Wiesen.

Eichelhäher sind ebenfalls im Herbst oft sehr zahlreich. Nie aber konnte ich Züge beobachten, da sie nur nachts ziehen. Im Herbst 1910 sah ich jedoch im ersten Morgengrauen bei Lübeck die letzten, hochermatteten Wanderer nach bedeutender Zugnacht in eben dieser Richtung ziehen. Am 24. September 1912 zogen jedoch von ½6—10 Uhr morgens ca. 1000 Stück alle direkt S-W über den Torney (Schöß), die wohl vor der Stadt auswichen, denn am 28. zogen ca. 200 über Lübeck NO-SW, scheuten zuerst jedoch stets, bis sie den Überflug wagten.

Wein- und Singdrosseln ziehen in Herbst- und Frühlingsnächten massenhaft, seltener hörte ich Amseln, stets jedoch in genannter Richtung. Wachholderdrosseln hörte ich nachts noch nicht, es sind jedoch nachts Angeflogene gefunden worden.

In der Nacht zum 2. April 1911, einer bedeutenden Zugnacht, hörte ich jenes feine „zie" vom Rotkehlchen, das mir erst am Käfigvogel bekannt wurde. Am Tage konnte ich dann überall Rotkehlchen rastend antreffen, hörte vielfach von ihnen jene drosselartig klingende Stimme, die also wohl der Zuglaut dieses Vogels ist. In der gleichen Nacht hörte ich auch die charakteristische Stimme der weißen Bachstelze, die im Herbst 1909 von Peckelhoff ebenfalls nachts auf dieser Zugstraße festgestellt wurde. Übrigens werden im Frühling fast alle Kleinvögel nach einer Nacht mit SW angetroffen.

Der Star wurde im Frühling und Herbst ziehend gesehen. In der Morgendämmerung des 19. Oktober 1908 konnte ich einen interessanten Abzug beobachten. Die Stare des St.-Gertrud-Gebietes von Lübeck sammelten sich in Scharen von 30—150 Stück auf dem Jerusalemsberg und stiegen empor, um sich mit den von NO vorübereilenden Schwärmen zu vereinigen. Vom selben Tage ab konnte ich dann nur ganz vereinzelt einen Star konstatieren.

Seeadler wurden von Blohm und Verfasser auf dieser „Straße" festgestellt (siehe speziellen Teil).

Feldlerchen traf ich im Frühjahr in größeren Flügen aus SW kommend an, während ich im Herbste nur nord-südlich ziehende sah und hörte.

NW-SO-Zug:

In den Jahren mit nassem Juli ziehen unsere Brutpaare des Mauerseglers früh ab. Es werden dann aber häufiger Durchzügler beobachtet, die nach SO fliegen. Störche ziehen im Herbst nach SO.

N-S-Zug:

Bemerkenswert ist für Lübeck außer dem großen Sümpflerzug ein starker Raubvogelzug im Herbst, der nord-südlich verläuft. Er ist bei Eutin von Dr. Biedermann (Dr. B. 1896b), im holsteinischen Oldenburg von Eppelsheim (E. 1906), am Hemmelsdorfer See von

G. Schröder (brieflich) und bei Lübeck von Schöß und vom Verf. (Hagen 1911a) beobachtet. Dr. Biedermann hat Bussard, Sperber, Turmfalk, Rohrweih, Gabelweih, Fischadler, Merlin-, Baum- und Wanderfalk, Rauhfußbussard und Schwarzmilan festgestellt, während Verf. nur Bussard, Baum- und Wanderfalk und Merlinfalken ansprechen konnte. Dr. B. gibt die Höhe mit 1 km an. Da er jedoch Exemplare erlegt hat, muß mancher Schwarm in Schußhöhe gezogen haben, wie Schröder vom Hemmelsdorfer See meldet. Nach Dr. B. schweben die Schwärme über dem Plöner See zu noch größeren Höhen, also über 1 km, empor. Bei Lübeck konnte Verf. meist nur Züge in und über Wolkenhöhe feststellen, so daß eine Bestimmung der Arten ausgeschlossen war. Vermutlich wird dieser Zug daher in manchen Jahren übersehen.

Störche kommen im Frühling vielfach aus S.

Endlich die O-W-Züge.

Es kommen im Herbst aus O und gehen im Frühling nach O: Sperber, *Accipiter nisus* (L.), Wanderfalk, *Falco peregrinus* Tunst., Saatkrähe, *Corvus frugilegus* L., und Dohle, *Colaeus monedula* (L.).

Sperber streichen einzeln im Spätherbst viel nach W durch, auch Wanderfalken beobachtete ich. Ich erwähnte oben Saatkrähen und Dohlen, die nordost-südwestlich, also wohl von Schweden kommend, unser Gebiet berühren. Die meisten Schwärme ziehen jedoch im Herbst ost-westlich, im Frühling umgekehrt (Hagen 1910h). Von Oldenburg wird dasselbe angegeben (Eppelsheim 1906). Diese Vögel müssen die Brutvögel anderer Gebiete sein.

Die nordischen Kleinvögel kommen fast stets in Nächten mit Ostwind: Zeisig, *Acanthis spinus* (L.), Bergfink, *Fringilla montifringilla* L., Stieglitz, *Acanthis carduelis*, mit großer Flügellänge und Leinfink, *Acanthis linaria* (L.). Letztere waren im Winter 1910/11 besonders häufig. Im Frühling 1909 (5. April) sah ich beim Kuhbrook kleinere Schwärme von Buch-, Berg- und Grünfinken und Zeisigen im Laufe einer halben Stunde ununterbrochen nach O ziehen (Hagen 1910b).

Am 6. April 1909 beobachtete ich beim Schellbruch abends und während des Anbruchs der Nacht, in der auch andere Vögel zogen, Grauammern nach O ziehend. Unsere Brutpaare waren doch längst zurück. Es müssen also nördlich beheimatete gewesen sein. 1910 stellte ich am selben Tage diesen Zug fest *).

Umgekehrt kommen im Frühling aus O und gehen im Herbst nach O Bussard und Turmfalken. Ich fand diesen Zug im Frühling 1903, 1907 und 1909. Auch Hartwig teilte mir Beobachtungen über derartige Bussardzüge im Frühling mit. Im September 1898 fand bei Lübeck ein guter Raubvogelzug statt, der west-östlich über die Stadt ging (Hagen 1910 b).

Auch Feldlerchen, *Alauda arvensis* L., sah ich im Frühling selten aus O kommen.

Einen merkwürdigen Zug der Schwalben stellte ich bei Lübeck fest. Haus- und Rauchschwalben, *Hirundo urbica* L. und *Chelidon rustica* (L.), ziehen im Herbst zu dem Beginn der Travebuchten (Kattegatt) aus SO, S, SW, W und NW, vereinigen sich hier und wenden sich nach NO zur See. Schlafflüge können das nicht sein. Beim Kattegatt sind die letzten großen Rohrbestände. Von hier ab herrscht an der Trave Seestrand. 1906 zogen die Schwalben schon früh ab. Ich beobachtete am 26. August am genannten Ort Tausende, in späteren Tagen nie mehr. Auch habe ich bei Lübeck festgestellt, daß die erwachsenen Jungen, selbst kurz vor dem

*) Im „Vogelzug bei Lübeck", I. f. O., habe ich irrtümlich die letzten Arten an falscher Stelle angeführt.

Abzug, im Neste schlafen, die Alten beim Nest. In den Nächten auf der Wakenitz sah ich nur ganz wenig Schwalben im Ret. Im August 1912 hörte Genrich spät abends in der Dunkelheit rufende Schwalben über Travemünde.

Von der Uferschwalbe fand ich fast nur NO-SW-Züge im Herbst (Hagen 1906 und 1910 b).

Es ist bekannt, daß der verstorbene Baurat Wüstnei 1900 bei Poel auf einen rätselhaften Zug des weißen Storches, *Ciconia ciconia* (L.) aufmerksam wurde. Dieser Zug folgt im Frühling der Ostseeküste. Diesen Zug habe ich bei Lübeck festgestellt. Er folgt gewissermaßen zwei „Straßen". Die eine führt das Travetal entlang, also von NO-SW, die andere geht am Nordrand von Lübeck vorbei von O nach W (Hagen 1908 d und 1910 b). G. Schröder fand bei Niendorf im Frühling Störche ost-westlich ziehen. Im Herbst ziehen die Störche nach SO ab (Hagen 1910 f. und 1911 a.). Ein bei Geschendorf (H.) beringter Jungstorch wurde bei Brieg in Schlesien erbeutet (Dr. Thienemann, Die Vogelwarte Rossitten der Deutschen Ornith. Gesellsch. und das Kennzeichnen der Vögel, Berlin 1910, p. 31).

Es ziehen außerdem bei Lübeck süd-nördlich im Frühling Störche durch, im allgemeinen nur spärlich, in meiner Jugend aber in großen Scharen (Hagen 1908 d und 1910 b). Auch bei Oldenburg wurden Störche nach N wandernd angetroffen (Eppelsheim 1906). — Über die Stärke der lübeckischen Nachtzüge erhielt ich eine sehr wertvolle Angabe von Herrn Obertelegraphenassistent Exter-Lübeck, dem der Aufsichtsdienst obliegt. Nach ihm zeigt die Strecke Lübeck-Hamburg im Herbst vom August an, ebenfalls im Frühling, nachts viele Störungen, während die Strecken Lübeck-Jütland und Lübeck-Mecklenburg-Pommern völlig intakt sind. Die Drähte werden bekanntlich nicht stramm gespannt, da sie sonst im Winter zerreißen. Nun sind öfters zwei bis drei Drähte miteinander verschlungen. Amtlich wird das als Sturmwirkung gebucht. Nun hat Herr E. aber das auch in vielen windstillen Nächten festgestellt. Auf seine Anfrage bei den Streckenarbeitern sagte man ihm, das täten die Vögel! Es handelt sich dabei stets nur um die Teilstrecken Lübeck-Reinfeld und Altrahlstedt-Hamburg, also die Nähe der grellerleuchteten Großstadt, die für die Nachtwanderer verhängnisvoll wird.

Jedenfalls zeigt obige Abhandlung, daß der Vogelzug im Südwestwinkel der Ostsee nicht gering ist. Es wäre daher wissenschaftlich von hohem Werte, wenn hier etwas zur Erforschung dieses noch immer äußerst rätselhaften Vorganges geschehe, der seit dem Altertum den Menschengeist beschäftigte, ohne befriedigende Lösung zu erhalten. Die Einrichtung einer „Vogelwarte" ist daher sehr zu empfehlen. „Die Zugnotizen in Ihrem letzten Briefe haben mich sehr interessiert und noch mehr der Plan einer Vogelwarte in Lübeck. Wenn sich dieser verwirklichen ließe: das wäre großartig. Rossitten, Helgoland, Lübeck, dazu voraussichtlich Riga, fehlte nur noch ein Punkt in Holland zur vollständigen Beobachtung des Vogelzuges an Ost- und Nordseeküste", schrieb mir Herr Geh. Regierungsrat Prof. Dr. Reichenow-Berlin unter dem 10. November 1910. Der Plan einer Vogelwarte hat etwas Bestechendes, ist aber sehr kostspielig. Wenn jedoch außer Lübeck auch die Nachbarstaaten Schleswig-Holstein und Mecklenburg sich daran beteiligten, auch wie bei Rossitten das kgl. preuß. Ministerium der geistlichen, Unterrichts- und Medizinalangelegenheiten und das Ministerium für Landwirtschaft, Domänen und Forsten Mittel zur Verfügung stellten, sowie Private ebenso zahlreich Beiträge beisteuerten, so würden die Hauptschwierigkeiten beseitigt sein.

Besser wäre es, wenn das Reich die ganzen Vogelwarten übernehme.

Das Gebäude der Warte müßte bei Lübeck, vielleicht am Nordrand, errichtet werden, da der Lichtschein der Stadt die Nachtwanderer zum Rufen veranlaßt, die Dunkelheit sie dann wieder fast zum Schweigen bringt. Auf den dortigen Feldern können im Herbst die Krähen beringt werden, in den Gebüschen der Waldränder die besonders im Frühling zahlreichen Kleinvögel.

An der Seeküste müßte auf dem Priwall eine kleine transportable Unterkunftshütte dem Vogelwart zur Verfügung stehen, natürlich auch ein seetüchtiges Motorboot, wie bei Helgoland. Die Beringung der Sumpf- und Schwimmvögel läßt sich hier am eingehendsten vornehmen.

Daß der Wart in weiterer Umgebung Dispens vom Vogelschutzgesetz, sowie Jagderlaubnis an der See und auf den öffentlichen Gewässern erhält, bedarf keiner besonderen Erwähnung.

Da das Beobachtungsgebiet größer als bei Helgoland und Rossitten ist, müßte die Warte gelegentlich ein Auto zur Verfügung haben, das zur Erforschung der Schnelligkeit nächtlicher Wanderer praktisch ausgenutzt werden kann (NO-SW-Richtung-Hamburger Chaussee).

Der Arbeitsplan der Warte müßte sich an den Rossittener anlehnen.

Sollte Lübeck selbst die Erforschung des Zuges in die Hand nehmen, so könnten durch Angliederung an das Museum große Kosten gespart werden. Falls der Konservator der naturwissenschaftlichen Abteilung zu wechseln ist, wäre ein Ornithologe zu wählen; oder es müßte ein Ornithologe als Assistent angestellt werden. Durch die planmäßige Forschung würde die Bedeutung des Museums weit über unsere Mauern hinüberwachsen. Der Name Lübeck bekommt einen neuen Klang. Für die Anziehung des Fremdenstromes ist das sehr wertvoll. Das abgelegene, schwer zu erreichende Rossitten wies im Fremdenbuch 1908 32 beschriebene Seiten auf, 1909 43. Und dabei tragen sich nach Angabe des Leiters bei weitem nicht alle ein. Der Aufenthalt auf Helgoland ist zu kostspielig. Lübeck und Travemünde aber bieten alles in bequemer Weise. Den nächtlichen Vogelzug studiere ich oft im Fenster sitzend.

Sollte diese Lösung der Frage jedoch noch zu kostspielig erscheinen, so ließe sich auch wohl auf bescheidenere Weise die Sache ausführen. In den letzten Jahren hat auf dem Gebiete der Vogelzugsforschung lebhafte Tätigkeit geherrscht. Preußen, Ungarn, Kroatien, Dänemark, England, Amerika, Indien, Schweiz, Schweden, Südafrika, Rußland u. a. haben Institute zu dem Zweck gegründet. Lübeck ist durch seine Lage darauf hingewiesen, mitzuschaffen.

Es hat von vornherein mit ungemein günstigen Bedingungen zu rechnen, die die Einrichtung außerordentlich verbilligen: Museum, meteorologische Station, unentgeltliche Fahrzeugbenutzung (Lotsenboote, Eisbrecher der Handelskammer), Präparator am Orte u. a. Sicher würde Portofreiheit erlangt werden. Es sind also nur geringe Aufwendungen zu machen.

Zu dem Zweck hatte eine Bewegung in Lübeck eingesetzt, die plante, Verfasser zum Vogelwart zu ernennen und ihm zur Zugzeit einige Dienststunden zu erlassen. Die vorgesetzte Behörde glaubte jedoch, darauf nicht eingehen zu können, da die Zahl dieser Stunden zu groß würde. Sie hat sie auf 192 im Jahr berechnet. Die Zahl ist jedoch zu hoch geschätzt. Wenn hiervon die Freistunden abgezogen würden, so verkleinert sich die Summe auf 128 Stunden. Da die erste Augustwoche z. T. in den Ferien liegt, so verringert sich die Anzahl noch, 1912 z. B. auf 120 Stunden. Es bliebe also weniger als $^2/_3$ der aufgestellten Summe.

Da ich als Vogelwart jetzt nicht mehr in Frage komme, kann ich wahrheitsgemäß eine mir oft gestellte Frage beantworten: Welchen persönlichen Vorteil würden Sie davon erlangt haben? Antwort: Gar keinen! Denn wenn man auch Fahrtunkosten ersetzt und Dienststunden abgerechnet hätte, so hätte ich außer manchen Ausgaben viel Zeit und Arbeit, die ich pekuniär ausnutzen könnte, ohne Entgelt hinzugeben gehabt. Dann möge man noch die Strapazen, in den Übergangszeiten bei jedem Wind und Wetter fast den ganzen Tag draußen zu sein, bedenken! Wenn ich doch angenommen hätte, so geschah das in dem Wunsch, der Wissenschaft und meiner Vaterstadt zu nützen. Es mag das vielen unverständlich sein. In unserer materiellen Zeit heißt es meist bei jeder Handreichung: Was bringt mir die Sache ein? Demgegenüber muß es aber auch Menschen geben, die selbstlos sagen: Wozu könnt Ihr mich gebrauchen.

In den letzten Jahrzehnten hat Lübeck reges Leben gezeigt, um den alten Dornröschenschlaf abzuschütteln. Es mag auch die Wissenschaft zu seinem Nutzen heranziehen. Sie wird dazu beitragen, seinen altehrwürdigen Namen im Reich und Ausland zu neuen Ehren zu verhelfen.

VII. Vogelschutz.

Durch unsere Zeit zucken Strömungen, die zweifellos die Menschheit vorwärtstreiben, leider aber auch die Zerstörung gemütvoller Werte im Gefolge haben. Ganz besonders ist das auf dem Gebiete heimischen Naturlebens der Fall. Eine junge Wissenschaft aber, die rastlos den Zusammenhängen zwischen den Lebensfunktionen der Pflanzen und Tiere nachgeht, lehrt uns, daß der Mensch nicht ungestraft in den großen, gesetzlichen Lauf der Dinge auf die Dauer allzu einschneidend eingreifen darf. Hervorragende Gelehrte und Staatsmänner weisen auf die geheimnisvolle Tatsache hin, daß unser deutsches Volk fortwährend neue Kraft aus unsern heimischen Wäldern schöpft. Deswegen hat in neuster Zeit eine kräftige Reaktion eingesetzt, leider vielfach zu spät. Naturforscher, Vereine, Regierungen sind bestrebt, der sinnlosen Vernichtung entgegenzutreten. Besonderen Schutzes erfreut sich die Vogelwelt.

Die Regierung des lübeckischen Staates hat schon in alten Zeiten eine warme Fürsorge für diese gehegt aus Gründen, die sich mit den modernsten decken. Es gelang mir, im lübeckischen Staatsarchiv eine Reihe von Verordnungen „auszugraben", die zum Zwecke des Vogelschutzes abgefaßt sind (Hagen 1911 b). Die älteste stammt aus dem 15. Jahrhundert. Sie lautet:

De Ersame Radt deßer Stadt gebadet strengeliken, dat nemandt van deßer tyd an wente to Iacoppes dage Haßelhonre, Raphonre unde ander wilde vogel vangen unde hyr to kope schalle bringen, brochte de jemandt to kope, dene wil se de Radt nemen late, uthgenamen de Spreen mach me vangen to rechte tyden. Ok enschall nemand Leewark, Nachtegallen oder andre singende vögel upvangen unde vorkopen, dewile se in de Telinge (in der Anmerkung mit bezug auf verschiedene Gesetze als Brutzeit erklärt) synt vor der sülven tyd, worde dar we mede beslagen, dene wil de Radt de neme laten und schall dat sunder broke nicht gedan hebben.

Senator Dr. Brehmer hat dieses Mandat (1893) mit folgender Bemerkung unter dem Titel: Vogelschutz, veröffentlicht: „Aus der nachfolgenden Verordnung, die der Rat 1483 erlassen hat, ergibt sich, daß er schon damals darauf Bedacht genommen hat, sowohl den jagdbaren als auch den singenden Vögeln dadurch einen Schutz zuzuweisen, daß er ihren Fang und Verkauf vor Jacobi (25. Juli) verbot".

Die Schonung der jagdbaren Vögel ist wohl deshalb in erster Linie betont, weil der Rat der Stadt Lübeck die Jagdberechtigung inne hatte. Er hielt sich daher einen Jägermeister mit verschiedenen Gehilfen. Leider scheint der Jägermeister nie vereidigt gewesen zu sein. Die Eidesformel, die man deshalb am Anfang des 19. Jahrhunderts aufstellte, enthält nichts für den Vogelschutz Interessantes. Es müssen jedoch besondere Instruktionen bestanden haben, da mehrfach Zusammenstöße des Jägermeisters mit lübeckischen Bürgern stattfanden. Es liegt z. B. eine Beschwerde vom 29. Juni 1675 der Bürger und Brauer zu Lübeck Matthias und Jochim Lütckens gegen den Jägermeister Junge vor. Beide hatten bei Ringstätten einige Krammetsvögel geschossen und waren deswegen mit blankem Hirschfänger vom Jägermeister angegriffen, der ihnen die „Röhre" abnahm. In der Klageschrift weisen beide darauf hin, daß Krammetsvögel fremde Vögel seien, die hier nicht brüten. Die brütenden müssen also geschützt gewesen sein. Das Recht zu schießen, das „receßmäßige Jagdrecht", stand den Mitgliedern der elf bürgerlichen Kollegien innerhalb der Landwehr zu. Die Landwehr war eine Außenbefestigung im weiten Ringe um Lübeck. Bei Wesloe sind noch Reste vorhanden. Auch zur „Koppeljagd" waren jene Bürger berechtigt. Doch scheinen nur wenige vom Jagdrecht Gebrauch gemacht zu haben. In einer Akta vom 2. Juni 1779, „die Hölzungen in der Landwehr betreffend", werden nur 6—8 angegeben. Jedenfalls zeigen aber diese Überschreitungen des Jägermeisters, daß die Vogelschutzerlasse nicht nur auf dem Papier standen.

Ein im 17. Jahrhundert erlassenes Mandat geht schärfer gegen die Vogelfeinde vor:

Demnach es bishero sich zugetragen / daß einige von der hiesigen Jugend / sich angemasset an denen Sonn- und Fest- auch Werkel-Tagen / zum Vogelschiessen / mit Röhren und Bewehr / in ordentlichen Professionen / in der Stadt auf / und zu denen Thören hinaus zu ziehen / dadurch viel Unwesen causiret / und insonderheit der Sabbath zum öftern entheiliget wird / auch mancher durch Unvorsichtigkeit / oder aus Unwissenheit / mit Gewehr recht umzugehen / in Leib- und Lebens-Gefahr geraten dürfe. Als ist ein E. Hochw. Raht bewogen worden / darwieder gegenwärtiges Mandat zu publiciren. Allermassen dann hiermit alles dergleichen Auff- und Ausziehen / auch Vogel-Schiessen der Jugend / ernstlich / und bei Vermeidung unnachbleiblicher Straffe / auch Abnahme der Röhre und des Gewehrs / gäntzlich verboten und untersaget wird; Auch zugleich an denen Eltern / Hauß-Vätern und Praeceptoren die Erinner- und Vermahnunge ergehet / daß sie ihre Kinder / Dienst- und Lehr-Jungen / auch Schuel-Knaben / dahin mit allem Ernst halten / daß sothanen Verbott nicht zuwieder gehandelt werde. Auff den wiedrigen Fall die Anstalt gemachet ist / daß die Contravenienten nicht aus denen Thören gelassen / sondern schlechterdings zurück gewiesen / und daferne einige von ihnen aus denen Thören heimlich hinaus gehen / und darauff des verbotenen Vogel-Schiessens mit Röhren sich unternehmen werden / selbige so wohl / als die andern deren vorhin erwehnet / denen HHn. des Gerichts oder des Mahrstalles*) / zu gebührender Bestraffunge angezeiget und kund gemacht werden sollen. Alldieweil auch grosse Klage geschicht / daß in der Land-Wehr die Vögel / ohne Unterscheid / weggeschossen und gefangen werden / als sol sothanes ungebührliches Schiessen und Wegfangen der Vögel / gleichergestalt hiermit ernstlich / und bey Abnahme der Röhre und des Fang-Geräths / auch / nach Befinden / anderer noch härterer Straffe verboten sein. Wornach sich ein jeder zu richten / und für Ungelegenheit und Schaden fürzusehen hat.

Decretum in Senatu die 25. Maji, Anno 1698.

Ein Kommentar hierzu ist wohl überflüssig. Das Mandat gibt einen hübschen Blick in die „gute alte Zeit". Interessant ist die

*) Altes Gefängnis in Lübeck.

Schärfe, mit der vorgegangen werden soll, desgleichen der „Stadtarrest" der Jugend.

Ich erwähnte schon oben Zusammenstöße vom Jägermeister mit jagdberechtigten Bürgern, die sicher aus Irrtum geschehen sind. 1768 kam es wieder zu einem Auftritt bei dem in der Landwehr liegenden Gut Mönckhof, der anscheinend einen tieferen Grund hatte. Der Förster Weiß des Heiligen-Geist-Hospitals griff den Bürger Melchert an und nahm ihm das Gewehr. Der Förster stützte sich auf § 8 seiner Dienstordnung, die nicht bekannt ist, da leider die Aktensammlung über die Forstbeamten des Heiligen-Geist-Hospitals im Staatsarchiv fehlt. Er wurde von Melchert verklagt. Sämtliche bürgerliche Kollegien standen hinter diesem. Hinter den Förster stellte sich der Rat. Die Sache kam bis vor das Reichskammergericht in Wetzlar und schleppte sich bei der damals bekannten Schnelligkeit in Gerichtssachen 14 Jahre hin. Doch heißt es schon in einer Akta vom 29. Mai 1773, daß die bürgerlichen Kollegien auf den Hospitalsfeldern Hasen, Füchse und Geflügel schießen dürfen.

Zum Schutz der auf der Wakenitz nistenden Schwäne ist folgende Notification erlassen:

Demnach Ein Hochweiser Rath mißfällig und durch wiederholte Beschwerden vernehmen müssen, wasgestallt die auf der Wakenitz sich befindenden Schwäne, von verschiedenen muthwilligen Leuten, als Schlachter-Knechten, Tage-Löhnern, auch Fischer-Gesellen, durch Schiessen und sonstigen Unfug, besonders zur Brutzeit, gestöret und verscheuchet, ja gar erschossen, oder auf andere ruchlose Weise aus dem Wege geräumet, mithin der Schwan-Meister solche gehörig zu bergen und zuzuziehen fast verhindert worden. Als hat Ein Hochweiser Rath, weil ohnedas von angesehenen und vernünftigen Bürgern dergleichen Unternehmen nicht zu befahren stehet, um dem bißherigen Frevel Wandel zu schaffen, verordnet, und obgedachten Tage-Löhnern, Schlachter-Knechten, und Fischer-Gesellen, auch überhaupt allen loßbändigen Leuten hiedurch ernstlich, und obrigkeitlich untersaget, sich unter keinem Vorwande auf der Wakenitz mit Schieß-Gewehr und Hunden betreten zu lassen; gestallt dann den sämmtlichen Wakenitz-Fischern ebensowohl hiemit verboten wird, ihre Kähne an dieser Art Leuten auszuleyhen, auch daß ihre Gesellen jemand mit Flinten und Hunden darin auf- und einnehmen dürfen, zu gestatten. Immaßen den Herren der Wette aufgegeben ist, die etwanige Contravenienten mit Gefängniß, oder sonst, nach Willkühr, ernstlich zu bestrafen, mithin dieser frevelhaften Boßheit schlechterdings durch obrigkeitliche Verfügungen zu steuern.

Damit sich aber Niemand mit der Unwissenheit dieses ergangenen Befehles entschuldigen könne, so soll diese Notification in den Thören, und in allen Krügen vor der Stadt, auch auf den Fischer-Buden, und wo es mehr gebräuchlich, angeschlagen, und zur gebührenden Nachachtung bekannt gemachet werden. Publicatum Lubecae, den 4. Julii 1766.

In der Landwehr muß den Singvögeln durch Schießen und Fangen sehr nachgestellt gewesen sein. Ein dagegen gerichtetes Mandat verbietet dieses Treiben:

Es ist uns Bürgermeistern und Rath dieser Stadt aus verschiedenen Klagen, und noch neulich aus den von der Ehrliebenden Bürgerschaft angebrachten Beschwerden, mit Misfallen bemerklich geworden, daß wieder die ehehin schon ergangenen Verordnungen, das Schiessen und Wegfangen der Singe-Vögel in der Landwehre von allerhand müssig gehenden Leuten, theils aus bloßem Mutwillen, theils auch aus schändlicher Gewinnsucht, ohne einige

Schonung und mit so ungezämter Frechheit betrieben werde, daß bey fortwährendem solchen Unwesen, die Fortpflanzung derselben nothwendig aufhören und gänzlich zu Grunde gerichtet werden müsse.

Billig sollten doch die auf so mannigfaltige Weise, zur Ehre und zum Lobe des wohlthätigen Schöpfers sich erhebenden Stimmen dieser kleinen Geschöpfe einen jeden, der nur einiges Gefühl der Dankbarkeit hat, zur Erkenntnis und Bewunderung der Allmacht und Güte Gottes vielmehr ermuntern, als mit einer gewaltsamen Hand auf deren Vertilgung auszugehen.

Wenn Wir indessen nicht erwarten können, daß Leute, welche so weit nicht denken, von ihrem Unrecht sich überzeugen, und von solchem höchst strafbarem Unfuge zurücke kehren dürften: So haben Wir, damit das einem jeden von Gott gegönnte Vergnügen erhalten, und so wenig der Frechheit als dem Eigennutze einiger herumtreibenden Müssiggänger aufgeopfert werde, die vorigen Verordnungen und besonders das unterm 25. Maii 1698 verkündete Mandat hiemit allen Ernstes erneuern wollen.

Wir befehlen demnach wiederholt bey empfindlicher, allenfalls Leibes-Strafe, Abnahme des Gewehrs und des Fang-Geräthes, allen und jeden, sich so wohl des Wegfangens, als des Schiessens der Singe-Vögel in dieser Stadt Landwehre zu enthalten; und wird den Herren des Marstalles aufgetragen, dem Stallreuter, imgleichen den Land- und Bauernvoigten, nicht weniger den Forstbedienten den Befehl beyzulegen, die aufmerksamste Obacht darauf zu halten, daß diesem Mandat nicht entgegen gehandelt werde; bei verspührter Contravention aber bekannte Personen den Herren des Marstalles ohngesäumt zur gebührenden Bestrafung anzuzeigen, unbekannte hingegen, allenfalls mit Zuziehung der Herren Kriegs-Commissarien zur gefänglichen Haft zu bringen; was Endes und damit Niemand mit einiger Unwissenheit sich entschuldigen könne, dieses Mandat gewöhnlicher Orten, auch in den Wacht- und Krug-Häusern vor den Thören zum Anschlag gebracht werden soll. Wonach sich ein jeder zu richten, und für Nachteil und Strafe zu hüten hat.

Actum decretum in Senatu Lubecensi, publicatumque sub sigillo d. 4. Maii 1782.

Leider sind die in diesem Mandate angeführten „vorigen Verordnungen" nicht aufzufinden gewesen. Das Mandat selbst zeugt von einer großen Liebe zur Vogelwelt und von einer Einsicht, die für die damalige Zeit überrascht. Es ist der fundamentalste Grundsatz des modernen Vogelschutzes darin ausgedrückt: „Abschießen, aufessen kann einen Vogel nur einer, sich an seinem Anblick erfreuen Tausende."

In den Jahren 1796 und 1813 sind die beiden letzten Mandate wieder erneuert worden. In der Bestallungs- und Instruktions-Urkunde des ersten staatlichen lübeckischen Försters zu Israelsdorf vom 27. Mai 1783 heißt es im § 7: „Nicht weniger muß er fleißig Aufsicht haben . . ., auch die Auffänger und Vertilger der Singvögel, so wie die unbefugten Wildschützen nicht dulden, sondern . . . (sie arretieren, beim Marstall abliefern), zu welchem Ende ihm die Mandate E. Hochweisen Rathes . . . vom 4. May 1782 gegen die Vertilgung der Singvögel, und vom 21. November 1781 wider die unbefugten Wildschützen zugestellt werden." Den Holzvögten und Holzwärtern des St.-Johannis-Klosters, war vorgeschrieben: „Er muß . . . jede unerlaubte Benutzung . . . der Jagd und des Vogelfanges zu verhindern und entdecken suchen und solche melden."

Die französische Herrschaft am Anfang des 19. Jahrhunderts bringt der „Mairie Lübeck“ zuerst die Jagdpächter, wenn auch in sehr beschränkter Zahl: Ritzerau, Poggensee und Schretstaken. In einer mit den Jahreszahlen 1814, 1815 versehenen „Acta betr. die projectierte Erlassung eines neuen Jagd-Reglements und die unterm 11. Februar 1815 erschienene Notification über die verbotene Jagdzeit“, hat man das erste lübeckische Jagdgesetz zu erblicken, da ein älteres „Jagd-Reglement“ im Volumen Jagd des hiesigen Staatsarchivs sich nicht befindet. In dieser Akta werden zu allen Zeiten zu schießen erlaubt: Raubvögel, Strich- und Zugvögel, Schnepfen, wilde Enten, Gänse, Krammetsvögel. Es geht aus verschiedenen Schriftstücken hervor, daß seit dem Mittelalter Strich- und Zugvögel niemals unter dem Schutze standen, sondern nur jene „Singe-Vögel“, die hier brüteten.

Eine weitere lübeckische Vogelschutzordnung wurde 1819 erlassen und am 4. Mai 1827 erneuert. Sie lautet:

Bekanntmachung wider das Wegfangen der Singvögel.

Wenn, ungeachtet der von Einem Hochedlen Rathe zu wiederholtenmalen und namentlich unterm 25. May 1698 und 4. May 1782 erlassenen, in den Jahren 1796 und 1813 erneuten Mandate, das Wegfangen der Singvögel, namentlich der Nachtigallen, vor den Thören wiederum Überhand nehmen soll, so werden hiedurch Alle und Jede ernstlich gewarnt, sich solchem ruchlosen Gewerbe hinzugeben, und sind die Gerichtsbedienten und Polizei-Voigte besonders angewiesen, auf die etwanigen Uebertreter der gedachten Verbote ein wachsames Auge zu haben, damit wider selbige die verordnungsmäßigen Strafen mit aller Strenge können zur Ausübung gebracht werden.

Actum Lübeck im Landgerichte, den 23. April 1819.

Das Jahr 1848 brachte der Republik Lübeck ein Revolutiönchen zur „Einführung der Republik“. Als dem Volke erklärt wurde, wir hätten schon eine, beruhigte es sich. Es wurde jedoch als Grundrecht des freien deutschen Volkes die Jagdfreiheit proklamiert. Vielleicht hat auch die Heranziehung zum Jagddienste, zu dem die Dorfschaften seit dem Mittelalter verpflichtet waren, Schwierigkeiten gemacht. Jedenfalls sind im Rate über die Jagd Erwägungen gepflogen worden. Hiervon erfuhren die Kaufleute. Eine Anzahl derselben schickte deshalb unterm 28. August 1849 ein Gesuch an den Rat, er möge die jagdlichen Zustände innerhalb des Landwehrgebietes beim Alten bleiben lassen. Sie erhielten eine zustimmende Antwort. 1850 kam von Frankfurt als Reichsgesetz, daß das freie deutsche Volk zu Jagddiensten nicht mehr heranzuziehen sei. Deswegen wurde diese Verpflichtung aufgehoben (Extractus protocolli Curiae Lubecensis, 13. April 1850). Im folgenden Jahre beschloß der Senat, das ihm zuständige Jagdrecht dem Staate zu übertragen, da ihm die Jagdkosten zu groß wurden. Die nächste Zeit sieht zwecks Regelung der Sache Entwürfe von Reviereinteilungen, von einem neuen Jagdgesetz und Bittschriften der Grundbesitzer um freie Jagd auf eigenem Gebiet. Das den Bürgern zustehende Jagdrecht innerhalb der Landwehr wurde ihnen genommen trotz des Protestes der Mitglieder der kaufmännischen Kollegien.

Im Jagdgesetzentwurf vom 12. September 1854 lautet § 28: „Bei den bestehenden Verboten des Einfangens der Singvögel, so wie alles unbefugten Schießens vor den Toren, auf den Landstraßen, auf der Trave und Wakenitz behält es sein Bewenden.“ In den Anmerkungen wird auf die letzte Bekanntmachung vom Landgericht hingewiesen, um die Jagdpächter darauf aufmerksam zu machen, daß auch für sie die Vogelschutzgesetze existieren.

Im Jagdgesetz, das am 2. Juni 1856 herausgegeben wurde, findet sich dieser Paragraph nicht.

1856 fanden dann die Verpachtungen statt, so daß nun überall Jagdpächter im Gebiet existierten, daher das Ende planmäßiger Vogelsammlungen.

Die nächste Schutzverordnung ist vom 6. Mai 1872 datiert:

„Bekanntmachung, das Verbot wider das Fangen der Singvögel und das Ausheben der Nester derselben betreffend.

Das Polizeiamt findet sich veranlaßt, auf den Grund älterer obrigkeitlicher Bekanntmachungen zum Schutze der Singvögel, und mit Beziehung auf § 368 unter 11. des Strafgesetzbuches, die nachstehende, auch für die Landbezirke zur Anwendung kommenden Vorschriften wiederholt zu erlassen.

1. Das Wegfangen der Singvögel und das Ausheben der Nester derselben ist verboten.
2. Die Übertreter dieses Verbotes werden mit Geldstrafe bis zu 50 M. oder mit Haft bis zu 14 Tagen belegt.
3. Für Kinder sind diejenigen verantwortlich, welchen die Aufsicht über dieselben obliegt.

Sämtliche Polizeibeamte sind angewiesen, auf die Befolgung dieses Verbotes zu achten, und die Übertreter desselben dem Polizeiamte zur Bestrafung anzuzeigen."

Die jagdbaren Vögel erhielten durch das „Gesetz, betr. die Schonzeit des Wildes, vom 21. Juli 1873 einen besonderen Schutz. Auffällig ist, daß Gänse das ganze Jahr geschossen werden dürfen. In einer am 7. August 1876 erlassenen Bekanntmachung erhalten vom Polizeiamt die von der Baudeputation auf dem Mühlenteiche ausgesetzten ausländischen Schwimmvögel den nötigen Schutz. Auch in den letzten Jahren sind dort wieder Enten angesiedelt. Der jetzige Stadtgärtner bevorzugt jedoch heimische Arten. Die Strafe kann bis 150 M. oder bis 6 Wochen Haft betragen.

Auch in der „Straßen-Polizei-Ordnung" für die Stadt Lübeck und den inneren Wegbezirk der Vorstädte" vom 3. März 1880 ist der Vogelwelt gedacht. § 65 f. lautet: „Es ist verboten, in den Wall- und sonstigen öffentlichen Anlagen, sowie auf den Kirchhöfen den Vögeln nachzustellen, sie wegzufangen, ihre Nester aufzusuchen, Eier oder junge Vögel auszunehmen, sowie jede sonstige Störung der in den Anlagen und auf den Gewässern befindlichen Vögel."

Als im Jahre 1888 von den asiatischen Steppen das Steppenhuhn, *Syrrhaptes paradoxus* (Pall.), in ungezählten Scharen Europa überflutete, ist es auch im lübeckischen Gebiet aufgetaucht. Der Wissenschaft ist das noch nicht bekannt. Der mancherorts geäußerte Wunsch nach Schutz dieses Gastes ist im Freistaate nach schleswigholsteinischem Muster im weitgehendsten Maße erfüllt.

„Verordnung, betreffend den Schutz des Steppenhuhnes.

In jüngster Zeit haben sich größere Mengen des Steppenhuhnes aus den russischen Steppen auch in der hiesigen Gegend eingefunden. Da zu erwarten steht, daß dieser Hühnervogel hier brüten und eine schätzbare neue Wildart bilden wird, so empfiehlt es sich, das Steppenhuhn bis auf weiteres unter Schutz zu stellen.

Das Polizeiamt verordnet deshalb, was folgt:

§ 1.

Das Zerstören und Ausheben von Nestern, das Zerstören und Ausnehmen von Eiern, das Ausnehmen und Tödten von Jungen, das Feilbieten und der Verkauf der gegen dieses Verbot erlangten Nester, Eier und Jungen des Steppenhuhnes ist untersagt.

§ 2.

Verboten ist ferner jede Art von Fangen und Erlegen des Steppenhuhnes mittels Schlingen, Netzen, Betäubungsmitteln, Gift, Waffen oder irgend welcher Vorrichtungen, sowie das Feilbieten und der Verkauf lebender wie todter Exemplare.

§ 3.

Übertretungen dieser Verordnung werden mit Geldstrafe bis zu M. 150 oder mit Haft bestraft.

Der gleichen Strafe unterliegt, wer es unterläßt, Kinder oder andere unter seiner Gewalt stehende Personen, welche seiner Aufsicht untergeben sind und zu seiner Hausgenossenschaft gehören, von Übertretungen dieser Verordnung abzuhalten.

Lübeck, den 17. Mai 1888. Das Polizeiamt."

Im Jagdgesetz vom 6. März 1900 lautet § 48: „Das Ausnehmen der Eier oder Jungen von jagdbarem Federwild einschließlich der Kiebitze ist verboten. Das Ausnehmen von Möweneiern ist in der Zeit vom 1. Juni bis 31. Dezember verboten."

Das Fangen von Wasservögeln ist durch eine Polizeiverordnung vom 24. März 1901 untersagt: „In den auf Grund des § 2 des Gesetzes vom 11. Mai 1896, betreffend die Regelung der gewerblichen Fischerei in den öffentlichen Gewässern, gebildeten Fischereibezirken ist das Auslegen von Netzen im Wasser zum Zweck des Fangens von Vögeln verboten. Zuwiderhandelnde werden mit Geldstrafe bis zu 150 M. oder mit Haft bestraft."

Vom Mittelalter bis zur Neuzeit sind also die lübeckischen Behörden stets und wirkungsvoll für den Vogelschutz eingetreten.

Die Liebe zur Vogelwelt hat aber auch bei Privaten den Schutz dieser Geschöpfe hervorgerufen. Die ersten Keime des Vogelschutzes sind in den Vogelliebhabervereinen entstanden. Die Wintersnot der Vögel zu lindern, war das Bestreben. Auch der seit 28 Jahren in Lübeck bestehende „Verein der Freunde von Sing- und Ziervögeln" ist stets bemüht gewesen, helfend einzugreifen. Er hat vor Jahren Futtertische anfertigen lassen und diese der Stadtgärtnerei zur Verfügung gestellt. Durch kleine Aufsätze in Tagesblättern: Füttert die hungrigen Vögel, ist aufgefordert worden, in Gärten und Anlagen Samen zu streuen und an Fenstern Futtervorrichtungen anzubringen. Mit Hilfe des Tierschutzvereins sind durch die Stadtgärtnerei zahlreiche Nistkästen aufgehängt. Da man früher jedoch fast nur „Starkästen" kannte, wurden diese später zerstört, weil jener Vogel bei Lübeck zu massenhaft auftritt.

Als im Anfang unseres Jahrhunderts die moderne Vogelschutzbewegung, die längst international geworden ist, sich ausbreitete, hat sie auch in Lübeck kräftig Widerhall gefunden.

Der rührigen Tätigkeit des „Lübecker Heimatschutzvereins" ist es gelungen, von der Bürgerschaft die Kosten (ca. 8000 M.) eines Vogelschutzgehölzes auf der alten Schwellentränke an der Kreuzung der Trave und des Elbe-Trave-Kanals zu erlangen. Das Gebiet ist ca. 2 ha groß und befindet sich zur Zeit noch in Arbeit.

Auch der Schutz des Priwalls ist diesem Vereine zu danken.

Der Priwall ist eine am Ausfluß der Trave zwischen der Pötnitzer Wyk und der Ostsee gelegene Halbinsel. Der zum Fluß führende Teil war früher Wiese, der eine kleine Insel vorgelagert war. Hier nisteten Kiebitz und Rotschenkel, wurden aber stets ihrer Eier beraubt. Durch Aufbaggerung wurde dieses Gebiet 1906 bedeutend erweitert. Es besteht etwa $^1/_3$ aus Wiese, mit Stechginster übersät. Durch die Wiese geht ein schilfbestandener

Graben. 2/3 ist Sand- und Steinhalde, mit Strandhafer bewachsen. Durch Polizeiverordnung wurde das Schießen und Eiersammeln auf diesem Gebiet, das etwa eine Größe von 70—80 ha hat, vom 1. April bis 30. September verboten:

Auf dem südwestlichen Teile des Priwalls, und zwar südlich der sogenannten Buschkoppel und westlich des Weges vom Strande zur Buschkoppel ist in der Zeit vom 1. April bis einschließlich 30. September im Interesse des Vogelschutzes die Ausübung der Jagd wie überhaupt jegliches Schießen verboten.

Zuwiderhandlungen werden auf Grund des § 82 Nr. 1 des Jagdgesetzes bestraft *).

Da hierdurch wohl dem Schießen, nicht aber dem Eierrauben Einhalt getan wurde, stellte der Verein für Heimatschutz 1910 einen Wärter an, der vom Polizeiamt die Befugnisse eines Hilfsschutzmannes erhielt, wie ja allgemein bei Vogelschutzkolonien üblich. Er wurde mit ca. 350 M. für die Zeit vom 15. April bis 1. Juli besoldet. Hiervon trug im genannten Jahr der „Lübecker Jagdschutzverein" 75 M. Diese Einrichtung hat sich ausgezeichnet bewährt. Der Priwall ist demnach die erste Vogelschutzkolonie der Ostsee.

Die Möweninsel im Hemmelsdorfer See ist seitens der oldenburgischen Regierung durch das Verbot des Betretens derselben geschützt.

Unser größtes Torfmoor, das Wesloer Moor, ist durch die Bemühungen des oben genannten Vereins dem Schicksal, zur Wiese gemacht zu werden, entronnen. Auf dem malerischen Waldhusener Moor ist der Torfbetrieb staatlicherseits ganz eingestellt.

Der letzte Auwaldrest im südlichen Teile des Schellbrookes, ein kleines Vogeldorado, sollte durch Kahlhieb verschwinden. Auch ihm ist Schutz zugesagt worden, was im Interesse der Höhlenbrüter wünschenswert war.

Nach einem Senatsdekret vom 21. Juni 1905 soll der letzte Rest des ältesten Eichwaldes bei Lübeck, ca. 7 ha umfassend, ein kleiner Bestand von 200- bis 300jährigen Eichen, der forstlichen Ausnutzung entzogen bleiben (Prof. Dr. Friedrich 1906). Ebenso sind in dem aus uralten Buchen und Eichen bestehendem Lustholz bei Israelsdorf die Hauungen eingestellt (Prof. Dr. Friedrich 1908). Den Höhlenbrütern, insbesondere den Eulen, Spechten und Hohltauben ist dieser Schutz zu gönnen.

Vom früheren Förster in Rittbrook, Herrn Meves, ist im Forstort Schwerin ein ca. 8 ha umfassendes Vogelschutzgehölz angelegt. Hoffentlich bleibt es in Zukunft erhalten. Es geht quer durch eine Schonung, also durch einen Platz, der sonst von Vögeln bevorzugt wird. Trotzdem herrscht in der Schonung vollständige Stille, außerordentlich reges Leben jedoch innerhalb der Umzäunung. Ein Beispiel, wie unsere Buschsänger den Schutz wohl zu schätzen wissen. Auch den Fasanen ist dieser Platz gegen streifende Kinder und Hunde sehr willkommen.

Dem Vogelschutz zugute kommt eine neue Einrichtung der Forstbehörde, gegen Wildschaden die Kulturen einzufriedigen. Da von diesen Gebieten durch das Gitter Störungen abgehalten werden, haben die Vögel aus dieser Maßnahme bald Nutzen gezogen.

Daß unsere Friedhöfe und die Baumschulen kleine Vogelparadiese darstellen, braucht wohl kaum erwähnt zu werden. Auch unsere alten Lindenalleen, die Anlagen und Privatgärten dienen

*) Nach Abfassung des Manuskriptes wurde im Frühling 1911 die Jagd während der angegebenen Zeit auf dem ganzen Priwall verboten, im Herbst 1911 die Schußzeit vom 1. November bis 1. März festgesetzt. 1912 wurde die Jagd einem Pächter übergeben.

vielen Vögeln als Brutplätze. Doch möge hierbei erwähnt sein, daß die viele Beschneidung die Vögel fernhält. Es ist besser, wenn man die Buschgruppen in den einzelnen Jahren wechselweise beschneiden läßt, so daß nicht plötzliche Kahlschnitte entstehen.

Auf eine Maßnahme des bisherigen Stadtgärtners möchte ich besonders hinweisen. Es ist in manchen Städten geklagt worden, daß die Wasserreiser, die an der ehemaligen Köpfungsstelle der Alleebäume entspringen, zu früh im Jahr fortgenommen werden. Dadurch zerstört man die in denselben angelegten Nester der Buch-, Grünfinken, Fliegenschnäpper u. a. und nimmt den Höhlen der Meisen, Baumläufer, Rotschwänzchen u. a. die Deckung. Unser Stadtgärtner ließ deshalb diese Reiser erst im Herbst entfernen. Da das Blatt ein wichtiges Organ für den Baum ist, dem durch dasselbe Nahrungsstoffe aus der Luft zugeführt werden, liegt es auch im Interesse der alten Bäume, daß diese Zweige erst im Spätsommer abgenommen werden. Hoffentlich wird auch der neue Stadtgärtner diese Maßnahme treffen.

Da bekanntlich die Höhlenbrüter an Wohnungsnot am meisten leiden, sind auch bei uns reichlich Nistkästen ausgehängt.

Die Stadtgärtnerei hat in den letzten Jahren 300 Stück für die städtischen Anlagen (Lübeck) angeschafft. Von der Forstbehörde sind im Israelsdorfer und im Waldhusener Revier ca. 400 Stück angebracht. Der St. Gertrud-Verein (Verschönerungs-Kommission) hat ca. 100 Stück bezogen. Von Privaten sind eine ganze Anzahl ausgehängt. Die Gutsherrschaft von Brandenbaum hat in ihrem Gebiet eine große Zahl von Nisturnen anbringen lassen.

Einen besonderen Schutz hat die bei Ritzerau befindliche Reiherkolonie erhalten. Das Finanzdepartement hat auf Vorschlag des verstorbenen Oberförsters Elle in den Jagdvertrag die Bestimmung aufgenommen, daß der Reiherstand in jedem Jahr nur einmal im ganzen beschossen werden darf, und zwar nach dem 15. Juni. Dadurch scheint der Bestand dieses mehr und mehr in Deutschland verschwindenden Vogels auf die gleiche Zahl erhalten zu bleiben. Der Heimatschutzverein hat eine Eingabe an das Finanzdepartement gerichtet, das im Jahr 1911 sich auf dem Nusser See angesiedelte Wildschwanenpaar zu schonen, den Abschuß der Jungen im Herbst dem Jagdpächter jedoch freizulassen. Die Zusage ist erteilt. Das 1911 sich im Wesloer Moor niedergelassene Birkwild, das als Brutvogel seit über 100 Jahren im Freistaat ausgestorben war, ist durch Beschluß des Offizier-Jagdvereins von der Jagd ausgeschlossen. Ein derartiges Vorgehen findet warme Anerkennung.

Ein wichtiges Kapitel ist die Winterfütterung. Die Stadtgärtnerei stellt auf den Stadtwällen drei große Futterhäuser auf, eins außerdem im Vogelschutzgehölz. Sie ist im Besitze von zwölf Bruhnschen Meisendosen. Von diesen sind in Lübeck ca. 80 Stück verkauft. Drei v. Berlepsche Futterglocken sind bei Lübeck ausgehängt, eine von der Stadtgärtnerei. In den Vorstädten befinden sich fast an jedem Hause die von der Samenhandlung Michael bezogenen Futterhäuschen und Meisen-Futterapparate, von denen im Winter 1910/11 300 Stck. verkauft wurden.

Vielerorts sieht man diese Futtervorrichtungen auch in der Stadt.

Zum Schutze der Vogelwelt ist es unerläßlich, die herumstreunenden Katzen kurz zu halten. Es sind daher seit 1909 in den Anlagen Katzenfallen aufgestellt. Jeder Gartenbesitzer ist berechtigt, in seinem Garten keine fremden Katzen zu dulden. Den Mitgliedern des „Lübecker Tierschutzvereins“ holte bisher der Frohn die gefangenen Tiere unentgeltlich ab. Wenn sich also

Jena rühmt, in dieser Sache die ersten entscheidenden Schritte getan zu haben (Gef. Welt 1911, p. 7), so irrt es sich.

Blickt man auf die verschiedenen Maßnahmen, die zum Schutze der Vogelwelt im Freistaat getroffen sind, zurück, so muß gesagt werden, daß Lübeck Anerkennenswertes geleistet hat. Nicht verhehlt soll jedoch werden, daß auch bei uns noch manches zu tun ist.

Ein Streifen des durch die Industrie bedrohten Traveufers in der Nähe der Stülper Huk ist als Schutzbezirk dem Heimatschutzverein leider abgelehnt. Ein Gebiet seltener Pflanzen, aber auch ein Brutbezirk vom Gänsesäger und der Brandente geht dadurch verloren. Hoffentlich wird die Zusicherung noch erteilt.

Wünschenswert wäre es, wenn die Verwaltung der Lübeck-Büchener-Eisenbahngesellschaft ihre Bahndämme mit Buschwerk bepflanzte. In manchen Staaten ist das geschehen, ohne daß sich Schäden für den Bahnkörper gezeigt haben.

Bedauerlich ist, daß die Feldhecken allmählich verschwinden. Früher waren die Besitzer verpflichtet, Gräben und Knicks zu unterhalten. Jetzt weichen diese den Drahtzäunen. Daher geht den Kleinvögeln mancher Brutplatz verloren.

Unsere Raubvögel verschwinden vollständig. Das ist der Grund für die ungeheure Ausbreitung der Stares und der Amsel, die für die Gartenbesitzer mehr und mehr zu einer Plage werden, auch der Grund, weshalb sich die Bläßhühner auf der Wakenitz so zahllos vermehren konnten, so daß dieses wundervolle Entendorado, von dem der bekannte Maler und Sportsmann Protzen in seinem Werke: 30 Jahre auf dem Wasser, plaudert, zerstört ist. Der Rohrweih hält die leicht auffallenden Bläßhühner kurz. Die Enten entgehen infolge ihrer unauffälligen Farbe diesen Vögeln leichter. Noch vor ca. 10—20 Jahren barg die Wakenitz reiche Entenbestände, trotz des Rohrweihs! Jetzt sind sie durch die zanksüchtigen Wasserhühner vertrieben. Bei Überhandnahme der Raubvögel ist der Abschuß geboten. Sie ganz zu vertilgen, rächt sich stets. Deshalb möchte ich dem Finanzdepartement nahelegen, die letzten Horstpaare des Habichts im Ritzerauer Forst durch die Bestimmung im Jagdvertrag unter Schutz zu stellen, daß der Abschuß der Vögel am Horst nicht gestattet sei. Die Jungen mag man schießen. Es müßte auch der Abschuß des Wanderfalken in den Sommermonaten verboten werden.

Bussarde, Turmfalken und Eulen sind durch das neue Reichs-Vogelschutzgesetz vor der Vernichtung bewahrt, werden aber leider noch sehr viel geschossen, da nicht alle Jagdpächter gehorsame Staatsbürger sind.

Unbedingten Schutz müssen die wenigen Pärchen der Fluß- und Trauerseeschwalbe auf der Wakenitz genießen. Wohl tun sie der Fischerei Abbruch, aber ihr ästhetischer Wert ist ein großer. Auch sie sind durch das Reichsvogelschutzgesetz geschützt, doch müßten sie noch durch eine besondere Verfügung besonderen Schutz bekommen, da die Erhaltung dieser Arten sonst in Frage gestellt ist. Sollten sie sich sehr vermehren, könnte ihre Zahl leicht wieder eingeschränkt werden.

Eine besondere Erwähnung erfordert die Winterjagd auf der Untertrave und der Priwallhalbinsel.

Die Jagd am Meeresstrand war vom Mittelalter an bekanntlich in allen Küstengegenden (bis 1911 noch in Mecklenburg) frei. Die Travemünder besaßen diese Jagdfreiheit auf der See und der Untertrave bis zum Stülper Huk, die Schlutuper vom Huk bis Herrenwyk. Als 1856 der Rat seine Jagdrechte dem Staate abtrat, baten die ersten in einer Eingabe vom 8. September 1856, die zweiten in einer vom 24. Dezember 1856, ihnen die Schießerlaubnis weiter zu gewähren, da „Fischreiher, Enten, Taucher in Menge auftretend Laich, Brut und ganze Fische schädigen".

Die Verpachtung fand daher nicht statt, aber erst nach neun Jahren wurde die betreffende amtliche Bekanntmachung veröffentlicht. Es müssen also Bedenken dagegen vorhanden gewesen sein.

„Nachdem von dem verehrlichten Finanz-Departement darin consentirt worden, daß das Jagdrevier Priwall, welchem zugleich die Wasserjagd auf der Trave, von der Stülperhuk bis in die See, beigegeben ist, nicht öffentlich verpachtet, vielmehr das hiesige Amt ermächtigt werde, für die Ausübung der Jagd in dem Jagdreviere Priwall an Travemünder Einwohner, nach seinem Ermessen, gegen Erlegung der gesetzlichen Gebühr von 2 Thalern Jagdkarten auszugeben, wird solches hiedurch zur öffentlichen Kunde gebracht und zugleich, mit Hinweisung auf das Jagdgesetz vom 26. Mai d. J. vorläufig und unter Vorbehalt umfänglicher polizeilicher Anordnungen, Amtsseitig verfügt:

Daß vom 15. Sept. d. J. an die Jagd auf dem Priwall sowie auf der Trave von der Stülper Huk bis in die Ostsee Allen, die keine Jagdkarte gelöst haben, bei Strafe verboten ist, daß indeß das hiesige Amt solche Jagdkarten an Travemünder Einwohner, nach seinem Ermessen, gegen Erlegung einer Gebühr von 2 Thalern erteilen wird.

Amt Travemünde, den 13. Sept. 1856.

Im Auftrage des Senates wird vorstehende Bekanntmachung hiermit auch durch das Amtsblatt zur allgemeinen Kunde gebracht.

Amt Travemünde, den 22. Aug. 1865."

Im Dezember 1890 kamen die Gotmunder um die Jagderlaubnis auf der Trave oberhalb von Herrenwyk wegen der Zunahme von „Fischreihern und Spethälsen" ein. Später wurde die Aufhebung der Schießberechtigung der Schlutuper aus einem unbekannten Grund beantragt, laut Dekret vom 29. März 1893 jedoch abgelehnt. Den Travemündern ist jedoch in den 90er Jahren die Jagd genommen worden. „Es verlautet, daß mehrere Travemünder eine Eingabe an den Senat machen werden, in der sie um das Recht bitten, wie früher auf dem Priwall die Jagd betreiben zu dürfen" (Lüb. Blätter 1899, p. 626). „Der Wortführer bringt zur Kenntnis der Bürgerschaft, daß ihm von Herrn H. Schütt und 271 Travemünder Einwohnern eine Eingabe zugegangen sei, in welcher darum gebeten werde, daß die Verpachtung der Jagd auf dem Priwall nicht fortgesetzt werde, sondern der frühere Zustand, nach welchem den Travemündern Einwohnern die Jagd dort frei stand, wiederhergestellt werde" (Verhdlg. der Bürgerschaft vom 27. November 1899). Nach einer späteren Lokalnotiz in den Lüb. Blättern ist die Erlaubnis wiedererteilt worden. Während jedoch nach einer „Gutachtlichen Erklärung des Polizei-Amtes vom 29. Januar 1891" nur Fischer auf Priwall, Trave usw. Erlaubnis bisher erhielten, „eine Maßregel, welche als bewährter Grundsatz (!) sich erwiesen hat, Gastschützen ausschließt und der wilden Jägerei entgegentritt", darf jetzt jeder schießen. Wenn auch durch die neueste Polizei-Verordnung das Schießen während des Sommerhalbjahres nicht gestattet ist, so sind doch eine Reihe von Einwendungen zu erheben, die das gänzliche Verbot des Jagens oder eine Neuregelung empfehlen lassen.

1. Der Grund, den die Travemünder und Schlutuper zur Beibehaltung des mittelalterlichen Zustandes anführten, ist hinfällig geworden. Fischreiher sind nur vorübergehend einzeln im Travegebiet zu beoachten. Zur Zugzeit nur sieht man mehrere im

lockeren Verbande. Die benachbarten Jagdpächter genügen, sie in Schranken zu halten. Haubentaucher sind an der Trave so selten geworden (Stromregulierungen), daß sie als Naturdenkmal gelten können und daher geschont werden müssen. Die nordischen Enten werden immer spärlicher, bedingt durch die starke Verfolgung und die milden Winter. Ein hiesiger Balghändler konnte 1910 nur 20 % seiner Bestellungen liefern. Von einem dieser Schützen wurde mir gesagt, daß er schon Möwen schießen müsse, wenn er etwas erlegen wolle, da Enten ja meistens nicht da seien.

Der heutige, durch diese Vögel der Fischerei angerichtete Schade ist also weitaus geringer als früher. Das Schießen könnte deswegen ganz eingestellt, mindestens müßte es sehr eingeschränkt werden.

2. Früher erhielten nur Fischer die Erlaubnis, um „der wilden Jägerei“ entgegenzutreten. Heute darf jeder jagen, der eine Flinte sein Eigen nennt. Es ist interessant, aber nicht ganz ungefährlich, sich von der Jagdmethode dieser — Jäger ist unter den deutschen Weidgenossen ein Ehrenname — augenscheinlich zu überzeugen. Zu bemitleiden ist das Wild, das auf weite Entfernungen — jeder möchts haben — angebleit wird und oft elend verludert. Aus Gründen des Tierschutzes muß gegen diese Jagd protestiert werden.

3. Wir verdenken es den Italienern, daß sie unsere Singvögel vernichten. Die Enten sind den Nordländern mehr als ästhetischer Genuß, sie sind ihnen Lebensbedingung. Bei dieser Jagd aber, wo tagein, tagaus geschossen wird, zehnten wir diese Vogelscharen in strengen Wintern zu sehr. Von glaubwürdigen Einwohnern der genannten Orte wurde mir die Nachricht, daß manche der Schützen im Winter Arbeit Arbeit sein ließen und lieber mit der Flinte den Tag verbringen täten. Wenn wochenlang strenge Kälte alles Wasser bedeckt, die Enten also hungern, dann wird an günstigen Stellen eine außenordentlich zahlreiche Strecke gemacht, selbst wenn diese Vögel durch den Nahrungsmangel wertlos gemacht sind. 1909 wurden während der strengen Woche Stockenten en masse erlegt, die nur $^1/_2$ Pfund wogen. Im Februar 1912 war es der reine Massenmord. Es fehlten nur die französischen Entenkanonen, um etwas „rationeller“ unter den vor Schwäche fast flugunfähigen „arbeiten“ zu können. Ein Jäger läßt in solcher Zeit die Jagd ruhn, ein Schießer nimmt alles. Mit Recht ist daher vom modernen Vogelschutz und vom Weidwerk diese Winterjagd auf das Schärfste zu verurteilen.

4. Als ungerecht muß empfunden werden, daß den Travemündern und Schlutupern allein das freie Jagdrecht gewährt ist, während man keinem anderen Orte unseres Staates dieses Privileg einräumte, während sogar den bürgerlichen Kollegien, die für unseren Staat doch weit größere Verdienste haben, das Jagdrecht seinerzeit genommen wurde.

1889 ist im benachbarten Ostholstein die Strandjagd aufgehoben worden, 1911 in Mecklenburg. Es ist zu erwägen, ob nicht dieser mittelalterliche Zopf auch bei uns abzuschneiden ist. Sollte eine zu große Vermehrung der Fischschädlinge befürchtet werden, so möge man wie früher einzelnen Fischern den Abschuß gestatten oder den anliegenden Jagdpächtern die Nutzung erteilen. Der Priwall ist jedoch als absolutes Schonrevier zu empfehlen. Das Haarwild mag in derselben Weise wie auf der Teerhofinsel gejagt werden*).

***) Nach Abfassung des Manuskriptes ist die Jagd auf dem Priwall unter für die Vogelwelt günstigen Bedingungen verpachtet. Gegen die Winterjagd wandte sich der hiesige Jagdschutzverein mit einer Eingabe an den Senat. Hoffentlich mit Erfolg.**

VIII. Ornithologische Bibliographie vom Freistaat und Fürstentum Lübeck.

(Abgeschlossen am 10. Oktober 1912.)

1903. B. (Ziehende Gänse und Dompfaffen.) (Notiz.) In: Nerthus V, 1903, p. 615.

1896a. Biedermann, Richard, *Corvus corax* im Fürstentum Lübeck. In: Orn. Jahrbuch VII, 1896, Heft 2.

1896b. — Raubvogelzug in der holsteinischen Küstengegend. Ib. VIII, 1897, Heft 1.

1898. — Die Raubvögel des Fürstentums Lübeck und nächster Umgebung. In: Ornith. Monatsberichte. Berlin 1898, p. 73 f., p. 121 f., p. 159 f.

1899a. — *Gallinula chloropus* auf dem Mühlenteiche bei Lübeck. (Notiz.) Ib. VII, 1899, p. 78.

1899b. — *Ruticilla titys* bei Kiel und Eutin. (Notiz.) Ib. VII, 1899, p. 78.

1909. — Spätbrut der Ringeltaube. (Notiz.) Ib. XVII, 1899, p. 182.

1910a. — *Accentor modularis* im Winter. (Notiz.) Ib. XVIII, 1910, p. 28.

1910b. — (Ringeltaube, Heckenbraunelle, Weindrossel.) (Notiz.) Ib. XVIII, 1910, p. 82.

1911. — (Tannenhähernotiz.) Ib. XIX, 1911, p. 185.

1912a. — (dito.) Ib. XX, 1912, p. 30.

1912b. — (dito.) Ib. XX, 1912, p. 47.

1912c. — Die Heckenbraunelle als Standvogel. Ib. XX, 1912, p. 82—84.

1912d. — Eine Betrachtung über den dunklen Augenstreifen bei der weiblichen Schwanzmeise (*Acredula caudata*). Ib. XX, 1912, p. 115—118.

1882. Boeckmann, Fr., Beiträge zur Vogelfauna der Niederelbe. In: Ornith. Centralblatt, 7. Jahrg. 1882, p. 33—35.

1903. Bl. Zwei Seeadler bei Lübeck. (Notiz.) In: Nerthus V, 1903, p. 291.

1903a. Blohm, Wilhelm. (Vogelzug.) (Notiz.) Ib. V, 1903, p. 472.

1903b. — Nordische Schwimmvögel als Wintergäste in der Lübecker Bucht (Ostsee). Ib. V, 1903, p. 606—607, 619—622, 638—640.

1903c. — Vogelzug. (Notiz.) Ib. 1903, p. 792.

1907. — (Ornith. Mitteilungen.) In: G. Clodius, 4. ornith. Bericht über Mecklenburg (und Lübeck) für das Jahr 1906, Archiv der Freunde der Naturgeschichte in Mecklenburg LXI, 1907, p. 111—122.

1908. — (dito.) Ib. 1908, p. 118—138.

1909. — (dito.) Ib. 1909, p. 94—107.

1910a. — Nordische Schwimmvögel als Wintergäste auf der Lübecker Bucht, der Trave und Seen. In: Journal f. Ornithologie LVIII, 1910, p. 169—171.

1910b. — (Orn. Notizen.) In: Ornith. Monatsber. XVIII, 1910, p. 145.

1910c. Blohm, Wilhelm. (Orn. Mitt.) In: G. Clodius, 7. orn. Ber. über Meckl. und Lübeck, Archiv 1910, p. 125—144.
1911. — (Notiz über Tannenhäher und Brautente.) In: Orn. Monatsber. XIX, 1911, p. 185.
1912. — (Orn. Mitt.) In: G. Clodius, 8. orn. Ber. über M. u. L., Archiv 1912, p. 14—34.
1852. Boll, E., Weiße Varietät von *Hirundo urbica* und *Dysporus bassanus* bei Lübeck. (Notiz.) In: Archiv d. Fr. d. Nat. i. M. VI, 1852, p. 125.
1892. Brehmer, W., Versuch zur Vermehrung der jagdbaren Tiere in Lauenburg 1755 durch Aussetzen von Fasanen. In: Archiv d. Ver. f. Geschichte d. Herzt. Lauenb., 1892, 3. Bd., Heft 3, p. 130.
1893. — Vogelschutz. In: Mitteilungen d. Ver. f. lüb. Gesch. u. Altertumsk. Nr. 3, Heft 6, p. 41—42.
1911. Buck, Hermann, Die Jagdverhältnisse auf dem Priwall. In: Lüb. Blätter LII, 1911, p. 683—684.
1907. Conwentz, Schutz der heimischen Landschaft, ihrer Pflanzen- und Tierwelt. In: Lüb. Blätter 1907, p. 677—679.
1912a. Detmers, Erwin, Ein Beitrag zur Kenntnis der Verbreitung einiger jagdlich wichtigen Brutvögel in Deutschland. In: Deutsche Jägerzeitung, 60. Bd., 1912, p. 305—308, 321—323, 337—339.
1912b. — Dasselbe. In: Veröffentlichungen des Institutes für Jagdkunde in Neudamm, Bd. I, Heft 5.
1888. v. Dombrowsky, E., Zur Einwanderung des Steppenhuhns. In: Waidmann, Bd. 19. 1888, p. 312, 327, 425.
1906. Friedrich, Zur Erhaltung unserer Naturdenkmäler. In: Lüb. Blätter 1906, p. 709—710.
1907. — Die Feinde unseres Waldes. In: Ib. 1907, p. 245—247, 257—260, 277—279.
1908. — Bestrebungen des lüb. Vereins f. Heimatschutz zur Erhaltung der Naturdenkmäler. Ib. 1908, p. 564—565.
1911a. Genrich, Paul, Von der Travemündung an der Ostsee. (Zugnotizen.) In: St. Hubertus XXIX, 1911, p. 234.
1911b. — (Zugnotizen.) Ib. XXIX, 1911, p. 299.
1911c. — Von der Travemündung. (Notiz.) Ib. XXIX, 1911, p. 490—491.
1911d. — Von der Travemündung. (Notiz.) Ib. XXIX, 1911, p. 699.
1911. H. Ein Jubiläum des Vogelschutzes. In: Von Lübecks Türmen 1911, Nr. 21, p. 164—166.
1895. Haase, O., Ornith. Notizen aus der Deutschen Jägerzeitung. In: Orn. Monatsber. III, 1895, p. 2.
1906a. Hagen, Werner, Von der Ringdrossel. In: Natur und Haus XIV, 1906, p. 286.
1906b. — (Ornith. Mitteilungen.) In: G. Clodius, 3. ornith. Ber. über Meckl. (u. Lüb.) f. d. J. 1905, Archiv LX, 1906, p. 67—83.
1906c. — Eigenartiger Schwalbenzug in der Umgebung von Lübeck. In: Orn. Monatsber. XIV, p. 151—153. Im Auszug abgedruckt in: Jahrbuch der Naturkunde, Leipzig-Wien 1907, p. 196.
1906d. — Grausamer Tod. In: Natur und Haus XV, 1906, p. 62. Wörtlicher Abdruck in: Zoologischer Anzeiger VI, 1906, Nr. 48.
1907a. — Ornithologische Winterplauderei. In: Gefiederte Welt XXXVI, 1907, p. 125—126.
1907b. — Einige lübeckische Seltenheiten. In: Orn. Monatsber. XV, 1907, p. 100—102.
1907c. — (Ornith. Mitteilungen.) In: G. Clodius, 4. ornith. Ber., Archiv LXI, 1907, p. 111—122.

1907d. Hagen, Werner, Vogelleben auf den Travesümpfen zur Herbstzugzeit 1906. In: Natur und Haus XVI, 1907, p. 8—10.

1908a. — Nordische Wintergäste in Lübecks Umgebung. In: Gefiederte Welt XXXVII, 1908, p. 123—124, 132—133.

1908b. — *Parus salicarius* in der Umgebung von Lübeck. In: Ornith. Monatsschrift XXXIII, 1908, p. 248—249.

1908c. — (Ornith. Mitteilungen.) In: G. Clodius, 5. ornith. Ber., Archiv LXII, 1908, p. 118—138.

1908d. — Der Zug des weißen Storches (*Ciconia ciconia*) in der Umgebung von Lübeck. In: Orn. Monatsber. XVI, 1908, p. 169—172.

1908e. — Zur Gesangskunst der Vögel. In: Ib. 1908, p. 57—60.

1909a. — Am Futterplatz. In: Lübeckische Blätter LI, 1909, p. 105—106.

1909b. — Die Nachtschwalbe (*Caprimulgus europaeus*) in der Umgebung von Lübeck. In: Ornith. Monatsschrift XXXIV, 1909, p. 194—196.

1909c. — (Ornith. Mitteilungen.) In: G. Clodius, 6. ornith. Ber., Archiv LXIII, 1909, p. 94—107.

1909d. — Eine Nacht im Röhricht. In: Gefiederte Welt XXXVIII, 1909, p. 220—222.

1909e. — Liebeswerbungen der Vögel. (Vortrag.) In: Lüb. Blätter LI, 1909, p. 411—416.

1909f. — Die Brandgans als Brutvogel des lübeckischen Gebietes. In: Orn. Monatsber. XVII, 1909, p. 109—110.

1909g. — Von der Versenkungsbefähigung der Schwimmvögel. Ib. 1909, p. 110—111.

1909h. — Tier- und Vogelleben der Palinger Heide und der Moore. (Vortrag.) In: Lüb. Blätter LI, 1909, p. 594—597. In ähnlicher Form unter dem Titel: In Moor und Heide, in der Gefiederten Welt 1910 abgedruckt.

1909i. — *Erithacus cyaneculus* (Wolf) in Lübecks Umgebung. In: Ornith. Monatsschrift XXXIV, 1909, p. 432—434.

1909k. — *Parus Salicarius* im lübeckischen Gebiet. In: Falco V, 1909, p. 53—55 (mit Nestabbildung).

1909l. — Die bei Lübeck beobachteten Anthus-Arten. In: Archiv d. Fr. d. Nat. i. Meckl. LXIII, 1909, p. 112—116.

1910a. — *Urinator arcticus* bei Lübeck. (Notiz.) In: Orn. Monatsber. XVIII, 1910, p. 12.

1910b. — Der Vogelzug bei Lübeck. In: Journal für Ornithologie LVIII, 1910, p. 160—169 (mit 2 Karten).

1910c. — Hänflingszug. (Notiz.) In: Orn. Monatsber. XVIII, 1910, p. 83.

1910d. — Zug von *Haliaëtus albicilla* (L.). (Notiz.) Ib. XVIII, 1910, p. 145.

1910e. — *Porphyrio coerulens* (Vandelli) in Deutschland. Ib. XVIII, 1910, p. 160.

1910f. — Storchzug und Storchbruten 1910. (Notiz.) Ib. XVIII, 1910, p. 164.

1910g. — (Zugnotizen.) Ib. XVIII, 1910, p. 194—195.

1910h. — (Ornith. Mitteilungen.) In: G. Clodius, 7. orn. Ber., Archiv 1910, p. 125—144.

1910i. — Aberration und Monstrosität. In: Orn. Monatsber. XVIII, 1910, p. 98—99.

1911a. — Über *Ciconia ciconia* (L.) 1910 im Südwestwinkel der Ostsee. Ib. XIX, 1911, p. 7—8.

1911b. — (Notiz über *Ciconia ciconia* im Bericht über die Septembersitzung.) In: Journ. f. Orn. LIX, 1911, p. 168.

1911c. Hagen, Werner, Schutz den Möwen! In: Lüb. General-Anzeiger 1911, Nr. 13, p. 18.

1911d. — Ringversuch. In: Lüb. Blätter LIII, 1911, p. 83—84.

1911e. — (Zugnotiz.) In: Lüb. General-Anzeiger vom 4. April 1911.

1911f. — Der Lange Werder bei Poel (mit Anmerkungen vom Priwall). In: Zeitschrift für Oologie I, 1911, p. 17—19, 27—29.

1911g. — Die Stimmlaute der Bekassine (*Gallinago gallinago* [L.]). In: Orn. Monatsber. XIX, 1911, p. 155—156.

1911h. — Erfolge mit Ringexperimenten. In: Lüb. Blätter 1911, p. 579 und Tagespresse.

1911i. — Plan einer Vogelwarte in Lübeck. Ib. 1911, p. 786—788, 1912, p. 11—12.

1911k. — Lübeckische Vogelschutzordnungen. In: Väterstädtische Blätter 1911, Nr. 52.

1912a. — Ringversuch. In: Lüb. General-Anzeiger vom 26. Januar 1912.

1912b. — (Tannenhäherzugnotiz). In: Orn. Monatsber. 1912, p. 12.

1912c. — Die Sturmmöwen (*Larus canus* L.) des Langen Werders. (Mit Tafel.) In: Archiv d. Fr. d. Nat. i. M. 1912, p. 44—47.

1912d. — Über den Vogelzug 1911 bei Lübeck. In: Journal f. Ornith. 1912, p. 470—480.

1912e. — Zwei interessante Brutvögel von Lübeck. In: Orn. Monatsber. 1912, p. 159.

1912f. — Ringversuche. Ib. 1912, p. 159—160.

1912g. — (Ornith. Mitt.) In: G. Clodius, 8. meckl. Bericht, Archiv d. Fr. d. N. 1912, p. 14—34.

1911. Hammling und Schulz, Beobachtungen aus der Umgebung von Posen (*Parus salicarius* im Fürstentum). In: Journ. f. Orn. LVIII, 1911, p. 557—558.

1910. Heinroth, O., Bericht über die 59. Jahresversammlung der deutschen Ornithologischen Gesellschaft in Lübeck und Wismar. In: Journ. f. Orn. LVIII, 1910, p. 91—101.

1852. Hempel, *Dysporus bassanus* bei Lübeck. Archiv d. Fr. d. Nat. i. M. VI, 1852, p. 121.

1880. v. Homeyer, E. F., Reise nach Helgoland, den Nordseeinseln Sylt, Lyst usw. Frankfurt a. M. 1880.

1878. Karsten, G., Periodische Erscheinungen des Tier- und Pflanzenreiches in Schleswig-Holstein (mit Notizen vom Fürstentum). In: Schriften des Naturwiss. Ver. i. Schl.-H., III, 1880, 2. Heft, p. 1—16.

1884. — Dasselbe. Ib. V, 1884, 2. Heft, p. 67—78.

1911. Lampe, Wilhelm, Die Wakenitz. In: Von Lübecks Türmen 1911, Ornithologisches p. 70—71.

1890. Lenz, H., Fauna. In: Die freie u. Hansestadt Lübeck. Ein Beitrag zur deutschen Landeskunde. Lübeck 1890, p. 90—107.

1895. — Die Fauna der Umgebung von Lübeck. In: Lübeck. Festschrift der 67. Vers. deutsch. Naturf. u. Ärzte. Lübeck 1895.

1866. Meier, A., *Alanda alpestris* bei Lübeck. In: Archiv d. Fr. d. Nat. i. M. XX, 1866, p. 79.

1908a. Peckelhoff, Friedrich, Vogelschutz in unseren öffentlichen Anlagen. In: Lüb. Blätter 1908, p. 224.

1908b. — Schutz unserer heimischen Vogelwelt. In: Lüb. Bl. 1908, p. 163—166, und Lüb. General-Anz. 1908, Nr. 64, p. 21.

1908c. — Schilderungen aus dem Leben unserer einheimischen Wasservögel. (Referat eines Vortrages.) In: Lüb. Bl. 1908, p. 294—295.

1909a. — (Ornith. Mitteilungen.) In: G. Clodius, 6. ornith. Ber., Archiv d. Fr. d. Nat. i. M. 1909, p. 94—107.

1909b. Peckelhoff, Friedrich, Vom Priwall. In: Lüb. Bl. 1909, p. 225.
1909c. — Großer Vogelzug über Lübeck. In: Lüb. Anzeigen vom 22. April 1909.
1910a. — (Die im Wakenitz- und Travegebiet lebenden Vögel.) In: Journal für Ornithologie LVIII, 1910, p. 91—93.
1910b. — Das Schwinden des weißen Storches. In: Lüb. Bl. 1910, p. 548—550.
1911a. — Von der Amsel. Ib. 1911, p. 189.
1911b. — Der weiße Storch. In: Lüb. Gen.-Anz. 1911, Nr. 79, p. 13.
1911c. — Schnickelschnecken als Brutzerstörer. In: Orn. Monatsschr. XXXVI, 1911, p. 347—348.
1911d. — Schwalben und Stare. (Notiz.) In: Wild u. Hund 1911, p. 760.
1911. Protzen, 30 Jahre auf dem Wasser. 1911.
1878. Rohweder, Ornithologische Section. In: Schriften des Nat. V. f. Schl.-H. III, 1878, p. 136—141.
1900. Rörig, Georg, Die Verbreitung der Saatkrähe in Deutschland. In: Arbeiten aus der Biol. Abt. f. Land- und Forstwirtschaft am Kaiserl. Gesundheitsamte, Berlin 1900, p. 279—281.
1875. Schmid, *Anas histrionica* bei Lübeck. In: Archiv d. Fr. d. Nat. i. M. XXIX, 1875, p. 157.
1907—09a. Schröder, Gerhard, Über eine abnorme Krähe. In: 58./59. Jahresber. der Naturhistorischen Gesellschaft zu Hannover, p. 79.
1907—09b. — *Harelda hyemalis.* Ib., p. 85.
1911. Steyer, Die Natur am Meeresstrande. (Mit Notizen über Vögel bei Lübeck.) Leipzig 1911.
1906. Tschusi, Ritter v., Die Farbenvariationen meiner Sammlung. In: Annalen des k. k. Naturw. Hofmuseums zu Wien XXI, 1906 (p. 202 part alb. Bussard bei Scharbeutz).
1911. W., O., Das verschiedene Eintreffen der Schnepfen. In: Hubertus 1911, p. 211.
1911. Waack, P. (Notiz über Tannenhäher). In: Orn. Monatsber. XIX, 1911, p. 185.
1778. Walbaum, Johann Julius, Beschreibungen von vier bunten Taubentäuchern und der Eidergans. Lübeck 1778.
1778—1784. Adversaria historiae naturalis impolita. Bd. 3—7. Handschriften der Lüb. Stadtbibliothek.
1787a. — Beschreibung der Tauchergans weiblichen Geschlechtes. In: Schriften der Berliner naturforsch. Freunde, Bd. 7, 1787, p. 119—130.
1787b. — Naturgeschichte des Seerabens vom männlichen Geschlechte. Ib., 1787, p. 430—445.
1788a. — Beschreibung der lachenden Gans männlichen Geschlechtes. Ib., 1788, p. 75—91.
1788b. — Beschreibung der bunten Sturmmeve männlichen Geschlechtes (und der weißgrauen). Ib., 1788, p. 92—116.
1789. — Beschreibung des Scheerschnabels. Ib., 1788, p. 75—87.
1911. Weigold, Hugo, II. Jahresbericht der Vogelwarte Helgoland. In: Journ. f. Orn. 1911, Sonderheft (Ringmöwen bei Lübeck, Notizen aus der Literatur von W. Hagen).
1912. — III. Jahresber. d. V. H. Ib.: Sonderheft.
1837. Zander, H. C. F., Naturgeschichte der Vögel Mecklenburgs, Heft I. Wismar 1837.

Ohne Autornamen.

1483. Mandatum Senates, betr. Schutz einiger Vögel.
1698. Decret des Senates, Vogelschutz betr.

1766. Notification, betr. Schutz der Schwäne.
1782. Mandat gegen das Schießen und Fangen der Singe-Vögel in der Landwehre.
1819. 1827. Bekanntmachung wider das Wegfangen der Singvögel.
1834—1910. Berichte der Vorsteher des Naturalienkabinetts, des späteren Museums der Gesellschaft zur Beförderung gemeinnütziger Tätigkeit. In: Lüb. Blätter.
1872. Bekanntmachung, das Verbot wider das Fangen der Singvögel und das Ausheben der Nester betreffend.
1873. Gesetz, betr. die Schonzeit des Wildes.
1880. Straßenpolizeiordnung für die Stadt Lübeck.
1888. Verordnung, betr. den Schutz des Steppenhuhnes.
1888. Notizen über das Steppenhuhn in den Lübecker Tagesblättern.
1908. Vogelschutz in unseren öffentlichen Anlagen. In: Lüb. Blätter 1908, p. 129.
1909. Schutz der Nachtigall. In: Lüb. Bl. 1909, p. 285—286.
1909. Jahresversammlung der deutschen ornithologischen Gesellschaft in Lübeck. In: Lüb. Bl. 1909, p. 583—584, und Lüb. General-Anzeiger 1909, Nr. 226, p. 21.
1910. Vogelmorden ohne Nutzen. Von einem Schlutuper Jäger. In: Lüb. Gen.-Anz. 10. Juli 1910.

Von größeren Arbeiten über die Nachbargebiete benutzte ich:

a) Holstein.

1906. Eppelsheim, Fritz, Tagebuchnotizen aus Oldenburg in Holstein. In: Verhandlungen der Ornithologischen Gesellschaft in Bayern VII, 1906, p. 48—67.
1893. Kretschmer, E., Bilder aus dem Schleswig-Holsteinischen Vogelleben. Die Hohwachter Bucht. In: Orn. Monatsber. I, 1893, p. 153 ff.
1875. Rohweder, Die Vögel Schleswig-Holsteins und ihre Verbreitung in der Provinz. In: Jahresbericht des kgl. Gymnasiums zu Husum. Husum o. J.
1902. Krohn, Zur Kenntnis der Ornis des großen Plöner Sees. In: IX. Forschungsbericht der Biol. Station Plön, 1902, p. 1—9.

b) Mecklenburg.

1900. Wüstnei u. Clodius, Die Vögel der Großherzogtümer Mecklenburg. Güstrow 1900.
1848. v. Maltzan, Verzeichnis der bis jetzt in Mecklenburg beobachteten Vögel. Archiv d. Fr. d. Nat. i. M. 1848, p. 30 f.

c) Hamburg.

1901. Dietrich, Die Ornis des Hamburger Stadtgebietes. In: 1. Ber. d. Orn. Ool. V. i. H. 1901.
1912. — Die Vogelwelt in der Umgebung von Hamburg. Hamburg 1912.
1901. Krohn, H., Das Eppendorfer Moor. In: 1. Ber. d. Orn. Ool. V. i. H. 1901.
1903. — Die Brutvögel Hamburgs. In: 2. Ber. d. Orn. Ool. V. i. H. 1903.

Namenverzeichnis.